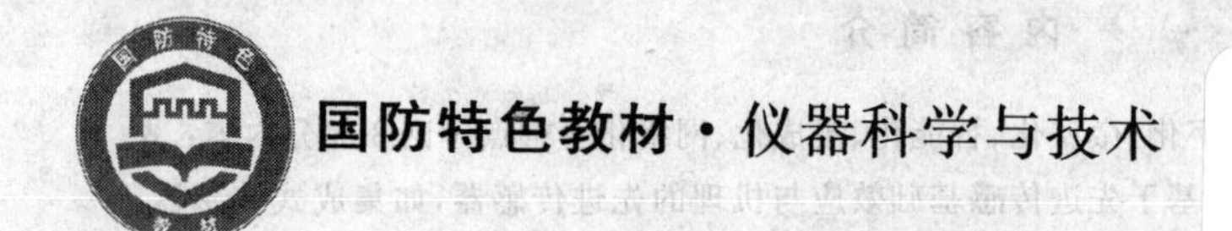

现代传感技术

樊尚春　刘广玉　李　成　编著

北京航空航天大学出版社

北京理工大学出版社　哈尔滨工业大学出版社
哈尔滨工程大学出版社　西北工业大学出版社

内容简介

主要围绕现代传感技术的数字化、微型化、智能化、集成化、网络化等重点讨论3部分内容：先进传感器的基础效应和敏感原理；基于先进传感基础效应与机理的先进传感器，如集成式传感器、谐振式传感器、光电传感器、纳米传感器、智能化传感器等；无线传感器网络以及现代传感技术的典型应用。

本书既重视理论分析，又结合实际应用，同时配有适量的思考题与习题，以便于读者掌握和开展深入学习与研究。

本书可作为仪器科学与技术、控制科学与工程、机械工程等学科研究生的教材，也可供相关学科的师生和有关工程技术人员参考使用。

图书在版编目(CIP)数据

现代传感技术 / 樊尚春，刘广玉，李成编著. -- 北京：北京航空航天大学出版社，2011.1

ISBN 978-7-5124-0283-6

Ⅰ.①现… Ⅱ.①樊… ②刘… ③李… Ⅲ.①传感器—技术—教材 Ⅳ.①TP212

中国版本图书馆CIP数据核字(2010)第242606号

现代传感技术

樊尚春 刘广玉 李 成 编著

责任编辑 崔肖娜 王艳花

*

北京航空航天大学出版社出版发行

北京市海淀区学院路37号(邮编100191) http://www.buaapress.com.cn

发行部电话：(010)82317024 传真：(010)82328026

读者信箱：bhpress@263.net 邮购电话：(010)82316936

北京时代华都印刷有限公司印装 各地书店经销

*

开本：787×960 1/16 印张：13.5 字数：302千字

2011年1月第1版 2011年1月第1次印刷 印数：3 000册

ISBN 978-7-5124-0283-6 定价：29.00元

前　言

本书根据"十一五"国防特色学科专业教材建设项目制定的教学大纲编写，主要用做仪器科学与技术、控制科学与工程、机械工程等学科的研究生教材，同时也适用于其他相关学科专业参考。

在当代科学技术领域，信息技术是最活跃、发展最快的技术领域之一。传感技术被公认为是信息技术的源头，是基础。传感技术集新型功能材料、先进加工工艺，并融合应用数学、力学、电子学以及信号处理技术、计算机技术、控制技术和通信技术等多学科专业领域理论与技术于一身，充分展示了向微型化、智能化、集成化、网络化发展的大趋势。

为了充分反映传感技术的发展趋势，特编写《现代传感技术》一书，有重点、有选择地讨论近年来出现的先进传感技术。

本教材充分体现传感器是当代信息技术中重要的技术基础之一的重要指导思想，依托于信息技术快速发展的大背景展开论述。本教材突出传感器中的敏感机理、模型与优化设计等方面的论述，同时突出传感技术近年来的最新成果，侧重于基于新材料、新工艺、新原理的传感器及其在国防工业领域和一般工业自动化领域中的应用。

全书共分 8 章。第 1 章绪论主要介绍传感技术的地位、发展趋势和现代传感技术的内涵。第 2 章集成式传感器主要介绍硅压阻式集成压力传感器、硅压阻式集成加速度传感器、硅电容式集成压力传感器和硅电容式集成加速度传感器。第 3 章谐振式传感器主要介绍谐振式传感器的基础理论及其典型应用，主要包括：谐振筒压力传感器、谐振式角速率传感器、谐振式直接质量流量传感器、谐振式硅微结构传感器。第 4 章光电传感器主要介绍光电传感器的基本检测原理、光电传感器的主要性能参数、CCD 阵列传感器和红外传感器。第 5 章纳米传感器主要介绍电子隧道传感器的工作原理、隧道加速度传感器和原子力纳米结构传感器的检测原理和碳纳米管质量传感器。第 6 章智能化传感器主要介绍智能化传感器的发展背景与功能、智能化传感器的实现以及典型应用。第 7 章无线传感器网络主要介绍无线传感器和传感器网络、分布式传感器网络技术、多传感器信息融合技术、无线传感器网络的典型应用与发展趋势。第 8 章现代传感技术的应用主要介绍传感器技术在油田测试系统、在现代汽车、在电子鼻技术中的应用，以及无线传感器网络在智能家居中的应用、基于蓝牙技术的无线传感器网络、无线传感器网络在环境监测中的应用和工程机械机群状态的智能化监测与故障诊断等。

与已出版的同类书籍相比，本书内容充实、编排新颖，并且增补了传感器的若干最新研究成果。不仅重理论，而且重应用。

本书由北京航空航天大学仪器科学与光电工程学院测控与信息技术系樊尚春教授（主要完成第1、2、3、6章）、刘广玉教授（主要完成第4、5章）和李成博士（主要完成第7、8章）编著而成。

教材中的一部分内容是几位作者近年来在国家自然科学基金“谐振式直接质量流量传感器结构优化及系统实现(69674029)”、“科氏质量流量计若干干扰因素影响机理与抑制(60274039)”、“谐振式硅微结构压力传感器优化设计与闭环系统实现(50275009)”、“谐振式硅微结构传感器综合测试分析仪器(60927005)”、“底部钻柱随钻信息的声传输机理及检测方法研究(50905095)”等资助下取得的阶段性研究结果，在此向国家自然科学基金委员会表示衷心感谢。

在教材编写过程中，参考并引用了许多专家学者的教材与论著；清华大学丁天怀教授、北京理工大学张建民教授审阅了全稿并提出了许多宝贵的意见与建议，在此一并表示衷心感谢。

现代传感技术领域内容广泛且发展迅速，加之作者学识、水平有限，书中内容难免有疏漏与不妥之处，敬请广大读者批评指正。

作　者

2010年6月

目　录

第1章 绪 论

1.1 传感技术的地位

现代信息技术的三大技术基础是信息的获取、传输和处理,即传感技术、通信技术和计算机技术,它们分别构成了信息技术系统的“感官”、“神经”和“大脑”。传感器是信息获取系统的首要部件,因此,传感技术已不再被视为制造产业的一个附属技术,而被公认为是现代信息技术的源头,是信息社会的重要基础技术。

20世纪70年代以来,由于微电子技术的迅速发展与进步,显著地促进了通信技术与计算机技术的快速发展。与此形成鲜明对比的是,传感技术发展相对缓慢,制约了信息技术的整体发展,即出现了技术发展的瓶颈。这种发展不协调的状况以及由此带来的负面影响在近几年科学技术的快速发展过程中表现得尤为突出,个别领域甚至出现了由于传感技术发展滞后而反过来影响、制约其他相关方面的发展与进步的情况。因此,许多国家都把传感技术列为优先发展的关键技术之一。例如,美国早在20世纪80年代初就成立了国家技术小组,帮助政府组织和领导各大公司与国家企事业部门的传感技术开发工作,在国家长期安全和经济繁荣至关重要的22项技术中,有6项与传感技术直接相关。美国空军2000年提出的15项有助于提高21世纪美国空军作战能力的关键技术中,传感技术位居第二。代表欧洲国家在高新技术领域整体研究趋向的计划中有29个项目直接与传感技术相关。欧盟已经把传感技术作为带动各领域技术水平提升的关键性技术来看待,而且在传感技术的研究中非常重视传感技术与其他高新技术的交叉研究。日本把开发和利用传感技术列为国家重点发展的6大核心技术之一。日本文部科学省制定的20世纪90年代重点科研项目中有70个重点课题,其中有18项与传感技术密切相关。

我国在20世纪80年代将“敏感元件与传感器”列入国家攻关计划,1987年制定了《传感器技术发展政策》白皮书,1991年《中共中央关于制定国民经济和社会发展十年规划和“八五”计划建议》中明确要求“大力加强传感器的开发和在国民经济中普遍应用”。进入21世纪,国家自然科学基金委员会和科技部都部署了与传感技术相关的研究课题。显著提高了我国在传感技术领域的自主创新能力,促进了传感技术的快速发展。可见,传感技术已成为一项与现代技术密切相关的尖端技术,国内外都给予了高度重视。

1.2 传感技术的发展趋势

传感技术涉及传感器机理研究与分析、设计与研制、性能评估与应用等，是一门多学科交叉的现代科学技术。大规模集成电路、微纳加工、网络等技术的发展，为传感技术的发展奠定了基础。微电子、光电子、生物化学、信息处理等各学科、各种新技术的互相渗透和综合利用，为研制出一批新颖、先进的传感器提供了技术支撑。传感器领域的主要技术将在现有基础上予以延伸和提高，并加速新一代传感器的开发和产业化。随着生产自动化程度的不断提高，人们生活水平的不断改善，对传感器的需求也不断增加。技术推动和需求牵引共同决定了现代传感技术的发展趋势。

1. 开发新型传感器

传感器的工作机理基于各种物理(化学或生物)效应和定律，启发人们进一步探索具有新效应的敏感功能材料，并以此研制具有新原理的新型传感器。这是发展高性能、多功能、低成本和小型化传感器的重要途径。

生物传感器是新型传感器中的一类，该类传感器在食品工业、环境监测、发酵工业、医学等方面得到高度重视和广泛应用。生物传感器可以检测食品成分、食品添加剂、有害毒物及食品鲜度等。在环境污染物的连续、快速、在线监测方面，需要测量形成酸雨酸雾的二氧化硫，利用传统检测方法很复杂，而由亚细胞类脂类固定在醋酸纤维膜上，和氧电极制成安培型生物传感器，可以实现对酸雨酸雾样品溶液进行检测。在各种生物传感器中，微生物传感器具有成本低、制作设备简单、不受发酵液混浊程度的限制、能消除发酵过程中干扰物质的干扰等优点。因此，在发酵工业中广泛采用微生物传感器作为一种有效的检测工具。例如，利用电化学微生物的细胞数传感器可以实现菌体浓度连续、在线测定。生物传感器技术也为基础医学研究及临床诊断提供了一种快速简便的新型方法，利用具有不同生物特性的微生物代替酶，可制成微生物传感器，用于临床医学。酶电极是最早研制并且应用最多的一种传感器，因为其选择性好、灵敏度高、响应快等特点，也用于军事医学方面。通过及时快速检测细菌、病毒及其毒素等，实现生物武器的有效防御。目前，生物传感器价格较高，性能也比较低。但随着技术的发展，低成本、高灵敏度、高稳定性和高寿命的生物传感器技术将会加速生物传感器市场化、商品化的进程。

利用量子力学中的有关效应，为设计、研制先进的新型传感器提供了理论基础。利用量子效应研制具有敏感某种被测量的量子敏感器件，像共振隧道二极管、量子阱激光器和量子干涉部件等，具有高速(比电子敏感器件速度提高 1 000 倍)、低耗(比电子敏感器件能耗降低 1 000 倍)、高效、高集成度、经济可靠等优点。我们相信，纳米电子学的发展，将会在传感技术领域中引起一次新的技术革命，从而把传感技术推向更高的发展阶段。

2. 向高精度发展

随着自动化生产程度的不断提高，对传感器的要求也在不断提高，必须研制出具有精确度高、灵敏度高、响应速度快、互换性好的传感器以确保自动化系统的可靠性。目前能生产精度优于万分之一的传感器厂家为数不多，其产量也远远不能满足需求。

例如，一种高性能小型石英绝对压力传感器，具有±10 Pa高精度与0.1 Pa高分辨力，其体积为12.5 ml、质量为15 g。该压力传感器的敏感单元为音叉型晶体单元，可以得到稳定度很高的细致频率，从而实现具有高精度及高分辨力的石英晶体压力传感器。

一种精度达百万分之一级的非接触式SAW扭矩传感器，尺寸为4 mm×2 mm×0.5 mm。该传感器不仅十分精确，而且转轴与外壳间无直接接触。为测量转轴的扭矩，两个SAW传感器与轴呈45°角固定，连接成“半桥”结构；当轴受到扭矩时，一个受压一个受拉，综合两个传感器的频率可产生“差分”和“叠加”信号以得出扭矩和温度信号。

利用全功能性的碳纳米管装置，成功建造一个可以给金原子称重的纳机电系统。使用此装置测得的金原子质量为3.25×10^{-25} kg。这种新式纳机电系统质量传感器由单个碳纳米管组成，其一端可自由活动，另一端则连接在一个电极上，与距离相对的电极相当近。来自电池或太阳能电池上的直流电源与这对电极相连，导致它以某种谐振频率振动。当一个原子或分子被存放在此碳纳米管上时，碳纳米管的谐振频率就会因原子或分子的质量而改变，从而测得原子或分子的质量。

一种能够检测出5.5×10^{-15} g物质的硅微机械传感器，其敏感单元是只有2 μm长、50 nm厚的硅悬臂梁。通过在悬臂梁上涂上对蛋白质、细胞或痕量化学物质，研究人员认为这类传感器在理论上可以像气相色谱仪一样识别多种物质。

3. 向微型化发展

自动化设备的功能越来越强大，要求传感器本身的体积也是越小越好，这就要求发展新的材料及加工技术。目前，利用硅材料、石英晶体材料和陶瓷材料，使用光刻、腐蚀、淀积、键合和封装等工艺以及各种微细加工技术制成的微结构传感器，其体积非常小，动态特性好，互换性与可靠性都较好。

微结构传感器的敏感元件尺寸一般为μm级，可以是可活动的膜片、悬臂梁、桥以及凹槽、孔隙、锥体等。这些微结构与特殊用途的薄膜和高性能的集成电路相结合，已成功地用于制造各种微传感器以及多功能的敏感元阵列（如光电探测器等），实现了诸如压力、力、加速度、角速率、应力、应变、温度、流量、成像、磁场、湿度、pH值、气体成分、离子和分子浓度以及生物传感器等。

例如，一种可安装在蜻蜓等昆虫的翅膀上分析翅膀动作的微型风速传感器，在3 mm×3 mm的芯片上设置了2个传感器，每个传感器的尺寸约为1.5 mm×3 mm，厚度约为1 mm。

传感器采用在带电极的SOI底板上形成长约0.5 mm、厚1 μm以下的悬臂梁压电的结构。悬臂梁部分的质量仅为0.1 μg,能够实现−2～2 m/s风速的测量。这种传感器具有较好的抗干扰性,同时,传感器的最低阶固有频率在10 Hz以上,能够满足几Hz的翅膀振动测量。

一种微型超敏感触觉传感器,在约0.1 mm^3的合成树脂中埋入了直径1～101 μm、长300～5 001 μm,像弹簧一样的螺旋状微细碳线圈元件。碳线圈接触物体之后,能感受微小压力和温度的变化;同时还可以感知“拧”、“摩擦”等动作,在医疗器械领域应用前景很广泛。

因发现巨磁电阻(Giant Magnetic Resistance,GMR)效应获得2007年诺贝尔物理学奖的法国科学家阿尔贝·费尔和德国科学家彼得·格林贝格尔,不仅对“数据”存储具有重要意义,使得“数据硬盘体积不断变小,容量不断变大”成为现实;借助巨磁电阻效应,更为微小型传感器的研制提供了一种重要的技术支持。所谓巨磁电阻效应是一种磁致电阻效应,主要是指在纳米尺度的磁性多层薄膜材料中,当磁场作用于磁性多层薄膜中自旋导电电子时,导致薄膜电阻发生很大的变化,这种变化可以通过测量电阻或以电压方式反映出来。其测量原理与磁阻传感器一样,都是组成惠斯通电桥结构。利用巨磁电阻效应的传感器具有许多优点,如灵敏度高、响应快、无磁滞、热稳定性好等,最重要的是由于GMR磁电阻变化率高(相对于磁电阻效应大一个数量级以上),使它更适合检测微弱磁场以及改变微弱磁场的被测量。

4. 向微功耗及无源化发展

传感器多为非电量向电量的转化,工作时离不开电源,在野外现场或远离电网的地方,往往需要电池供电或使用太阳能等供电。研制微功耗的传感器及无源传感器是必然的发展方向,这样既可以节省能源又可以提高系统寿命。

例如,一种新型流量传感器,能把所通过的流体(液体或气体)的能量自行转换成电力,实现自行“发电”,这大大方便了系统的设计和维护。解决了以往传感器费用高和维护保养难的问题。

一种无需电池即可驱动的无线传感器终端,配有可将振动转换为能量的微型发电机和电双层电容器;可将安装地点的振动作为能量使用,发电剩余的电力可储存在电双层电容器中。该终端具有广阔的应用前景。

5. 向多传感器融合与智能化发展

随着现代化的发展,传感器的功能形成突破。由于单传感器不可避免地存在不确定或偶然不确定性,缺乏全面性、鲁棒性,所以偶然的故障就会导致系统失效。多传感器集成与融合技术正是解决这些问题的好办法。多个传感器不仅可以描述同一环境特征的多个冗余信息,而且可以描述不同的环境特征。它的特点是冗余性、互补性、及时性和低成本性。

多传感器的集成与融合技术已经成为智能机器与系统领域的一个重要研究方向,它涉及信息科学的多个领域,是新一代智能信息技术的核心基础之一。从20世纪80年代初以军事领域的研究为开端,多传感器的集成与融合技术迅速扩展到军事和非军事的各个应用领域,如自动目标识别、自主车辆导航、遥感、生产过程监控、机器人、医疗应用等。

所谓智能化传感器就是将传感器获取信息的基本功能与专用的微处理器的信息分析、处理功能紧密结合在一起,并且具有诊断、数字双向通信等新功能的传感器。由于微处理器具有强大的计算和逻辑判断功能,故可方便地对数据进行滤波、变换、校正补偿、存储记忆、输出标准化等;同时实现必要的自诊断、自检测、自校验以及通信与控制等功能。技术发展表明,数字信号处理器 DSP(Digital Signal Processor)将推动众多新型下一代产品的发展,其中包括带有模拟-AI(人工智能)能力的智能传感器。

智能化传感器将由多个模块组成,包括微传感器、微处理器、微执行器和接口电路,它们构成一个闭环微系统,有数字接口与更高一级的计算机控制相连,通过利用专家系统中得到的算法对微传感器提供更好的校正与补偿。这样智能化传感器功能会更多,精度和可靠性会更高,优点会更突出,应用会更广泛。

例如,一种具有自动监视并对树叶状物体燃烧发出警告的微小电子传感器网络,被称为"智能尘埃"的试验性机器。这种设备不仅微小,而且能够测量温度、湿度、光等信息。该智能设备来自于嵌入式微处理器、软件代码和无线通信系统设备。智能尘埃传感器将通过飞机或以其他的喷洒方法越过整个森林进行喷洒。一旦喷洒到树上,尘埃的每个小点将会对附近尘埃进行定位并建立无线连接。当尘埃传感器检测到可能的异常时,它将碰触附近尘埃大小一样的装置来决定其获取的信息,并且能从多重来源获取多重信息,然后传感器就能确定在被洒树上是否有危险。一旦被确定有危险,触发的传感器组将通过其无线连接发送消息给林地工人,对传感器的网络进行监视。

6. 向高可靠性发展

传感器的可靠性直接影响到自动化系统的工作性能,研制高可靠性、宽温度范围的传感器是永恒的主题。提高温度使用范围历来是传感器的工作重点,大部分传感器其工作温度都在-20~70 ℃之间,军用系统中要求基本工作温度在-40~85 ℃之间。一些特殊场合要求传感器的温度更高,因此,发展新兴材料(如陶瓷)的传感器尤为重要。

Honeywell公司推出的 LG1237 是一种智能型绝对压力传感器,该产品可在压力范围0.5~1 000 psia 内进行精确、稳定的测量,其使用寿命为 25 年或 100 000 小时。该产品在-55~125 ℃之间使用时准确率优于±0.03% FS,同时具有承受高量级加速度、振动的特点,适用于喷气飞机引擎、飞行测试、气象中的压力校准。

7. 向传感器网络技术发展

无线传感器网络是由大量无处不在的、有无线通信与计算能力的微小传感器节点构成的自组织分布式网络系统,能根据环境自主完成指定任务的"智能"系统。它是涉及微传感器与微机械、通信、自动控制、人工智能等多学科的综合技术，大量传感器通过网络构成分布式、智能化信息处理系统，以协同的方式工作，能够从多种视角、以多种感知模式对事件、现象和环境进行观察和分析，获得丰富的、高分辨率的信息，极大地增强了传感器的探测能力，是近几年来新的发展方向。其应用已由军事领域扩展到反恐、防爆、环境监测、医疗保健、家居、商业、工业等众多领域，有着广泛的应用前景。

随着通信技术、嵌入式计算技术和传感技术的飞速发展和日益成熟，无线传感器网络更是得到快速发展，引起人们的极大关注。例如，传感器网络可以向正在准备进行登陆作战的部队指挥官报告敌方岸滩的翔实特征信息，如丛林地带的地面坚硬度、干湿度等，为制定作战方案提供可靠的信息。传感器网络可以使人们在任何时间、地点和任何环境条件下获取大量翔实而可靠的信息。因此，这种网络系统可以被广泛地应用于国防军事、国家安全、环境监测、交通管理、医疗卫生、制造业、反恐抗灾等领域。

思考题与习题

1. 在现代信息技术中，传感器起着怎样的作用？
2. 简要说明传感技术的发展趋势。
3. 查阅相关文献，简述量子力学对现代传感技术发展的推动作用。
4. 查阅相关文献，说明巨磁电阻效应在新型传感器中的应用。
5. 查阅相关文献，简述生物传感器技术的发展趋势。

第2章　集成式传感器

2.1　概　述

通常，传感器的敏感结构与调理电路是相互独立的，但随着硅传感器的出现，使得传感器可以有机地将上述两部分集成在同一个芯片上，构成集成式传感器，实现传感器系统的 SOC (System On Chip)。

目前，集成式传感器主要有硅压阻式和硅电容式两种形式。由于二者的敏感机理不同，硅电容式传感器的许多性能指标优于硅压阻式传感器。当敏感结构参数与测量范围选择合适时，相同条件下，硅电容式传感器的灵敏度高于硅压阻式传感器。而且硅电容式传感器的敏感机理很好地避开了硅压阻式传感器的温度效应，故硅电容式传感器的输出比硅压阻式传感器的输出在随温度变化方面要小很多。基于此，硅电容式传感器输出的重复性和长期稳定性也明显优于硅压阻式传感器。尽管硅电容式传感器的输出特性为非线性，但非常容易采用微处理器以软件方式进行补偿。虽然过去非常希望传感器的输出为线性特性，但现在利用微处理器的信号处理功能，对传感器敏感元件的线性特性要求就不必要了；而对敏感元件的重复性和稳定性的要求日益突出，只要敏感元件具有好的重复性和稳定性，就可以实现高性能的传感器。

2.2　硅压阻式集成压力传感器

图 2-1 为一种常用的硅压阻式集成压力传感器结构示意图。敏感元件圆平膜片采用单晶硅来制作。基于单晶硅材料的压阻效应，利用微电子加工中的扩散工艺在硅膜片上制造所期望的压敏电阻。

2.2.1　圆平膜片几何结构参数的设计

对于硅压阻式集成压力传感器，在传感器敏感结构的参数设计上，应重点考虑两方面因素：一方面是圆平膜片的半径 R 和厚度 H；另一方面是圆平膜片的边界隔离部分，即参数 H_1 和 H_2。

考虑传感器感受最大被测压力差 p_{max} 时的情况，有以下结论：

① 在圆平膜片的中心($r=0$)，其法向位移最大，为

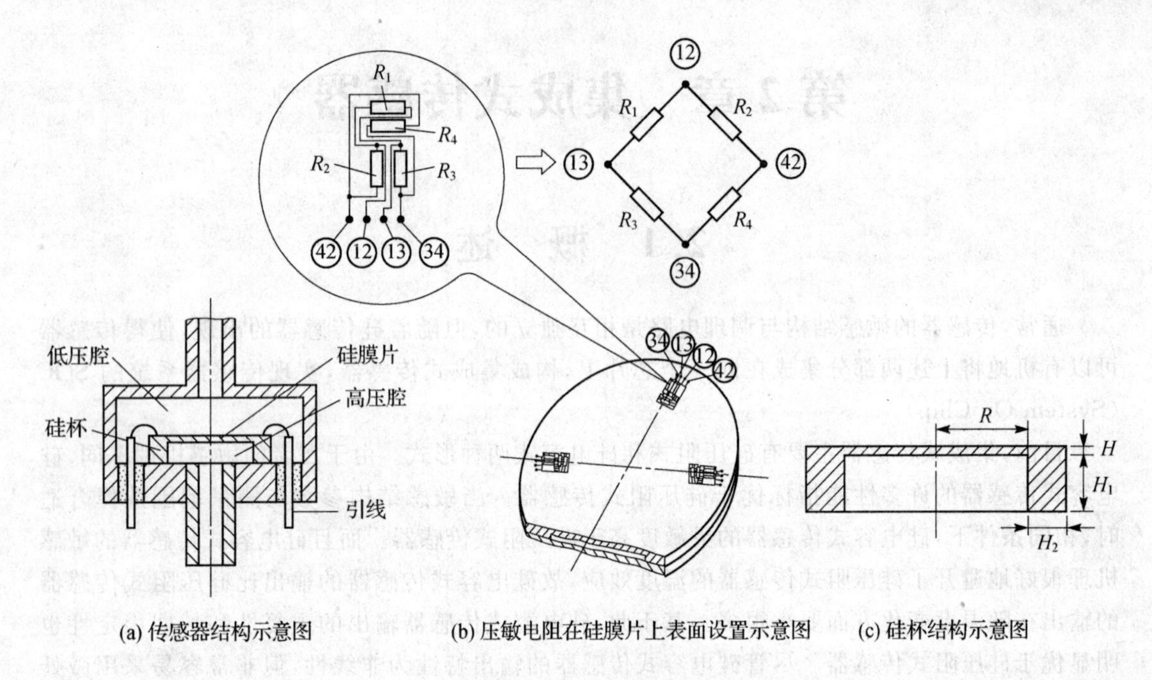

(a) 传感器结构示意图 (b) 压敏电阻在硅膜片上表面设置示意图 (c) 硅杯结构示意图

图 2-1 硅压阻式集成压力传感器结构示意图

$$W_{R,\max}=w(0)=\frac{3p_{\max}R^4}{16EH^3}(1-\mu^2) \tag{2.1}$$

式中：$p_{\max}$ 为传感器测量的最大压力差(Pa)；E 为弹性模量；μ 为泊松比。

② 圆平膜片法向最大位移与膜片厚度的比值为

$$\overline{W}_{R,\max}=\frac{3p_{\max}(1-\mu^2)}{16E}\cdot\left(\frac{R}{H}\right)^4 \tag{2.2}$$

③ 圆平膜片上表面应变的最大绝对值为

$$\varepsilon_{r,\max}=\varepsilon_r(R)=\frac{3p_{\max}(1-\mu^2)R^2}{4EH^2} \tag{2.3}$$

④ 圆平膜片上表面应力的最大绝对值为

$$\sigma_{r,\max}=\sigma_r(R)=\frac{3p_{\max}R^2}{4H^2} \tag{2.4}$$

基于硅压阻式集成压力传感器的工作机理，为提高传感器的灵敏度，应适当增大 $\sigma_{r,\max}$ 或 $\varepsilon_{r,\max}$ 的值；但 $\sigma_{r,\max}$ 或 $\varepsilon_{r,\max}$ 的值偏大时会使被测压力与位移、应变或应力之间呈非线性特性，因此，又应当限制 $\sigma_{r,\max}$ 或 $\varepsilon_{r,\max}$ 的值。另一方面，从力学角度考虑，为保证传感器实际工作特性的稳定性、重复性和可靠性，也应当限制 $\sigma_{r,\max}$ 或 $\varepsilon_{r,\max}$ 的取值范围。总之，为了保证硅压阻式集成压力传感器具有较好的输出特性，$\sigma_{r,\max}$ 或 $\varepsilon_{r,\max}$ 不能超过某一量值，通常可取

$$\varepsilon_{r,\max}\leqslant 5\times10^{-4} \tag{2.5}$$

$$K_s \sigma_{r,\max} \leqslant \sigma_b \tag{2.6}$$

式中：σ_b 为许用应力(Pa)；K_s 为安全系数。

一般经验认为在传感器的整个测量范围内，允许的最大应变值选为 5×10^{-4}，这样既可以使传感器敏感元件的信号转换灵敏度达到较为理想的值，又可以保证传感器工作在较为稳定、可靠的状态。如果允许的最大应变值选得过低，则敏感元件转换信号的灵敏度降低，这样就为后面传感器信号调理电路的设计与工作带来较大困难，也就是没有充分利用传感器敏感元件工作能力。而当允许的最大应变值选得过高时，虽然敏感元件转换信号的灵敏度增大，但敏感元件的工作稳定性、可靠性将降低，同时也使敏感元件工作特性的线性度变差；特别对于模拟式传感器而言，同样会对后面的传感器信号调理电路的设计与工作带来较大困难，也就是说传感器整体设计有缺陷。

式(2.5)与式(2.6)既是选择、设计圆平膜片几何参数的准则，又可以作为其他弹性敏感元件几何参数设计的准则。

对于式(2.2)确定的圆平膜片法向最大位移与膜片厚度的比值 $\overline{W}_{R,\max}$，一般来说，当其值增加时，有助于提高检测灵敏度；但 $\overline{W}_{R,\max}$ 值偏大时又会使被测压力与位移、应变或应力之间呈非线性特性，也有可能使传感器工作特性的稳定性、重复性和可靠性变差，因此，应当限制 $\overline{W}_{R,\max}$ 值。总之，$\overline{W}_{R,\max}$ 不能超过某一量值。

当被测压力的范围确定后，最大被测压力差 $p_{\max}$ 是确定的。基于式(2.3)可知，对应于 $\varepsilon_{r,\max}$ 的圆平膜片半径与膜厚之比的最大值 $(R/H)_{\max}$ 为

$$\left(\frac{R}{H}\right)_{\max} = \sqrt{\frac{4E\varepsilon_{r,\max}}{3p_{\max}(1-\mu^2)}} \tag{2.7}$$

借助于式(2.2)和式(2.7)可知，对应于 $\varepsilon_{r,\max}$ 的圆平膜片法向最大位移与膜片厚度的比值 $\overline{W}_{R,\max}$ 为

$$\overline{W}_{R,\max} = \frac{3p_{\max}(1-\mu^2)}{16E}\cdot\left[\frac{4E\varepsilon_{r,\max}}{3p_{\max}(1-\mu^2)}\right]^2 = \frac{E\varepsilon_{r,\max}^2}{3p_{\max}(1-\mu^2)} \tag{2.8}$$

借助于式(2.4)和式(2.7)可知，对应于 $\varepsilon_{r,\max}$ 的圆平膜片最大应力 $\sigma_{r,\max}$ 为

$$\sigma_{r,\max} = \frac{3p_{\max}R^2}{4H^2} = \frac{E\varepsilon_{r,\max}}{1-\mu^2} \tag{2.9}$$

综合上述分析，可以得到一种比较好的设计方案，该方案可通过以下 3 步完成。

① 选择一个恰当的 $\varepsilon_{r,\max}$ 以及由式(2.7)确定的圆平膜片半径与膜厚之比的最大值 $(R/H)_{\max}$。

② 利用式(2.8)计算圆平膜片法向最大位移与膜片厚度的比值 $\overline{W}_{R,\max}$，并借助于考虑圆平膜片式非线性挠度特性，即通过式(2.10)计算当被测压力 $p\in(0,p_{\max})$ 时，其位移特性的非线性程度。如果非线性程度可接受，则执行下一步；否则调整(即减小)$\varepsilon_{r,\max}$，重新执行①。

$$\left.\begin{aligned} p &= \frac{16E}{3(1-\mu^2)}\left(\frac{H}{R}\right)^4\left[\frac{W_{R,\max}}{H} + \frac{(1+\mu)(173-73\mu)}{360}\left(\frac{W_{R,\max}}{H}\right)^3\right] \\ W_{R,\max} &= w(0) = \frac{3p_{\max}R^4}{16EH^3}(1-\mu^2) \end{aligned}\right\} \tag{2.10}$$

③ 利用式(2.9)计算圆平膜片最大应力$\sigma_{r,\max}$与许用应力σ_b，若满足式(2.6)，则上述设计合理，满足要求；否则调整(即减小)$\varepsilon_{r,\max}$，重新执行①。

选定R和H值后，可以根据一定的抗干扰准则来设计圆平膜片边界隔离部分的参数H_1和H_2。本书不作深入讨论，给出如下经验值：

$$\left.\begin{aligned}\frac{H_1}{H}\geqslant 15\\ \frac{H_2}{H}\geqslant 15\end{aligned}\right\}\tag{2.11}$$

下面讨论一设计实例。

假设被测压力范围为$p\in(0,2\times10^5)$ Pa，即$p_{\max}=2\times10^5$ Pa；取$\varepsilon_{r,\max}=5\times10^{-4}$；硅材料的弹性模量$E=1.3\times10^{11}$ Pa，泊松比$\mu=0.18$。

依上述步骤，由式(2.7)可得圆平膜片半径与膜厚之比的最大值为

$$\left(\frac{R}{H}\right)_{\max}=\sqrt{\frac{4E\varepsilon_{r,\max}}{3p_{\max}(1-\mu^2)}}=\sqrt{\frac{4\times1.3\times10^{11}\times5\times10^{-4}}{3\times2\times10^5\times(1-0.18^2)}}=21.2\tag{2.12}$$

由式(2.8)可得

$$\overline{W}_{R,\max}=\frac{E\varepsilon_{r,\max}^2}{3p_{\max}(1-\mu^2)}=\frac{1.3\times10^{11}\times(5\times10^{-4})^2}{3\times2\times10^5\times(1-0.18^2)}=0.056\tag{2.13}$$

利用式(2.10)可以计算出$p\in(0,2\times10^5)$ Pa范围内的压力-位移特性。与线性情况相比，其最大相对偏差为-0.16%。

利用式(2.9)可得

$$\sigma_{r,\max}=\frac{E\varepsilon_{r,\max}}{1-\mu^2}=\frac{1.3\times10^{11}\ \text{Pa}\times5\times10^{-4}}{1-0.18^2}=6.72\times10^7\ \text{Pa}\tag{2.14}$$

远远小于硅材料的许用应力值。

根据上述分析结果可知，所选择的敏感结构几何参数是合理的。当被测压力的最大值为$p_{\max}=2\times10^5$ Pa时，取圆平膜片的最大应变$\varepsilon_{r,\max}=5\times10^{-4}$。这时圆平膜片的半径与膜厚之比最大值可以设计为$(R/H)_{\max}=21.2$。若硅膜片的半径设计为$R=1$ mm，则其膜厚应为$H=47.4\ \mu$m；同时圆平膜片法向最大位移与膜片厚度的比值$\overline{W}_{R,\max}=0.056$。由式(2.11)可以设计出$H_1\geqslant0.71$ mm，$H_2\geqslant0.71$ mm。

2.2.2 圆平膜片上压敏电阻位置的设计

圆平膜片几何结构参数设计好后，就应当考虑压敏电阻在圆平膜片上的设计问题。

假设单晶硅圆平膜片的晶面方向为〈001〉，如图2-2所示。

根据单晶硅电阻的压敏效应，则有

$$\frac{\Delta R}{R}=\pi_{a}\sigma_{a}+\pi_{n}\sigma_{n} \tag{2.15}$$

式中：σ_a 和 σ_n 为纵向应力和横向应力(Pa)；π_a 和 π_n 为纵向压阻系数和横向压阻系数(Pa^{-1})。

对于周边固支的圆平膜片，在其上表面的半径 r 处，径向应力 σ_r、切向应力 σ_θ 与所承受的压力 p 之间的关系为

$$\sigma_{r}=\frac{3p}{8H^{2}}[(1+\mu)R^{2}-(3+\mu)r^{2}] \tag{2.16}$$

$$\sigma_{\theta}=\frac{3p}{8H^{2}}[(1+\mu)R^{2}-(1+3\mu)r^{2}] \tag{2.17}$$

式中：R 为平膜片的工作半径(m)；H 为平膜片的厚度(m)；μ 为平膜片材料的泊松比，取 $\mu=0.18$。

图 2-3 为周边固支圆平膜片的上表面应力随半径 r 变化的曲线关系。

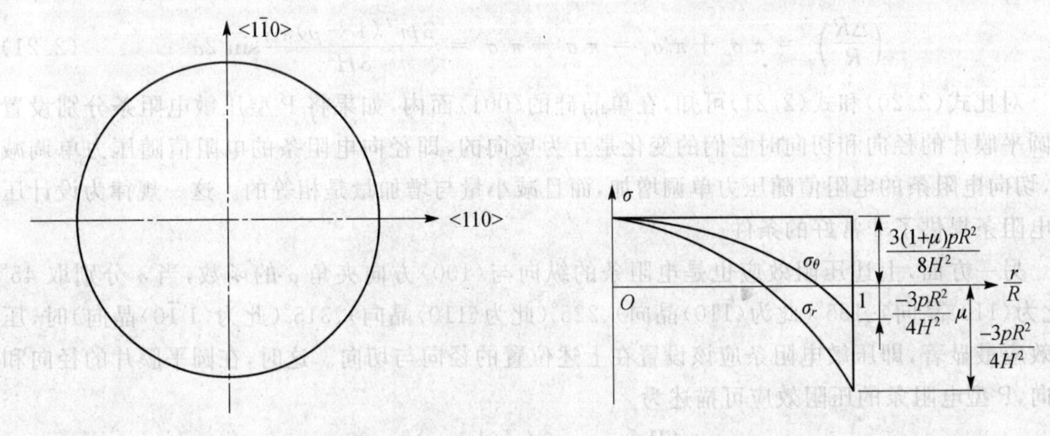

图 2-2　〈001〉晶向的单晶硅圆平膜片　　**图 2-3　平膜片的应力曲线**

由式(2.16)可知，当 $r<\sqrt{\frac{1+\mu}{3+\mu}}R\approx0.609R$ 时，$\sigma_r>0$，圆平膜片上表面的径向正压力为拉伸应力；当 $r>0.609R$ 时，$\sigma_r<0$，圆平膜片上表面的径向正压力为压缩应力。

由式(2.17)可知，当 $r<\sqrt{\frac{1+\mu}{1+3\mu}}R\approx0.875R$ 时，$\sigma_\theta>0$，圆平膜片上表面的环向正压力为拉伸应力；当 $r>0.875R$ 时，$\sigma_\theta<0$，圆平膜片上表面的环向正压力为压缩应力。

P 型硅〈001〉面内，当压敏电阻条的纵向与〈100〉(即 1 轴)的夹角为 α 时，该电阻条所在位置的纵向和横向压阻系数为

$$\pi_{a}\approx\frac{1}{2}\pi_{44}\sin^{2}2\alpha \tag{2.18}$$

$$\pi_{n} \approx -\frac{1}{2}\pi_{44}\sin^{2}2\alpha \tag{2.19}$$

如果压敏电阻条的纵向取圆膜片的径向，则有

$$\sigma_{a} = \sigma_{r}$$

$$\sigma_{n} = \sigma_{\theta}$$

结合式(2.15)～式(2.19)，则该电阻条的压阻效应可描述为

$$\left(\frac{\Delta R}{R}\right)_{r} = \pi_{a}\sigma_{a} + \pi_{n}\sigma_{n} = \pi_{a}\sigma_{r} + \pi_{n}\sigma_{\theta} = \frac{-3pr^{2}(1-\mu)\pi_{44}}{8H^{2}}\sin^{2}2\alpha \tag{2.20}$$

如果压敏电阻条的纵向取圆膜片的切向，则有

$$\sigma_{a} = \sigma_{\theta}$$

$$\sigma_{n} = \sigma_{r}$$

结合式(2.15)～式(2.19)，则该电阻条的压阻效应可描述为

$$\left(\frac{\Delta R}{R}\right)_{\theta} = \pi_{a}\sigma_{a} + \pi_{n}\sigma_{n} = \pi_{a}\sigma_{\theta} + \pi_{n}\sigma_{r} = \frac{3pr^{2}(1-\mu)\pi_{44}}{8H^{2}}\sin^{2}2\alpha \tag{2.21}$$

对比式(2.20)和式(2.21)可知，在单晶硅的〈001〉面内，如果将 P 型压敏电阻条分别设置在圆平膜片的径向和切向时它们的变化是互为反向的，即径向电阻条的电阻值随压力单调减小，切向电阻条的电阻值随压力单调增加，而且减小量与增加量是相等的。这一规律为设计压敏电阻条提供了非常好的条件。

另一方面，上述压阻效应也是电阻条的纵向与〈100〉方向夹角 α 的函数，当 α 分别取 45°(此为〈110〉晶向)、135°(此为〈$\bar{1}$10〉晶向)、225°(此为〈110〉晶向)、315°(此为〈1 $\bar{1}$0〉晶向)时，压阻效应最显著，即压敏电阻条应该设置在上述位置的径向与切向。这时，在圆平膜片的径向和切向，P 型电阻条的压阻效应可描述为

$$\left(\frac{\Delta R}{R}\right)_{r} = \frac{-3pr^{2}(1-\mu)\pi_{44}}{8H^{2}} \tag{2.22}$$

$$\left(\frac{\Delta R}{R}\right)_{\theta} = \frac{3pr^{2}(1-\mu)\pi_{44}}{8H^{2}} \tag{2.23}$$

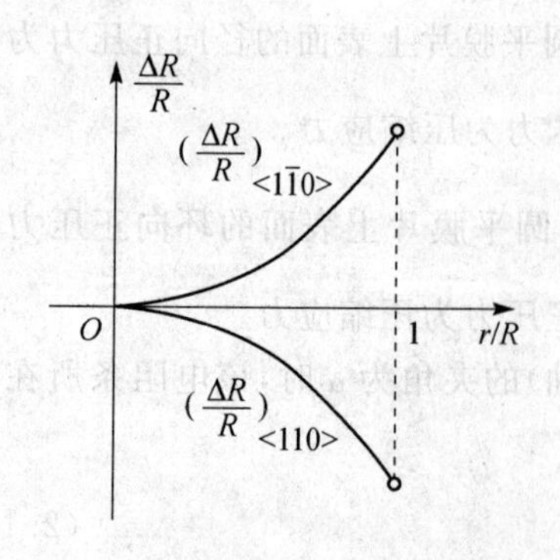

图 2-4 压敏电阻相对变化的规律

图 2-4 为压敏电阻相对变化的规律。按此规律即可将电阻条设置于圆形膜片的边缘处，即靠近平膜片的固支($r=R$)处。这样，沿径向和切向各设置两个 P 型压敏电阻条。

应当指出，这里没有考虑电阻条长度对其压阻效应的影响。事实上，压敏电阻条相对于圆平膜片的半径不是非常小时，压敏电阻条的压阻效应应当是整个压敏电阻条的综合效应，而绝非一点处的效应。这一点对于分析传感器特性的非线性及温度误差至关重要，这里不作深入讨论，

本章习题11是这一问题的部分讨论。

2.2.3 电桥输出电路

上述设置的4个压敏电阻构成的四臂受感电桥就可以把压力的变化转换为电压的变化。当压力为0时,4个桥臂的电阻值相等,电桥输出电压为0;当压力不为0时,4个桥臂的电阻值发生变化,电桥输出电压与压力呈线性关系。这样即可通过检测电桥输出电压,实现对压力的测量。采用恒压源供电的电路,如图2-5所示。假设4个受感电阻的初始值完全一样,均为R,当有被测压力作用时,两个敏感电阻增加,增加量为$\Delta R(p)$;两个敏感电阻减小,减小量为$-\Delta R(p)$。同时考虑温度的影响,使每一个压敏电阻都有$\Delta R(t)$的增加量。图2-5所示的电桥输出为

$$U_{\mathrm{out}}=U_{\mathrm{BD}}=\frac{\Delta R(p)U_{\mathrm{in}}}{R+\Delta R(t)} \tag{2.24}$$

若没有温度影响或不考虑温度影响,即$\Delta R(t)=0$,则有

$$U_{\mathrm{out}}=\frac{\Delta R(p)U_{\mathrm{in}}}{R} \tag{2.25}$$

式(2.25)表明:四臂受感电桥的输出与压敏电阻的变化率$\dfrac{\Delta R(p)}{R}$成正比,与所加的工作电压U_{in}成正比;当其变化时会影响传感器的测量精度。

同时,当$\Delta R(t)\neq 0$时,电桥输出与温度有关,且为非线性的关系,所以采用恒压源供电不能消除温度误差。

当采用恒流源供电时,如图2-6所示。在上述压敏电阻以及与被测压力、温度变化规律的假设下,电桥两个支路的电阻相等,即

$$R_{\mathrm{ABC}}=R_{\mathrm{ADC}}=2[R+R(t)] \tag{2.26}$$

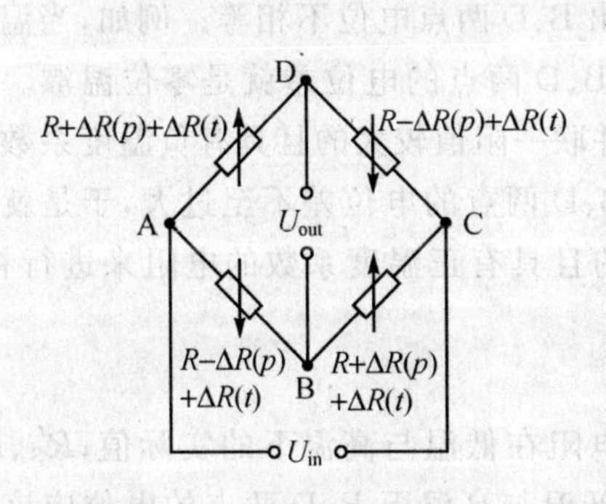

图2-5 恒压源供电电桥

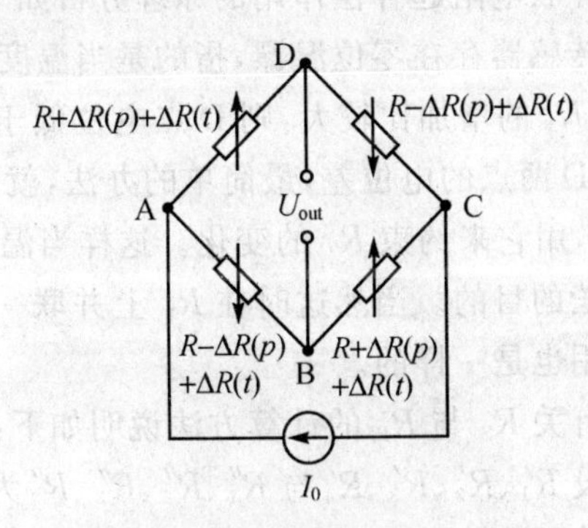

图2-6 恒流源供电电桥

$$I_{ABC}=I_{ADC}=\frac{I_0}{2} \tag{2.27}$$

因此，图 2-6 所示的电桥输出为

$$U_{out}=U_{BD}=\frac{1}{2}I_0[R+R(p)+R(t)]-\frac{1}{2}I_0[R-R(p)+R(t)]=I_0R(p) \tag{2.28}$$

电桥的输出与压敏电阻的变化率 $\Delta R(p)$ 成正比，即与被测量成正比；电桥的输出也与恒流源供电电流 I_0 成正比，即传感器的输出与供电恒流源的电流大小和精度有关。但电桥输出与温度无关，这是恒流源供电的最大优点。通常恒流源供电要比恒压源供电的稳定性高，而且具有与温度无关的优点，因此在硅压阻式集成压力传感器中主要采用恒流源供电工作方式。

2.2.4　硅压阻式集成压力传感器温度漂移的补偿

硅压阻式集成压力传感器受到温度影响后，就要产生零位温度漂移和灵敏度温度漂移。

零位温度漂移是因扩散电阻的阻值随温度变化引起的。扩散电阻的温度系数随薄层电阻的不同而不同。硼扩散电阻的温度系数是正值，有关数值可从图 2-7 中查出。薄层电阻小时，也就是表面杂质浓度高时，温度系数较小；薄层电阻大时，也就是表面杂质浓度低时，温度系数较大。但总的来讲，温度系数较大，当温度变化时，扩散电阻的变化就要引起传感器的零位产生漂移。如果将电桥的 4 个桥臂扩散电阻做得大小尽可能一致，温度系数也一样，电桥的零值温漂就可以很小，但这在工艺上不容易实现。

传感器的零位温漂一般可以采用串联、并联电阻的方法进行补偿，其中一种补偿方案如图 2-8所示。图中 R_S 是串联电阻，R_P 是并联电阻。串联电阻主要用于调零，并联电阻主要用于补偿。

并联电阻起补偿作用的原理分析如下：

传感器存在零位温漂，指的是当温度变化时，输出 B、D 两点电位不相等。例如，当温度升高时，R_3 的增加比较大，则 D 点电位低于 B 点电位，B、D 两点的电位差就是零位温漂。要消除 B、D 两点的电位差，最简单的办法，就是在 R_3 上并联一阻值较大的且具有负温度系数的电阻 R_P，用它来约束 R_3 的变化。这样当温度变化时，B、D 两点的电位差不至过大，于是就达到了补偿的目的。当然这时在 R_4 上并联一阻值较大的且具有正温度系数的电阻来进行补偿，其作用也是一样的。

有关 R_S 与 R_P 的计算方法说明如下：

设 R'_1、R'_2、R'_3、R'_4 与 R''_1、R''_2、R''_3、R''_4 为 4 个桥臂电阻在低温与高温下的实际值；R'_S、R'_P 与 R''_S、R''_P 为 R_S、R_P 在低温与高温下的期望数值。根据低温与高温下 B、D 两点的电位应该相等的条件，可得

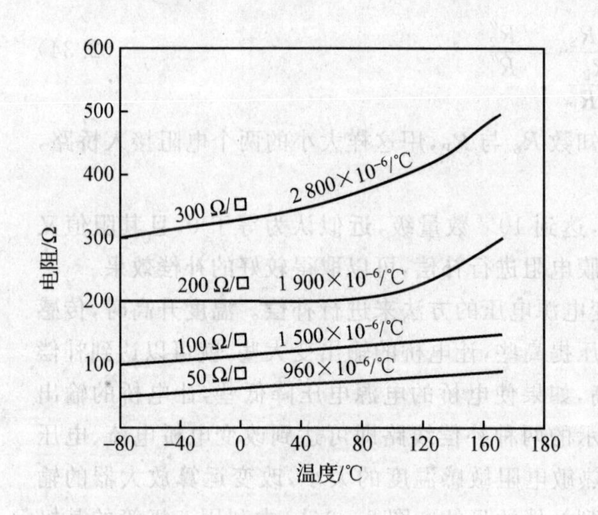

图 2-7 硼扩散电阻的温度系数

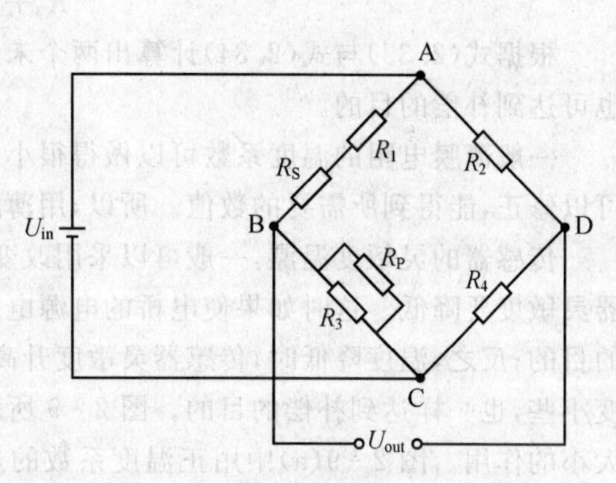

图 2-8 零位温度漂移的补偿

$$\frac{R_1'+R_S'}{\dfrac{R_3'R_P'}{R_3'+R_P'}}=\frac{R_2'}{R_4'} \tag{2.29}$$

$$\frac{R_1''+R_S''}{\dfrac{R_3''R_P''}{R_3''+R_P''}}=\frac{R_2''}{R_4''} \tag{2.30}$$

再根据 R_S、R_P 自身的温度特性，则有

$$R_S''=R_S'(1+\alpha\Delta t) \tag{2.31}$$

$$R_P''=R_P'(1+\beta\Delta t) \tag{2.32}$$

式中：α 和 β 为 R_S 和 R_P 的电阻温度系数(1/℃)，表示单位温度变化引起的电阻相对变化；Δt 为低温到高温的温度变化值(℃)。

根据式(2.29)～(2.32)可以计算出 R_S'、R_P'与 R_S'',R_P''这 4 个未知数。实际上，只需将式(2.31)和式(2.32)代入式(2.29)和式(2.30)，计算出 R_S'与 R_P'即可，由 R_S'和 R_P'就可计算出常温下 R_S 和 R_P 的电阻值。

R_S 和 R_P 的电阻值计算出后，接入桥路就可达到补偿的目的。

如果选择温度系数很小(可认为等于 0)的电阻来进行补偿，则式(2.29)与式(2.30)可写为

$$\frac{R_1'+R_S}{\dfrac{R_3'R_P}{R_3'+R_P}}=\frac{R_2'}{R_4'} \tag{2.33}$$

$$\frac{R_1''+R_S}{\dfrac{R_3''R_P}{R_3''+R_P}}=\frac{R_2''}{R_4''} \tag{2.34}$$

根据式(2.33)与式(2.34)计算出两个未知数 R_S 与 R_P,用这样大小的两个电阻接入桥路,也可达到补偿的目的。

一般薄膜电阻的温度系数可以做得很小,达到 10^{-6} 数量级,近似认为等于0,且其阻值又可以修正,能得到所需要的数值。所以,用薄膜电阻进行补偿,可以取得较好的补偿效果。

传感器的灵敏度温漂,一般可以采用改变电源电压的方法来进行补偿。温度升高时,传感器灵敏度要降低。这时如果使电桥的电源电压提高些,让电桥的输出变大些,就可以达到补偿的目的;反之,温度降低时,传感器灵敏度升高,如果使电桥的电源电压降低些,让电桥的输出变小些,也一样达到补偿的目的。图2-9所示的两种补偿线路即可达到改变电桥电流、电压大小的作用。图2-9(a)中用正温度系数的热敏电阻敏感温度的大小,改变运算放大器的输出电压,从而改变电桥电源电压的大小,以达到补偿的目的。图2-9(b)中利用三极管的基极与发射极间PN结敏感温度的大小,使三极管的输出电流发生变化,改变管压降的大小,从而使电桥电压得到改变,达到补偿的目的。传感器灵敏度温度漂移的补偿方法较多,这里不一一赘述。

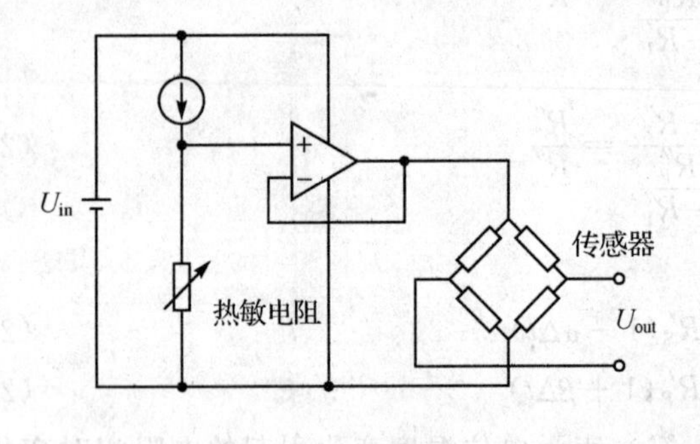

(a) 利用正温度系数的热敏电阻补偿方式

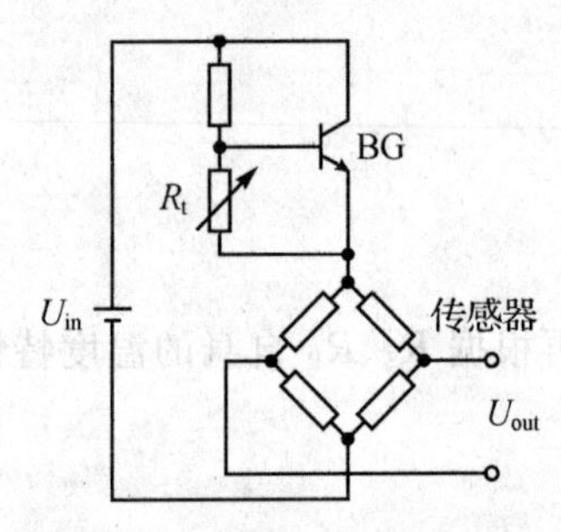

(b) 利用PN结热电阻补偿方式

图2-9 零位温度漂移的补偿方式

2.3 硅压阻式集成加速度传感器

2.3.1 敏感结构与压敏电阻设计

硅压阻式集成加速度传感器利用单晶硅材料制作悬臂梁,如图2-10所示,在其根部扩散出4个电阻。当悬臂梁自由端的质量块受加速度作用时,悬臂梁受到弯矩作用,产生应力,使压敏电阻发生变化。

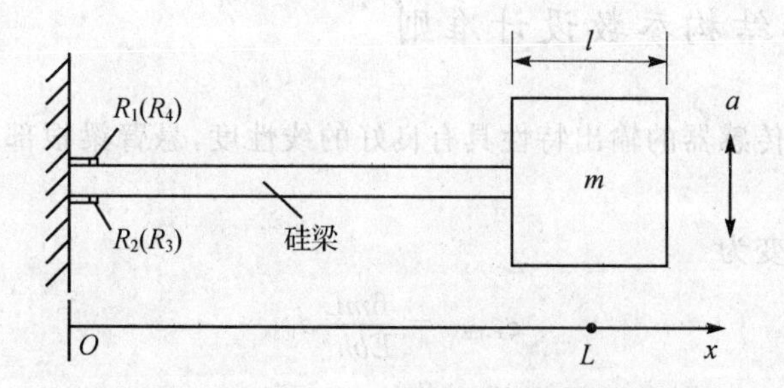

图 2－10 硅压阻式集成加速度传感器结构示意图

选择〈001〉晶向作为悬臂的单晶硅衬底，悬臂梁的长度方向为〈110〉晶向，则悬臂梁的宽度方向为〈$1\bar{1}0$〉晶向。沿〈$1\bar{1}0$〉晶向与〈110〉晶向各设置两个 P 型电阻。

悬臂梁上表面根部沿 x 方向的正应力为

$$\sigma_x = \frac{6mL}{bh^2}a \tag{2.35}$$

式中：m 为敏感质量块的质量(kg)；b 和 h 为梁宽度(m)和厚度(m)；L 为质量块中心至悬臂梁根部的距离(m)；a 为被测加速度(m/s^2)。

沿着悬臂梁的长度，即在〈110〉晶向设置的 P 型硅压敏电阻的压阻效应可以描述为

$$\left(\frac{\Delta R}{R}\right)_{\langle 110\rangle} = \pi_a\sigma_a + \pi_n\sigma_n = \pi_a\sigma_x \tag{2.36}$$

借助于式(2.18)，式(2.36)中的纵向压阻系数为

$$\pi_a = \frac{1}{2}\pi_{44} \tag{2.37}$$

而在〈$1\bar{1}0$〉晶向设置的 P 型硅压敏电阻的压阻效应可以描述为

$$\left(\frac{\Delta R}{R}\right)_{\langle 1\bar{1}0\rangle} = \pi_a\sigma_a + \pi_n\sigma_n = \pi_n\sigma_x \tag{2.38}$$

借助于式(2.19)，式(2.38)中的横向压阻系数为

$$\pi_n = -\frac{1}{2}\pi_{44} \tag{2.39}$$

借助于式(2.35)，将式(2.37)和式(2.39)分别代入到式(2.36)和式(2.38)中，可得

$$\left(\frac{\Delta R}{R}\right)_{\langle 110\rangle} = \frac{3mL}{bh^2}\pi_{44}a \tag{2.40}$$

$$\left(\frac{\Delta R}{R}\right)_{\langle 1\bar{1}0\rangle} = \frac{-3mL}{bh^2}\pi_{44}a = -\left(\frac{\Delta R}{R}\right)_{\langle 110\rangle} \tag{2.41}$$

可见，按上述原则在悬臂梁根部设置的压敏电阻符合构成四臂受感差动电桥的原则，因此输出电路与 2.1 节讨论的硅压阻式集成压力传感器完全相同，此不赘述。

2.3.2 敏感结构参数设计准则

为了保证加速度传感器的输出特性具有良好的线性度，悬臂梁根部的应变应小于一定的量级，如 5×10^{-4}。

悬臂梁根部的应变为

$$\varepsilon_{x,\max}=\frac{6mL}{Ebh^2}a_{\max} \tag{2.42}$$

式中：$a_{\max}$为被测加速度绝对值的最大值（m/s^2）。

因此，应变约束条件为

$$\frac{6mL}{Ebh^2}a_{\max}\leqslant\varepsilon_b \tag{2.43}$$

式中：ε_b 为悬臂梁所允许的最大应变值，如 5×10^{-4}。

2.3.3 动态特性分析

对于加速度传感器，多数情况是用于动态过程的测量。由于悬臂梁的厚度相对于其长度较小，因此其最低阶固有频率较低，这将限制其所测加速度的动态频率范围。

事实上，当不考虑悬臂梁自由端处敏感质量块的附加质量时，悬臂梁的最低阶固有频率为

$$f_{B1}=\frac{0.162h}{L^2}\sqrt{\frac{E}{\rho}} \tag{2.44}$$

显然，考虑敏感质量块后悬臂梁的最低阶弯曲振动固有频率远比由式（2.44）描述的弯曲振动固有频率要低得多，因此没有实用价值。

当把悬臂梁看成一个感受弯曲变形的弹性部件时，以其自由端的位移 $W_{\max}$ 作为参考点，其等效刚度为

$$k_{eq}=\left|\frac{F}{W_{\max}}\right|=\frac{Ebh^3}{4L_{eq}^3} \tag{2.45}$$

$$L_{eq}=L-0.5l \tag{2.46}$$

式中：L_{eq}为带有敏感质量块的悬臂梁的有效长度（m）；l 为敏感质量块的长度（m）。

于是，如图 2-10 所示加速度传感器整体敏感结构的最低阶弯曲振动的固有频率为

$$f_{B,m}=\frac{1}{2\pi}\sqrt{\frac{k_{eq}}{m_{eq}+m}}\approx\frac{1}{2\pi}\sqrt{\frac{k_{eq}}{m}}=\frac{1}{4\pi}\sqrt{\frac{Ebh^3}{L_{eq}^3m}} \tag{2.47}$$

式中：m_{eq}为加速度敏感结构最低阶弯曲振动状态下，悬臂梁自身的等效质量（kg）。它远远小于敏感质量块的质量，故可以进行上述简化。

将加速度传感器看成典型的二阶系统，设其固有频率与等效阻尼比系数分别为 ω_n 和 ζ_n，

当允许的时域相对动态误差 $\sigma_T=5\%$时，系统的阻尼比系数 ζ_n 应取为 0.690，则系统的响应时间为

$$\sigma_T=\frac{1}{\sqrt{1-\zeta_n^2}}e^{-\zeta_n\omega_n t_s}\cos\left[\sqrt{1-\zeta_n^2}\omega_n t_s-\arctan\left(\frac{\zeta_n}{\sqrt{1-\zeta_n^2}}\right)\right] \tag{2.48}$$

式中：$\omega_n=2\pi f_{B,m}$(rad/s)，$f_{B,m}$ 由式(2.47)确定。

将上述有关数据代入式(2.48)，可得

$$0.05=\frac{1}{\sqrt{1-0.69^2}}e^{-0.69\omega_n t_s}\cos\left[\sqrt{1-0.69^2}\omega_n t_s-\arctan\left(\frac{0.69}{\sqrt{1-0.69^2}}\right)\right]$$

即

$$0.036\,19=e^{-0.69\omega_n t_s}\cos[0.723\,8\omega_n t_s-1.523\,0] \tag{2.49}$$

另一方面，系统的工作频带与阻尼比系数 ζ_n 和所允许的频域动态误差 σ_F 密切相关。当允许的频域相对动态误差 $\sigma_F=5\%$，系统的阻尼比系数应取为 $\zeta_n=0.590$ 时，系统的最大工作频带为

$$\frac{\omega_{g,max}}{\omega_n}=0.874 \tag{2.50}$$

即

$$\omega_{g,max}=0.874\omega_n \tag{2.51}$$

2.3.4　设计实例

假设被测加速度范围为 $a\in(0,200)$ m/s²，即 $a_{max}=200$ m/s²；取 $\varepsilon_b=5\times10^{-4}$；硅材料的弹性模量 $E=1.3\times10^{11}$ Pa，$\rho=2.33\times10^3$ kg/m³。于是由式(2.42)可得

$$\frac{mL}{bh^2}=\frac{\varepsilon_{x,max}E}{6a_{max}}$$

即

$$\frac{mL}{bh^2}=\frac{5\times10^{-4}\times1.3\times10^{11}\ \text{Pa}}{6\times200\ \text{m/s}^2}=5.417\times10^4\ \text{kg/m}^2 \tag{2.52}$$

考虑到硅微加速度传感器的应用特点，初选敏感结构的几何参数为

$$h=10\ \mu\text{m}$$
$$b=100\ \mu\text{m}$$
$$L=1\,000\ \mu\text{m}$$

利用式(2.52)可得

$$m=\frac{bh^2}{L}\times5.417\times10^4\ \text{kg/m}^2=\left(\frac{10^{-4}\times10^{-10}}{10^{-3}}\times5.417\times10^4\right)\text{kg}=5.417\times10^{-7}\ \text{kg} \tag{2.53}$$

假设敏感质量块是一个正方体，则其边长为

$$l=\left(\frac{m}{\rho}\right)^{\frac{1}{3}}=\left(\frac{5.417\times10^{-7}\ \mathrm{kg}}{2.33\times10^{3}\ \mathrm{kg/m^{3}}}\right)^{\frac{1}{3}}=0.615\times10^{-3}\ \mathrm{m}=615\ \mu\mathrm{m} \tag{2.54}$$

与悬臂梁的长度 L 相比，$l/L=0.615$，偏大；故初选敏感结构的几何参数不合适。调整敏感结构的几何参数为

$$h=8\ \mu\mathrm{m}$$
$$b=80\ \mu\mathrm{m}$$
$$L=1\ 200\ \mu\mathrm{m}$$

利用式(2.53)可得

$$m=\frac{bh^2}{L}\times5.417\times10^4\ \mathrm{kg/m^2}=\left(\frac{8\times10^{-5}\times8^2\times10^{-12}}{1.2\times10^{-3}}\times5.417\times10^4\right)\mathrm{kg}=2.311\times10^{-7}\ \mathrm{kg} \tag{2.55}$$

假设敏感质量块是一个正方体，则其边长为

$$l=\left(\frac{m}{\rho}\right)^{\frac{1}{3}}=\left(\frac{2.311\times10^{-7}\ \mathrm{kg}}{2.33\times10^{3}\ \mathrm{kg/m^{3}}}\right)^{\frac{1}{3}}=0.463\times10^{-3}\ \mathrm{m}=463\ \mu\mathrm{m} \tag{2.56}$$

与悬臂梁的长度 L 相比，$l/L=0.386$，较为适中。

基于上述所设计的参数，并结合 P 型硅压阻系数 $\pi_{44}=138.1\times10^{-11}\ \mathrm{Pa^{-1}}$，由式(2.40)可得

$$\left(\frac{\Delta R}{R}\right)_{\langle110\rangle,\max}=\frac{3mL}{bh^2}\pi_{44}a_{\max}=\frac{3\times2.311\times10^{-7}\times1.2\times10^{-3}}{8\times10^{-5}\times8^2\times10^{-12}}\times138.1\times10^{-11}\times200=4.488\times10^{-2} \tag{2.57}$$

当采用恒压源供电的四臂受感电桥，桥臂工作电压为 5 V 时，满量程输出电压为

$$U_{\mathrm{out}}=(5\times4.488\times10^{-2})\ \mathrm{V}\approx224\ \mathrm{mV} \tag{2.58}$$

这是一个较为满意的输出量级。

利用式(2.47)可得

$$f_{B,m}=\frac{1}{4\pi}\sqrt{\frac{Ebh^3}{L_{\mathrm{eq}}^3m}}=\frac{1}{4\pi}\sqrt{\frac{1.3\times10^{11}\times8\times10^{-5}\times8^3\times10^{-18}}{(1.2-0.5\times0.463)^3\times10^{-9}\times2.311\times10^{-7}}}\ \mathrm{Hz}=400.8\ \mathrm{Hz} \tag{2.59}$$

即

$$\omega_{\mathrm{n}}=2\pi f_{B,m}=(2\pi\times400.8)\ \mathrm{rad/s}=2\ 518.3\ \mathrm{rad/s}$$

基于式(2.49)取 $\sigma_{\mathrm{T}}=5\%$；$\zeta_{\mathrm{n}}=0.690$，可得

$$0.036\ 19=\mathrm{e}^{-1\ 737.6t_{\mathrm{s}}}\cos(1\ 822.75\times t_{\mathrm{s}}-1.523) \tag{2.60}$$

由式(2.60)可得符合条件的解为

$$T_{\mathrm{s}}=145\ \mu\mathrm{s} \tag{2.61}$$

另一方面，基于式(2.51)(即取 $\sigma_{\mathrm{F}}=5\%$，$\zeta_{\mathrm{n}}=0.590$)可得工作频带为

$$\omega_{g,\max} = 0.874 \times 2\,518.3 \text{ rad/s} = 2\,200.99 \text{ rad/s} = 350.3 \text{ Hz} \tag{2.62}$$

另外，由式(2.44)计算得到的悬臂梁最低阶弯曲振动的固有频率为

$$f_{B1} = \frac{0.162h}{L^2}\sqrt{\frac{E}{\rho}} = \frac{0.162 \times 8 \times 10^{-6}}{1.2^2 \times 10^{-6}}\sqrt{\frac{1.3 \times 10^{11}}{2.33 \times 10^3}} \text{ Hz} = 6\,723 \text{ Hz} \tag{2.63}$$

远高于式(2.59)得到的 400.8 Hz。

2.4　硅电容式集成压力传感器

2.4.1　原理结构

硅电容式集成压力传感器的核心部件是一个对压力敏感的电容器，如图 2-11 所示。图中电容器的两个极板，一个置在玻璃上，为固定极板；另一个置在硅膜片的表面上，为活动极板。硅膜片由腐蚀硅片的正面和反面形成，当硅膜片和玻璃键合在一起之后，就形成有一定间隙的空气(或真空)电容器。电容器的大小由电容电极的面积和两个电极间的距离决定，当硅膜片受压力作用变形时，电容器两电极间的距离便发生变化，导致电容的变化。电容的变化量与压力有关，因此可利用这样的电容器作为检测压力的敏感元件。这一工作方式与金属元件的压力敏感电容一样。但是微机械加工工艺可以把电容器的结构参数做的很小，其测量电路也与压敏电容做在同一硅片上，构成电容式单片集成压力传感器，如图 2-11 所示。

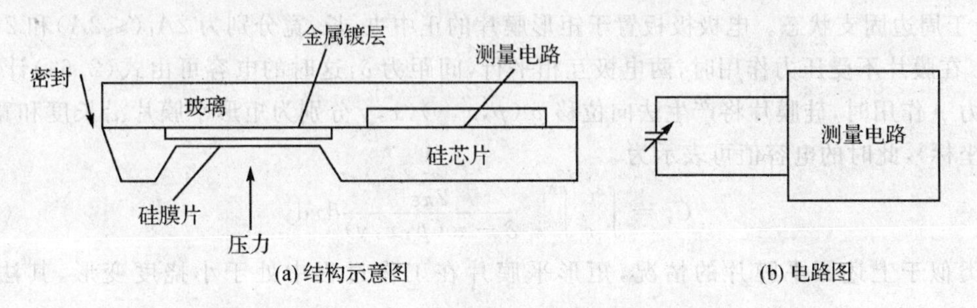

图 2-11　硅电容式压力传感器的结构示意图和电路图

2.4.2　敏感特性

1. 基于圆平膜片的电容敏感元件

在图 2-11 所示的压敏电容器中，设硅膜片为圆形结构，半径为 R，厚度为 H，处于周边固

支状态。电极半径为 $R_0(\leqslant R)$，在膜片不受压力作用时，两电极互相平行，间距为 δ，这时的电容为 $C_0=\frac{\varepsilon_r\varepsilon_0\pi R_0^2}{\delta}$；在膜片受压力 p 作用时，硅膜片将产生法向位移 $w(p,\rho)$（ρ 为圆平膜片的径向坐标），此时的电容值可表示为

$$C_x=\int_0^{R_0}\frac{2\pi\rho\varepsilon}{\delta-w(p,\rho)}\mathrm{d}\rho \tag{2.64}$$

硅电容式集成压力传感器在一般情况下，法向挠度 $w(p,\rho)$ 与圆平膜片的厚度相比是小量，与电容的初始间距是小量，即符合条件：$w\ll H, w\ll\delta$。因此，圆平膜片处于小挠度变形状态，其法向位移为

$$w(p,\rho)=W_{R,\max}\left(1-\frac{\rho^2}{R^2}\right)^2 \tag{2.65}$$

$$W_{R,\max}=\frac{3p(1-\mu^2)}{16E}\cdot\frac{R^4}{H^3} \tag{2.66}$$

式中：$W_{R,\max}$ 为膜片承受压力 p 时的最大法向位移，即在圆平膜片中心处的位移；E 为材料的弹性模量(Pa)；μ 为材料的泊松比。

利用式(2.64)～式(2.66)可以计算出基于圆平膜片的硅电容式压力敏感元件的压力-电容特性。

2. 基于矩形平膜片的电容敏感元件

在图 2-11 所示的压敏电容器中，设硅膜片为矩形结构，长、宽分别为 $2A$ 和 $2B$，厚度为 H，处于周边固支状态。电极极板置于矩形膜片的正中央，长、宽分别为 $2A_1(\leqslant 2A)$ 和 $2B_1(\leqslant 2B)$。在膜片不受压力作用时，两电极互相平行，间距为 δ，这时的电容可由式(2.64)计算；在有压力 p 作用时，硅膜片将产生法向位移 $w(p,x,y)$（x,y 分别为矩形平膜片沿长度和宽度方向的坐标），此时的电容值可表示为

$$C_x=\int_{-B_1}^{B_1}\int_{-A_1}^{A_1}\frac{2\pi\varepsilon}{\delta-w(p,x,y)}\mathrm{d}x\mathrm{d}y \tag{2.67}$$

类似于上述圆平膜片的情况，矩形平膜片在工作过程中处于小挠度变形，其法向位移为

$$w(p,x,y)=W_{\mathrm{Rec},\max}\left(\frac{x^2}{A^2}-1\right)^2\left(\frac{y^2}{B^2}-1\right)^2 \tag{2.68}$$

$$W_{\mathrm{Rec},\max}=\frac{147p(1-\mu^2)}{32\left(\frac{7}{A^4}+\frac{7}{B^4}+\frac{4}{A^2B^2}\right)EH^3} \tag{2.69}$$

式中：$W_{\mathrm{Rec},\max}$ 为矩形平膜片的最大法向位移。

利用式(2.67)～式(2.69)可以计算出基于矩形平膜片的硅电容式压力敏感元件的压力-电容特性。特别注意当取 $A=B, A_1=B_1$ 时，就是典型的方平膜片的有关结论。

在分析和设计工作于大挠度的电容式压力传感器时，挠度 $w(p,\rho)$（对于圆平膜片）和 $w(p,x,y)$（对于方平膜片）的求解，可参见有关资料。

若被测压力为简谐压力，如 $p=p_{max}\cos\omega t$，则式(2.64)中的 $w(p,\rho)$ 应以 $w(t,p,\rho)$ 代入；式(2.67)中的 $w(p,x,y)$ 应以 $w(t,p,x,y)$ 代入。当被测动态压力的频率 ω 比较高，接近于膜片自身固有的一阶弯曲频率时，传感器的输出将受到膜片弯曲频率的影响，比较复杂，这里不再讨论。而当被测动态压力的频率 ω 远远低于膜片的一阶弯曲频率时，膜片的位移可以表示为

$$w(t,p)=w(p_{max})\cos\omega t \tag{2.70}$$

式中：p_{max} 为所受简谐压力的幅值(Pa)；$w(p_{max})$ 为膜片受到静态压力 p_{max} 时的法向位移，对于圆平膜片由式(2.65)计算，对于矩形平膜片由式(2.68)计算。

3. 实例与分析

［**例 3-1**］　一硅电容式圆平膜片压力敏感元件，已知膜片半径 $R=0.5$ mm，厚度 $H=20$ μm，电极半径 $R_0=0.35$ mm，初始间距 $\delta=2$ μm；材料的弹性模量 $E=1.3\times10^{11}$ Pa，泊松比 $\mu=0.18$，由式(2.64)可以算得

$$C_0=\frac{\varepsilon_r\varepsilon_0\pi R_0^2}{\delta}=1.703\ \text{pF}$$

当压力 $p=10^5$ Pa 时，由式(2.66)可以计算得到圆平膜片的最大位移为

$$W_{R,max}=\frac{3p(1-\mu^2)}{16E}\cdot\frac{R^4}{H^3}=1.09\ \mu\text{m}$$

与膜片厚度 $H=20$ μm 相比，约为厚度的 1/18。

由式(2.64)可以计算出压力 $p=10^5$ Pa 时的电容为

$$C_x=\int_0^{R_0}\frac{2\pi\rho\varepsilon}{\delta-w(p,\rho)}\mathrm{d}\rho=2.593\ \text{pF}$$

而

$$\frac{\Delta C}{C_0}=\frac{C_x-C_0}{C_0}=\frac{2.593-1.703}{1.703}=0.523$$

压力灵敏度可表示为

$$S_C=\frac{1}{\Delta p}\cdot\frac{\Delta C}{C_0}=\left(0.523\times\frac{1}{10^5}\right)\text{Pa}^{-1}=5.23\times10^{-6}\ \text{Pa}^{-1}$$

同样结构参数的硅压阻式集成压力传感器，其压力灵敏度可表示为

$$S_R=\frac{\Delta R}{R}\cdot\frac{1}{\Delta p}$$

$$\frac{\Delta R}{R}=\frac{3}{8}\pi_{44}\left(\frac{R}{H}\right)^2\cdot p(1-\mu)$$

压阻系数 $\pi_{44}=138.1\times10^{-11}\ \text{Pa}^{-1}$，代入上式得

$$\frac{\Delta R}{R}=0.026\ 5$$

从而得

$$S_R=\frac{0.026\ 5}{10^5\ \text{Pa}}=2.65\times10^{-7}\ \text{Pa}^{-1}$$

经粗略计算对比，电容式的压力敏感度比扩散硅式的高出 10 倍以上。

[例 3-2] 图 2-12 为一硅电容式圆平膜片压力敏感元件输出电容随被测压力变化的曲线。已知膜片半径 $R=1$ mm，厚度 $H=50$ μm，电极半径 $R_0=R$，初始间距 $\delta=50$ μm，材料的弹性模量 $E=1.3\times10^{11}$ Pa；泊松比 $\mu=0.18$；压力计算范围为 $p\in(0,10\times10^5)$ Pa。所计算出的电容量的变化范围为 $C_x\in(5.56\times10^{-13},6.04\times10^{-13})$ F，电容的相对变化为 8.63%；且有一定的非线性，其端基线性度为 3.76%。另外由式(2.66)可计算出压力 $p=10\times10^5$ Pa 时最大位移为 11.2 μm，与膜片厚度的比值约为 0.224。

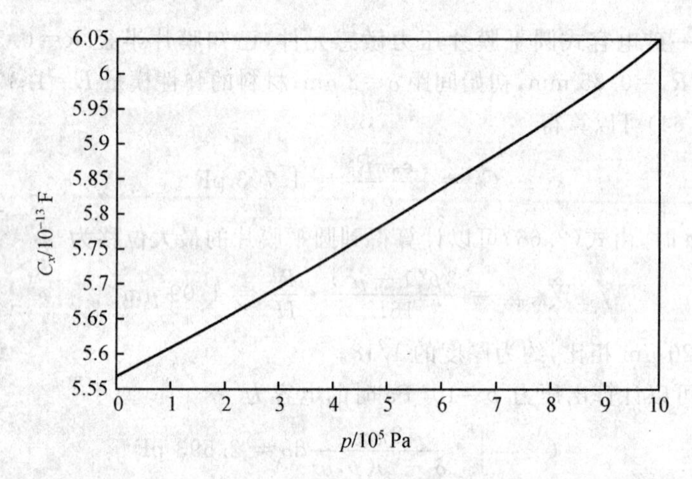

图 2-12 圆平膜片压力敏感元件压力-电容变化曲线

综上所述，在微型硅电容压力传感器中，电容值很小，其改变量更小。测量这样小的电容量(如 0.1～10 pF)，电容测量电路必须有更高的灵敏度和极低的漂移。采用分立的压敏电容器和测量电路已经没有实际意义，因为引线和连线的杂散电容可能就有几十皮法，比压敏电容大很多。所以微型硅电容式压力传感器必须将压敏电容和相应的测量电路做在一起实现集成化才有意义。

图 2-13 给出了硅电容式集成压力传感器可以测量压力的范围(10^{-1}～10^6 Pa)及其相应的应用领域。

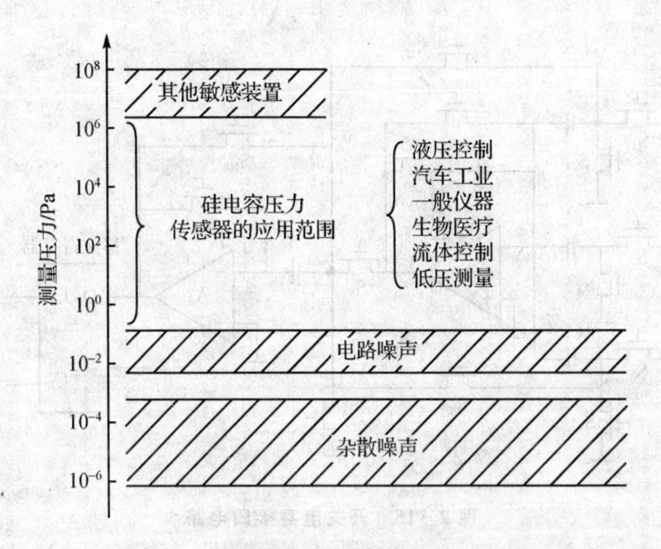

图 2－13　硅电容式集成压力传感器可以测量压力的范围及应用领域

2.4.3　开关-电容接口电路

图 2－14 为硅电容式集成压力传感器的一般结构原理图。当前最适合硅电容式集成压力传感器的测量电路是新型的开关-电容电路。这种电路由差动积分器和循环运行的 A/D 转换器组成，如图 2－15 所示。

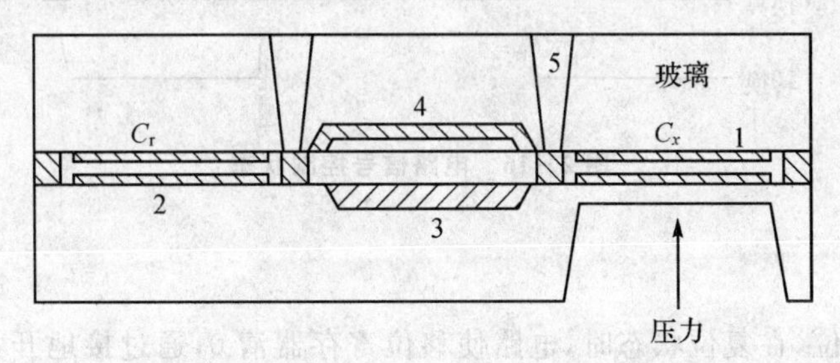

注：1—压力敏感电容 C_x；2—参考电容 C_r；3—测量电路；
4—金属屏蔽盒；5—保证密封作用的激光钻孔。

图 2－14　硅电容式集成压力传感器的结构示意图

图 2－14 中电容器 C_x 就是传感器的压力敏感电容，参考电容 C_r 用以与传感器敏感电容进行比较。电路产生的输出电压正比于因压力作用引起的电容 C_x 的变化。该电压经 A/D 转换为二进制数输出。开关-电容测量电路、A/D 转换器、压敏电容与参考电容等均集成在同一硅片上。这种差动结构方案的优点是，使测量电路对环境温度变化和输入的杂散电容几乎不

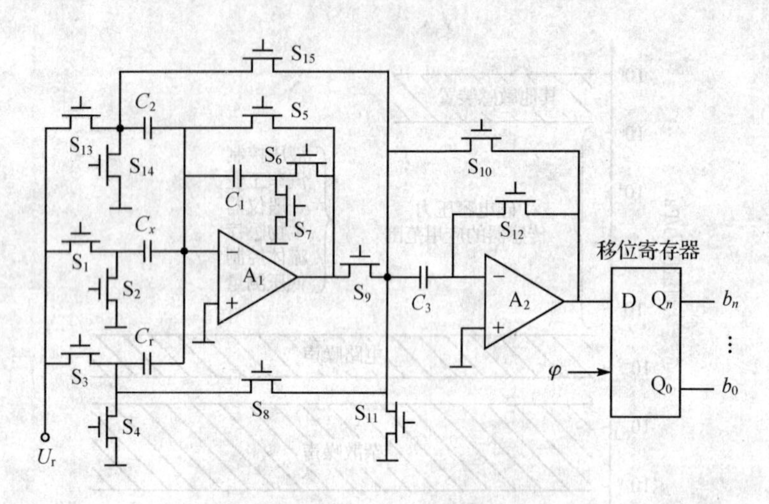

图 2-15　开关电容接口电路

敏感，因为这些信号被作为共模信号而被抑制掉。理论上，在室温条件下，最小检测电容极限大约为 0.1 pF，而在 0～100 ℃范围内（无温度补偿）约为 1～1.5 pF。

该电路的工作过程分为复位、检测、换算和转换 4 个状态，如图 2-16 所示。

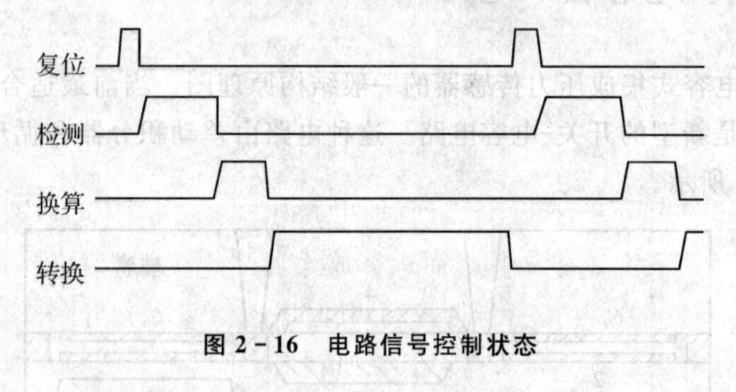

图 2-16　电路信号控制状态

1. 复位状态

工作之前先复位，在复位状态时，电路使移位寄存器清 0，通过接地开关使所有电容器放电，并接通 MOS 开关 S_5 和 S_{12}（图 2-15）。

2. 检测状态

检测状态的电路如图 2-17(a)所示，传感器电容 C_x，参考电容 C_r 以及运算放大器 A_1 组成了差动积分器，其工作过程受不重叠周期为 t_d 的两相时钟脉冲 φ 和 $\overline{\varphi}$ 所控制，其时序如图 2-17(b)所示。当 $\varphi=1$ 时，C_x 通过 S_1 和 S_2 充电到参考电压 U_r；而 C_r 则对地放电。当 $\overline{\varphi}=1$ 时，C_x 中的电荷传送到反馈电容器 C_1；而 C_r 则通过充电达到电压 U_r。由于电荷 C_xU_r

和 C_rU_r 皆通过电容器 C_1，但流向相反，所以电容器 C_1 上的净电荷为 $(C_x-C_r)U_r$。该过程重复 m 次，直到运算放大器 A_1 产生 U_o 的输出电压

$$U_o=\frac{m(C_x-C_r)U_r}{C_1}=\frac{m\Delta CU_r}{C_1} \tag{2.71}$$

式中：$\Delta C=C_x-C_r(F)$。

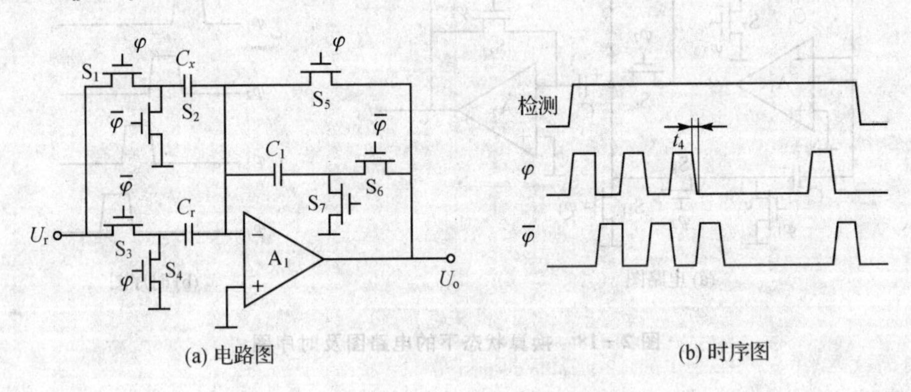

图 2-17 检测状态下的电路图及时序图

在此过程中，运算放大器 A_2 不起作用。

3. 换算状态

由于上述过程中检测到的电容差值 ΔC 是相对于电容 C_1 的，而 C_1 又不常是定值，因此应设法使其与参考电容 C_r 来比较，实现该过程的电路如图 2-18(a)所示，其中运算放大器 A_1 连接电容器 C_1 和 C_r 组成同相放大器。而运算放大器 A_2 则起采样/保持电路作用。每一个开关的通、断均由不重叠的 4 相时钟脉冲控制，其时序图如图 2-18(b)所示。

用时钟信号可使在各相的运算一致，该时钟信号由靠近各相的对应开关的控制端头完成(见图 2-18(a))，图中 $\varphi_{1,3}=\varphi_1+\varphi_2$。当时钟脉冲 $\varphi_1=1$ 时，电容 C_r 对地放电；当 $\varphi_2=1$ 时，转为由电容 C_1 对 C_2 充电。于是，运算放大器 A_1 产生的电压为

$$U_s=\frac{m\Delta CU_r}{C_r} \tag{2.72}$$

该电压 U_s 被电容器 C_3 采样并储存，其极性如图 2-18(a)所示。当 $\varphi_3=1$ 时，运算放大器 A_2 起着保持电路的作用，并通过 S_{10}、S_{15}、S_5 给 C_2 充电至 U_s。当 $\varphi_4=1$ 时，C_2 转为给 C_1 充电；同时运放 A_2 作为比较器来检验 C_3 中电压 U_s 的极性。若为正，则符号位 $b_0=1$；否则，$b_0=0$。电容器 C_1、C_2 和 C_3 上的电压分别为 $\lambda U_s\left(\lambda=\dfrac{C_2}{C_1}\right)$、0 和 U_s，这个状态的过程完成后，电路将进入转换状态。

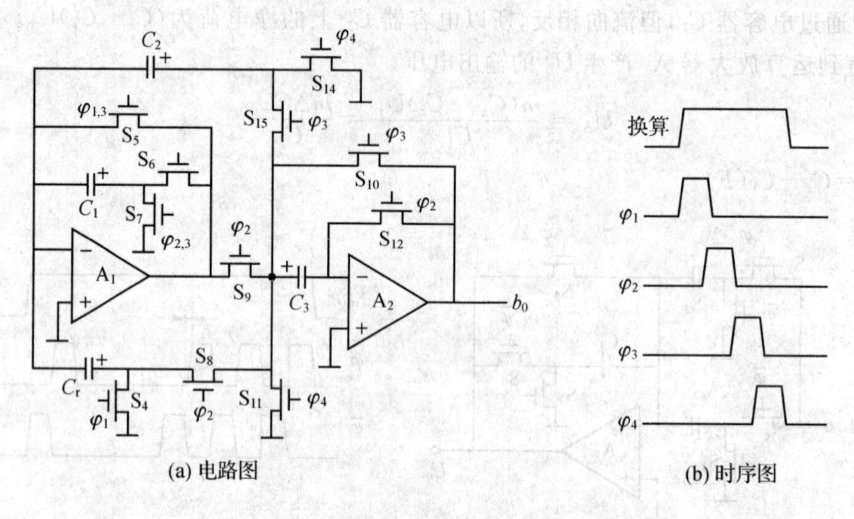

图 2-18　换算状态下的电路图及时序图

4. 转换状态

在转换状态中，接口电路将把以 C_r 为比较的电容差值 ΔC 转换为由迭代运算得到的 n 位二进制数 b。

$$U(i) = 2U(i-1) + (-1)^{b_{i-1}} U_r \tag{2.73}$$

$$b_i = \begin{cases} 1 & U(i) \geqslant 0 \\ 0 & U(i) < 0 \end{cases} \quad (i = 1,2,\cdots,n) \tag{2.74}$$

式中：$U(0)=U_s$，b_1 和 b_n 分别为 b 的最高有效位和最低有效位。

执行式(2.73)算法的电路如图 2-19(a)所示，它受 5 个重叠的相位时钟脉冲所控制，其时序如图 2-19(b)所示。图中 A_1、C_1、C_2 组成的运算电路完成式(2.73)的功能。而 A_2 作为采样/保持和比较器电路通过式(2.74)来确定 b_i 的值。设 C_1、C_2 和 C_3 的电压分别为 $\lambda U(i-1)$、0 和 $U(i-1)$，而 b_{i-1} 的值第 $i-1$ 次运行周期时存放在移位寄存器中。第 i 次周期时，产生电压 U_i，且 b_i 值按以下步骤确定。

① 在时钟脉冲 φ_1 时：若 $b_{i-1}=1$，则运算电路构成反相积分器，其输入电压为 U_r。电容器 C_1 两端的电压变成 $\lambda[U(i-1)-U_r]$；式(2.73)执行减法运算。若 $b_{i-1}=0$，则电容 C_2 通过 S_{13} 和 S_5 充电至 U_r，C_1 两端的电压保持不变；而运算放大器 A_2 则通过电容 C_3 将电压保持在 $U(i-1)$，直至时钟脉冲 $\varphi_4=1$。

② 在时钟脉冲 φ_2 时：若 $b_{i-1}=0$，则运算电路构成同相积分器，其输入电压为 U_r。该电压在 φ_1 时已存储在电容 C_2 上。此时跨过电容器 C_1 的电压变为 $\lambda[U(i-1)+U_r]$，于是式(2.73)执行加法运算。若 $b_{i-1}=1$，则 C_2 通过 S_5 对地放电，而跨过电容器 C_1 的电压保持不变。

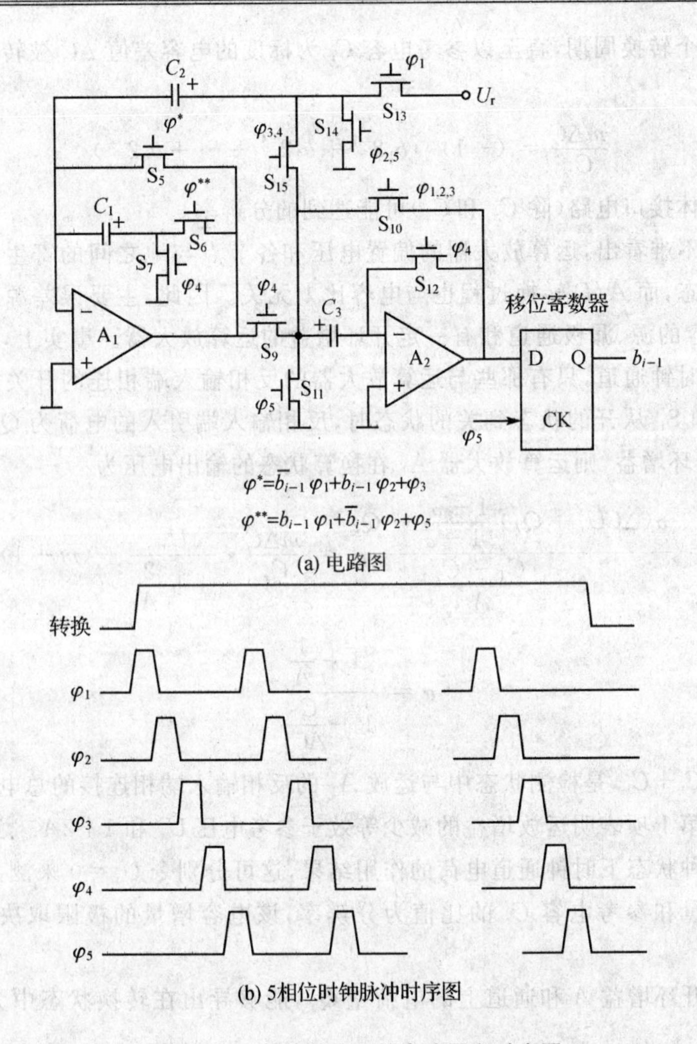

(a) 电路图

(b) 5相位时钟脉冲时序图

图 2-19　转换状态下的电路图和时序图

③ 在时钟脉冲 φ_3 时：起保持电路作用的运放 A_2 通过 S_{15} 和 S_5 将电容器 C_2 上的电压充至 $U(i-1)$。

④ 在时钟脉冲 φ_4 时：运算电路形成同相积分器，其输入电压为跨过电容器 C_1 上的电压。电容器 C_2 两端的电压变成由式(2.73)给出的 $U(i)$，并成为运放 A_1 的输出电压。该电压也被电容器 C_3 采样。

⑤ 在时钟脉冲 φ_5 时：作为同相放大器，运算电路把电容器 C_2 在时钟脉冲 φ_4 中存储的电荷反充至电容器 C_1 上。此时，电容器 C_1、C_2 和 C_3 两端的电压分别为 $\lambda U(i)$、0 和 $U(i)$。运放 A_2 起比较器作用，借以检验电容器 C_3 上的电压 $U(i)$ 的极性，以此来决定 b_i 的值。从而完成了一个运行周期。

重复 n 次这个转换周期，直至以参考电容 C_r 为标度的电容差值 ΔC 被转换成具有符号位 b_0 的 n 位数，即

$$\frac{m\Delta C}{C_r} = (-1)^{b_0}(b_1 2^{-1} + b_2 2^{-2} + \cdots + b_n 2^{-n}) \tag{2.75}$$

下面估计整体接口电路(除 C_x 和 C_r)可能达到的分辨率。

由图 2-15 不难看出，运算放大器的偏置电压和各节点与地之间的寄生电容不会影响接口电路的工作状态，而 A/D 转换过程也与电容比 λ 无关。因此，主要误差源来自时钟信号通过 MOS 开关电容的源、漏极通道和有一定开环增益的运算放大器。事实上，在图 2-15 中的所有开关都含有时钟通道，只有那些与运算放大器的反相输入端相连的开关才造成明显的影响。当开关 S_5 和 S_{12} 从开的状态到关的状态时，反相输入端引入的电荷为 Q_f，A 为运算放大器 A_1 和 A_2 的开环增益，则运算放大器 A_1 在换算状态的输出电压为

$$U_s = \frac{\alpha(\Delta C U_r + Q_f)\dfrac{1-\alpha^m}{1-\alpha} + Q_f}{C_r + \dfrac{C_T - C_x}{A}} = \frac{m\Delta C}{C_r} \cdot \frac{U_r}{1+\dfrac{2}{A}} + (m+1)\frac{Q_f}{C_r} \tag{2.76}$$

$$\alpha = \frac{1+\dfrac{1}{A}}{1+\dfrac{C_T}{AC_1}} \tag{2.77}$$

式中：$C_T = C_x + C_r + C_1$，是检测状态中与运放 A_1 的反相输入端相连接的总电容。

式(2.75)中第 1 项表明运放增益的减少等效于参考电压 U_r 和 $1+2A^{-1}$ 之比值；第 2 项则为检测和换算两种状态下时钟通道电荷的作用结果，这可分别令 $U_r=0$ 来测出。现定义最小可测得的电容增量和参考电容 C_r 的比值为分辨率，该电容增量的极限取决于 A/D 转换的精度。

考虑到有限开环增益 A 和通道上的电荷量 Q_f，能够导出在转换状态中为执行变换算法的迭代方程。

$$U'(i) = \frac{2U'(i-1)}{1+\dfrac{2}{A}} + (-1)^{b_{i-1}}\alpha\frac{U_r}{1+\dfrac{2}{A}} + (2+\bar{b}_{i-1})\frac{Q_f}{C_1} \tag{2.78}$$

式(2.78)表明，定标的参考电压显然包括在检测和换算状态中对运放增量衰减的补偿。对式(2.78)执行 n 次计算，则 A/D 转换过程中产生的第 1 次电压误差近似值为

$$\Delta U = \Delta U_A + \Delta U_f = 2^n\left[\left(1-\frac{2}{A}\right)^n - 1\right]U(0) + \sum_{i=0}^{n-1}(-1)\bar{b}_i 2^i\left[\left(1-\frac{2}{A}\right)^i\left(1-\frac{1}{A}\right) - 1\right]U_r + \left(2^{n+1} + \sum_{i=1}^{n}\bar{b}_{i-1}2^{n-i}\right)\frac{Q_f}{C_1} \tag{2.79}$$

式中：ΔU_A 和 ΔU_f 分别为有限增益 A 及通道电荷 Q_f 引起的误差电压(V)。

当 $U(0)=U_r$ 时，假设 $b_i=0$，则误差电压变为最大

$$\Delta U_{max} = 2^n\left(3A^{-i}+\frac{4Q_f}{C_1U_r}\right)U_r \tag{2.80}$$

由于 A/D 转换可以精确到它的最低位以下，故该误差电压应小于参考电压 U_r。假设 $A=80$ dB，电荷的信噪比 $\frac{C_1U_r}{Q_f}=2\times10^4$，这在目前实用的 MOS 技术中，借助于时钟通道中适当的补偿方案是能够达到的。这样，A/D 转换的精度估计可达到 11 位。

可以检测的最小电容差值为

$$\frac{|\Delta C|_{min}}{C_r} > \frac{1}{2^{11}m} \tag{2.81}$$

式中：m 为重复次数。

m 增加可使分辨率提高，但相应地导致电压 U'_s 的相对误差的增加。将式(2.76)展为泰勒级数，便能发现 U'_s 的相对误差可表示为 $\frac{m-1}{2A}$。为将该误差保持在 11 位的最低位的 1/2 以内，m 需小于 6。那么，这种由 IC 形式构成的接口电路分辨率估计可达到 13 或 14 位。

综上所述，与硅电容式集成压力传感器接口的开关-电容电路由差动积分器和循环运行的 A/D 转换器组成。电容式传感器的电容首先充电，其电荷量仅与存储在参考电容器中的电荷比较，二者的差值由差动积分器转换为电压，电容-电压转换的灵敏度受电荷累加率控制。电压再经 A/D 转换为二进制数输出。转换序列根据循环运行的 A/D 转换算法得到。这种开关-电容电路的工作原理不受运算放大器的偏置电压和杂散电容的影响，具有高的灵敏度和精度，是硅电容式集成压力传感器较理想的接口电路。

2.4.4　电容-频率接口变换电路

采用电容-频率($C-F$)接口变换电路可将电容输出的电压变换为频率信号输出。频率输出的硅电容式集成压力传感器无需 A/D 变换，只用简单的数字电路就能变成微处理机易于接受的数字信号。这种类型的传感器，当今已引起计算机应用为基础的测控系统的广泛关注。

许多低功耗的振荡电路，可以选作为硅电容式集成压力传感器的接口变换电路使用。图 2-20所示为一种由电流控制的应用施密特触发器型振荡器的 $C-F$ 接口变换电路原理图。该电路与硅电容器同集成在一个芯片上，其中 C_x 为敏感被测压力的压敏电容，C_x 的变化决定了电路振荡频率的变化，频率的变化对应着被测压力值。C_r 为参考电容，不受被测压力的影响。但要受到电路温度漂移和长期稳定性漂移的影响。压敏电容或参考电容的信号输出电压用 U_C 表示。

若电路中连接压敏电容，则输出的频率变化与被测压力对应，但也受电路的温度漂移和长期稳定性漂移等因素的影响。另外，若电路中连接参考电容 C_r，则其频率变化仅与电路的温

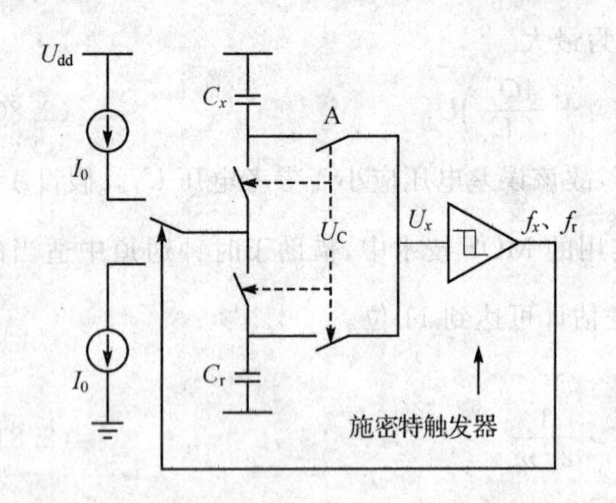

图 2－20 施密特触发器型振荡器的 *C*－*F* 接口变换电路图

度漂移和长期稳定性漂移等因素有关，而与被测压力无关。

考虑到压敏电容和参考电容受温度漂移和长期稳定性漂移等的影响是相同的或非常接近的，所以当电路连上参考电容后，温度漂移和长期稳定性漂移等效应造成的频率变化误差可以被补偿。

当 $C-F$ 接口变换电路连接上压敏电容 C_x 时，其输出频率 f_x 可表述为

$$f_x=\frac{I_0}{2C_xU_H} \tag{2.82}$$

式中：I_0 为电容器充电或放电电流（A）；U_H 为施密特触发器的滞后电压（V）。

可见，输出频率正比于充电（或放电）电流，而反比于压敏电容器的电容量和施密特触发器的滞后电压。为了减小电路温度漂移和电路电源电压对输出频率的影响，应周密地确定电流 I_0 和施密特触发器的滞后电压 U_H，以使其对温度效应尽量保持稳定。这是设计集成式 $C-F$ 接口变换振荡电路时需要重点考虑的。

图 2－21 所示为一种 $C-F$ 接口变换电路图，其中电流源由耗尽型的 NMOS 晶体管和增强型 MOS 晶体管构成。关于电路的进一步选择和设计请读者参考有关数字电路设计方面的文献。

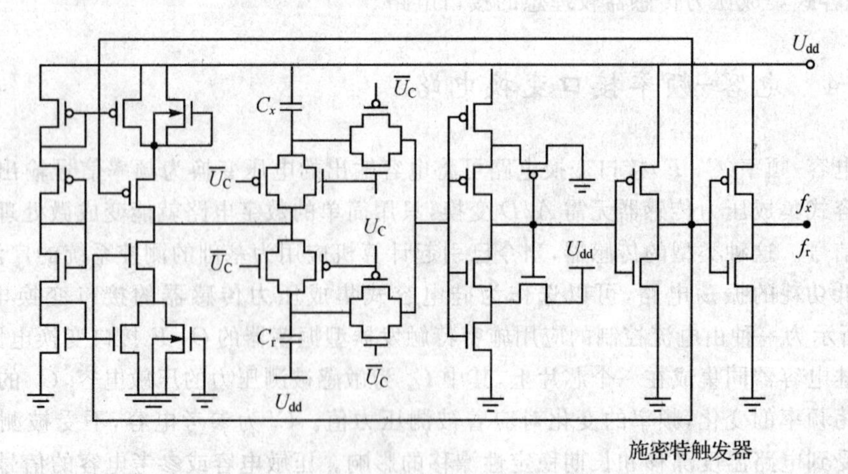

图 2－21 *C*－*F* 接口变换电路图

2.5　硅电容式集成加速度传感器

2.5.1　零位平衡式电容式加速度传感器

加速度传感器是惯性导航系统中最重要的传感器之一。20 世纪 80 年代后期至 90 年代初，研制成多种集成加速度传感器，图 2－22 所示为一种零位平衡式（伺服式）电容式加速度传感器芯片结构图和原理图。传感器芯片由玻璃-硅-玻璃结构构成。硅悬臂梁的自由端设置有敏感加速度的质量块，并在其上、下两侧面淀积有金属电极，形成电容的活动极板，安装在两固定电极板之间，组成一差动式平板电容器，见图 2－22(a)。当有加速度（惯性力）施加在加速度传感器上时，活动极板（质量块）将产生微小位移，引起电容变化，电容变化量 ΔC 由开关-电容电路检测并放大。两路脉宽调制信号 U_E 和 $\overline{U}_E$ 由脉宽调制器产生，并分别加在两对电极上（见图 2－22(b)）。通过这两路脉宽调制信号产生的静电力去改变活动极板的位置，对任何加速度值，只要检测合成电容 ΔC 和控制脉冲宽度，便能够实现活动极板准确地保持在两固定电极之间的中间位置处（即保持在非常接近零位移的位置上）。因为这种脉宽调制产生的静电力总是阻止活动电极偏离零位，且与加速度 a 成正比。所以通过低通滤波器的脉宽信号 U_E，即为该加速度传感器输出的电压信号。

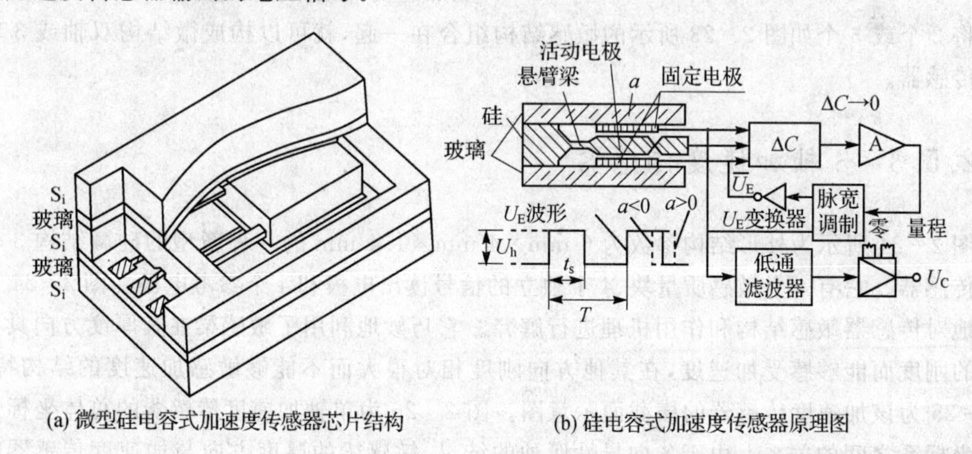

(a) 微型硅电容式加速度传感器芯片结构　　(b) 硅电容式加速度传感器原理图

图 2－22　一种零位平衡式电容式加速度传感器芯片结构图和原理图

2.5.2　基于组合梁的电容式加速度传感器

图 2－23 为一种已实际应用的、具有差动输出的硅电容式单轴加速度传感器原理图。该

传感器的敏感结构包括一个活动电极和两个固定电极。活动电极固连在连接单元的正中心，两个固定电极设置在活动电极初始位置对称的两端。连接单元将两组梁框架结构的一端连在一起，梁框架结构的另一端用连接“锚”固定。

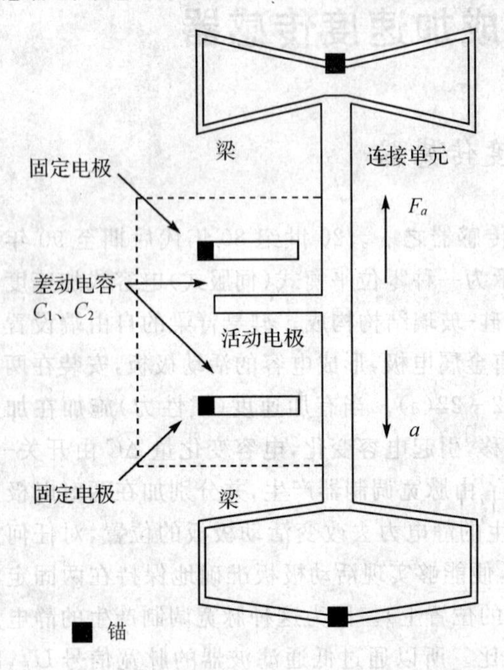

图 2-23 硅电容式单轴加速度传感器原理图

该敏感结构的基本原理是基于惯性原理的，被测加速度 a 使连接单元产生与加速度方向相反的惯性力 F_a；惯性力 F_a 使敏感结构产生位移，从而带动活动电极移动，与两个固定电极形成一对差动敏感电容 C_1 和 C_2（如图 2-23所示）。将 C_1、C_2 组成适当的检测电路便可以解算出被测加速度 a。该敏感结构只能敏感沿连接单元主轴方向的加速度。对于其正交方向的加速度，由于它们引起的惯性力作用于梁的横向（宽度与长度方向），而梁的横向相对于其厚度方向具有非常大的刚度，因此这样的敏感结构不会（能）敏感与所测加速度 a 正交的加速度。

将 2 个或 3 个如图 2-23 所示的敏感结构组合在一起，就可以构成微结构双轴或 3 轴加速度传感器。

2.5.3 3 轴加速度传感器

图 2-24 所示为外形结构参数为 6 mm×4 mm×1.4 mm 的一种新型的硅微结构 3 轴加速度传感器。它有 4 个敏感质量块、4 个独立的信号读出电极和 4 个参考电极。图 2-24 可以很好地对传感器敏感结构和作用机理进行解释。它巧妙地利用了敏感梁在其厚度方向具有非常小的刚度而能够感受加速度，在其他方向刚度相对很大而不能够敏感加速度的结构特征。图 2-25 为该加速度传感器的横截面示意图。图 2-26 为单轴加速度传感器的总体坐标系与局部坐标系之间的关系。由于各向异性腐蚀的结果，敏感梁的厚度方向与加速度传感器的法线方向（z 轴）呈 35.26°。

基于实际敏感结构特征，3 个加速度分量为

$$\left.\begin{aligned} a_x &= C(S_2 - S_4) \\ a_y &= C(S_3 - S_1) \\ a_z &= \frac{C}{\sqrt{2}}(S_1 + S_2 + S_3 + S_4) \end{aligned}\right\} \tag{2.83}$$

式中：C 表示由几何结构参数决定的系数($\mathrm{m/(s^2 \cdot V)}$)；S_i 表示第 i 个梁和质量块之间的电信号(V)，$i=1\sim4$。

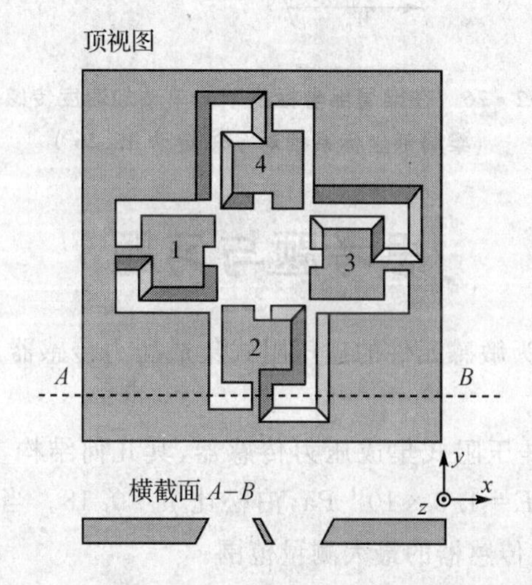

注：4 个敏感质量块设置于悬臂梁的端部。

图 2-24　3 轴加速度检测原理的顶视图和横截面视图

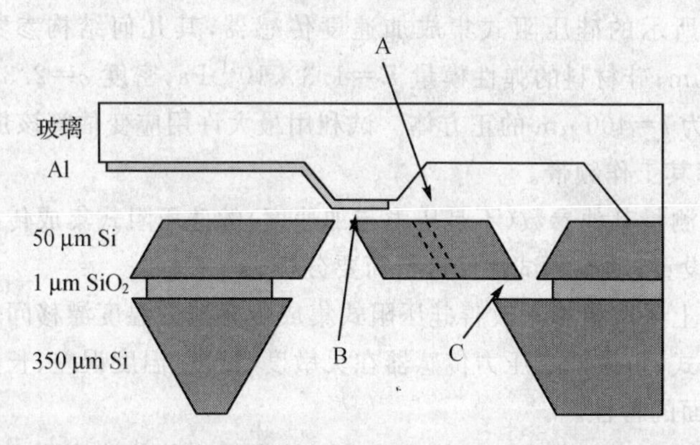

注：A 为敏感质量块和梁(虚线部分)；B 为信号读出电容，超量程保护装置和压膜阻尼；C 为超量程保护装置。

图 2-25　加速度传感器的横截面示意图

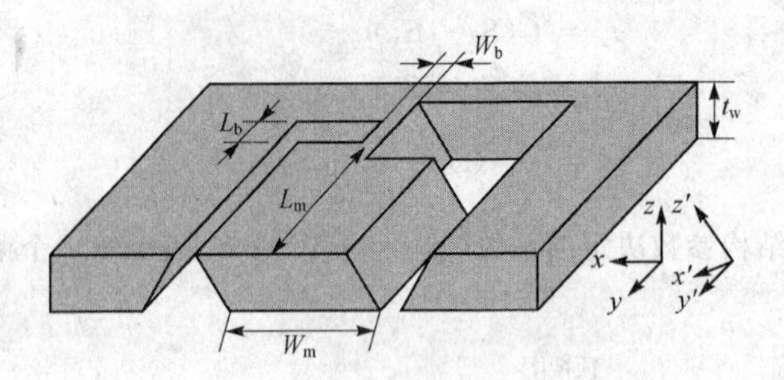

图 2-26 在梁局部坐标系下的单轴加速度传感器

（梁局部坐标系相对 y 轴转动 35.26°）

思考题与习题

1. 对于以圆平膜片作为敏感元件的硅压阻式集成压力传感器，讨论设计其几何结构参数的基本出发点。

2. 如图 2-1 所示的硅压阻式集成压力传感器，其几何结构参数为 R=1 200 μm，H=20 μm；硅材料的弹性模量 $E=1.3\times10^{11}$ Pa，泊松比 $\mu=0.18$。当最大应变 $\varepsilon_{r,\max}$ 取 4×10^{-4} 时，试利用 $\varepsilon_{r,\max}$ 估算该压力传感器的最大测量范围。

3. 图 2-10 所示的硅压阻式集成加速度传感器，影响其动态测量品质的因素有哪些？如何提高其工作频带，并对所提出的措施的实用性进行简要分析。

4. 如图 2-10 所示的硅压阻式集成加速度传感器，其几何结构参数为 L=1 300 μm，b=130 μm，h=20 μm；硅材料的弹性模量 $E=1.3\times10^{11}$ Pa，密度 $\rho=2.33\times10^{3}$ kg/m^3；敏感质量块是一个边长为 l=400 μm 的正方体。试利用最大许用应变估算该加速度传感器的最大测量范围，同时估算其工作频带。

5. 试设计一种测量其他参数（不是压力与加速度）的硅压阻式集成传感器的原理结构图，并对其压敏电阻的设置、动态测试特性进行简要分析。

6. 如何从电路上采取措施来改善硅压阻式集成传感器的温度漂移问题？

7. 试比较电容式、扩散硅式压力传感器在灵敏度、精度、温度误差、长期稳定性、功耗和输出电信号类型等方面的特性。

8. 图 2-11 所示的硅电容式压力传感器采用的也是一种差动检测方式，试说明它与通常的硅压阻式集成压力传感器的差动检测方式的不同点。

9. 试比较单电容和双电容（差动式）检测方案的原理和特点。并说明两者的零件加工，装配以及信号处理电路等的难易程度。

10. 设电容膜片由熔凝石英制成，膜片直径为 0.05 m，熔凝石英的质量密度 $\rho_m=2.202\times$

10^3 kg/m^3，弹性模量 $E=73\times10^9$ Pa，泊松比 $\mu=0.17$。当压力 $p=0$，$C_x=C_r=173.77$ pF 时。试计算压力量程 $0\sim2\times10^5$ Pa 范围内的 C_x/C_r 值（计算点间隔为 0.2×10^5 Pa），并画出 C_x/C_r 与压力 p 的关系曲线。

11. 图 2－10 所示的硅电容式压力传感器，假设其敏感结构方平膜片的有关参数为 $A=0.5\times10^{-3}$ m，$H=20\times10^{-6}$ m，$\delta_0=1\times10^{-6}$ m，压力测量范围为 $p\in(0,10^5)$ Pa。试画出 $p-C_x$ 关系曲线，并进行简单分析。

12. 参见图 2－15，说明开关-电容测量电路的特点及其工作原理。

13. 查阅 CMOS 电路的书籍和文献，举出两种 $C-F$ 接口变换电路，并说明工作原理及特点。

14. 影响图 2－23 所示的硅电容式加速度传感器测量灵敏度的参数有哪些？并分析其各自的影响规律。

15. 根据图 2－24～图 2－26，证明式(2.83)。

第3章 谐振式传感器

3.1 概　述

利用被测量影响敏感结构自身固有振动特性的规律实现的传感器称为谐振式传感器。该类传感器自身为周期信号输出(准数字信号),只用简单的数字电路即可转换为微处理器容易接受的数字信号。谐振式传感器具有良好的重复性、分辨力和稳定性,且便于与微处理器直接结合组成数字测控系统,因而成为当今人们研究的重点。基于机械谐振敏感结构的谐振式传感器可以利用振动频率、相位和幅值作为敏感信息的参数。由于谐振式传感器有许多优点,也适用于多种参数测量,如压力、转角、流量、温度、湿度、液位、密度和气体成分的测量等,因而这类传感器已发展成为一个新的传感器家族。

现已实际应用的谐振式传感器按谐振敏感结构的特点可分为两类,一类是利用传统工艺实现的结构参数比较大的金属谐振式传感器,常用的谐振敏感结构如谐振筒、谐振梁、谐振膜和谐振弯管等。它们都是以精密合金用精密机械加工制成的,其优良性能已得到各行各业的满意。另一类是利用微机械加工工艺实现的新型硅或石英谐振式传感器。微型谐振子种类多样,其尺寸一般为微米级甚至纳米级。目前研究成果表明,谐振式微机构传感器除了具有结构微小、功耗低、响应快等特点外,还有很好的重复性、稳定性和可靠性,因此引起人们的广泛关注,已经成为谐振式传感器中的重要分支。

3.2 谐振式传感器的基础理论

3.2.1 基本结构

谐振式传感器绝大多数是在闭环自激振动状态下工作的,其基本结构如图 3-1 所示,图中各部分详细介绍如下:

- R 为谐振敏感元件,又称谐振子。它是传感器的核心部件,工作时以其自身固有的振动模态持续振动。它的振动特性直接影响着谐振式传感器的性能。目前使用的谐振子有多种形式,如谐振梁、复合音叉、谐振筒、谐振膜、谐振半球壳和弹性弯管等。
- D、E 分别为信号检测器和激励器,是实现机电、电机转换的必要部件,为组成谐振式传感器的闭环自激振动系统提供条件。常用的激励方式有电磁效应、静电效应、逆压电

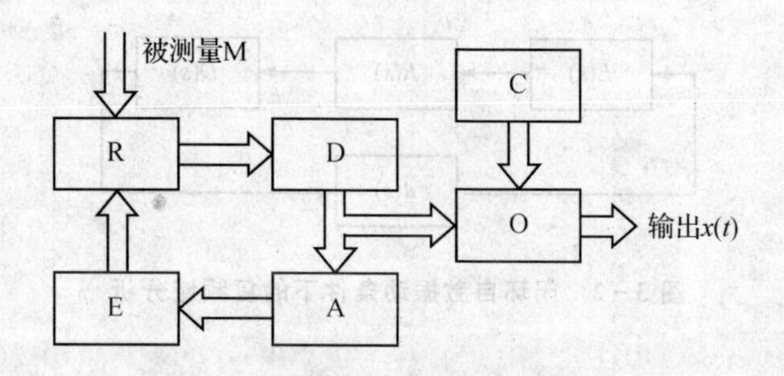

图 3-1　谐振式传感器的基本结构

效应、电热效应、光热效应等。常用的检测手段有磁电效应、电容效应、正压电效应、压阻效应、应变效应、光电效应等。

- A 为放大器。它与激励、检测手段密不可分，用于调节信号的幅值和相位，使系统能可靠稳定地工作于闭环自激振动状态。早期的放大器多采用分离元件组成，近来主要采用集成电路实现，而且正在向设计专用的多功能化的集成放大器方向发展。
- O 为系统检测输出装置，是实现对周期信号检测（有时也是解算被测量）的部件，用于检测周期信号的频率（或周期）、幅值（比）或相位（差）。
- C 为补偿装置，主要对温度误差进行补偿，有时系统也对零位和测量环境的有关干扰进行补偿。

以上 6 个主要部件构成了谐振式传感器的 3 个重要环节。

- 由 E、R、D 组成的电-机-电谐振子环节，是谐振式传感器的核心。适当地选择激励和拾振手段，构成一个理想的 ERD，对设计谐振式传感器至关重要。
- 由 E、R、D、A 组成的闭环自激振动环节，是构成谐振式传感器的条件。
- 由 R、D、O(C) 组成的信号检测、输出环节，是实现检测被测量的手段。

3.2.2　闭环自激系统的实现条件

1. 复频域分析

图 3-2 中 $R(s)$、$E(s)$、$A(s)$、$D(s)$ 分别为谐振子、激励器、放大器和拾振器的传递函数，s 为拉氏算子。闭环系统的等效开环传递函数为

$$G(s) = R(s)E(s)A(s)D(s) \tag{3.1}$$

显然，满足以下条件时，系统将以频率 ω_V 产生闭环自激振动，即

$$|G(\mathrm{j}\omega_V)| \geqslant 1 \tag{3.2}$$

$$\angle G(\mathrm{j}\omega_V) = 2n\pi \quad (n = 0, \pm 1, \pm 2, \cdots) \tag{3.3}$$

式(3.2)和式(3.3)称为系统可自激的复频域幅值和相位条件。

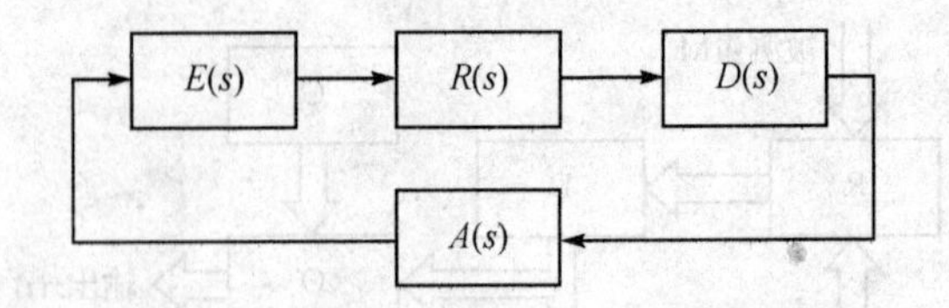

图 3-2 闭环自激振动条件下的复频域分析

2. 时域分析

闭环自激振动条件下的时域分析如图 3-3 所示，从信号激励器来考虑，某一瞬时作用于激励器的输入电信号为

$$u_1(t) = A_1 \sin \omega_V t \tag{3.4}$$

式中：A_1 为激励电压信号的幅值，$A_1>0$；ω_V 为激励电压信号的频率(即谐振子的振动频率，非常接近于谐振子的固有频率 ω_n)。

$u_1(t)$经谐振子、检测器和放大器后，输出为 $u_1^+(t)$，可写为

$$u_1^+(t) = A_2 \sin(\omega_V t + \phi_T) \tag{3.5}$$

式中：A_2 为输出电压信号 $u_1^+(t)$的幅值，$A_2>0$。

满足以下条件时，系统以频率 ω_V 产生闭环自激振动，即

$$A_2 \geqslant A_1 \tag{3.6}$$

$$\phi_T = 2n\pi \quad (n = 0, \pm 1, \pm 2, \cdots) \tag{3.7}$$

式(3.6)和式(3.7)称为系统可自激的时域幅值和相位条件。

以上考虑的是在一点处的闭环自激振动条件。对于谐振式传感器，应在其整个工作频率[f_L，f_H]范围内均满足闭环自激振动条件，这就给设计传感器提出了特殊要求。

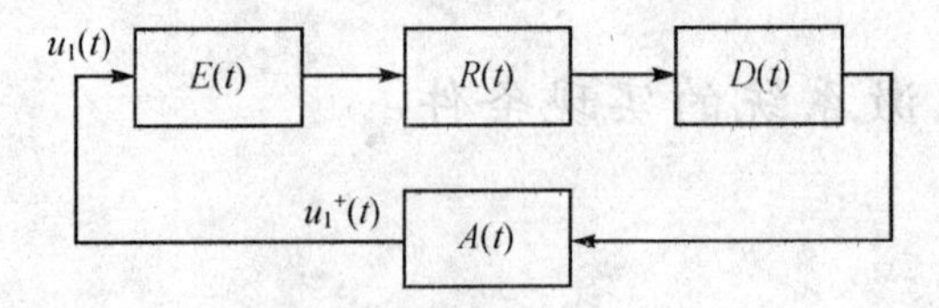

图 3-3 闭环自激振动条件下的时域分析

3.2.3 敏感机理实现

由前述分析可知，对于谐振式传感器，从检测信号的角度看，它的输出可以写为

$$x(t) = Af(\omega t + \phi) \tag{3.8}$$

式中：A 为检测信号的幅值(V)；ω 为检测信号的角频率(rad/s)；ϕ 为检测信号的相位(°)。

$f(\cdot)$为归一化周期函数。当$(n+1)T \geqslant t \geqslant nT$时，$|f(\cdot)|_{\max}=1$；$T=2\pi/\omega$为周期；$A$、$\omega$、$\phi$称为谐振式传感器检测信号$x(t)$的特性参数；$\phi$具有360°(2π)同余。

显然，只要被测量能较显著地改变检测信号$x(t)$的某一特征参数，谐振式传感器就能通过检测上述特征参数来实现对被测量的检测。

在谐振式传感器中，目前使用最多的是检测角频率ω的传感器，例如，谐振筒压力传感器、谐振膜压力传感器等。

对于敏感幅值A或相位ϕ的谐振式传感器，为提高测量精度，通常采用相对（参数）测量，即通过测量幅值比或相位差来实现，如谐振式直接质量流量传感器。

3.2.4　谐振子的机械品质因数

1. 定义及其计算

对于谐振式传感器，谐振敏感元件——谐振子的机械品质因数Q值是一个极其重要的指标，针对能量的定义式为

$$Q = 2\pi \frac{E_s}{E_c} \tag{3.9}$$

式中：E_s为谐振子储存的总能量；E_c为谐振子每个周期由阻尼消耗的能量。

谐振子在工作过程中，可以等效为一个单自由度振动系统，如图 3-4(a)所示。其动力学方程为

$$m\ddot{x} + c\dot{x} + kx - F(t) = 0 \tag{3.10}$$

式中：m为振动系统的等效质量(kg)；c为振动系统的等效阻尼系数(N·s/m)；k为振动系统的等效刚度(N/m)；$F(t)$为作用外力(N)。

$m\ddot{x}$、$c\dot{x}$和kx分别反映了振动系统的惯性力、阻尼力和弹性力。它们的方向参见图 3-4(b)。

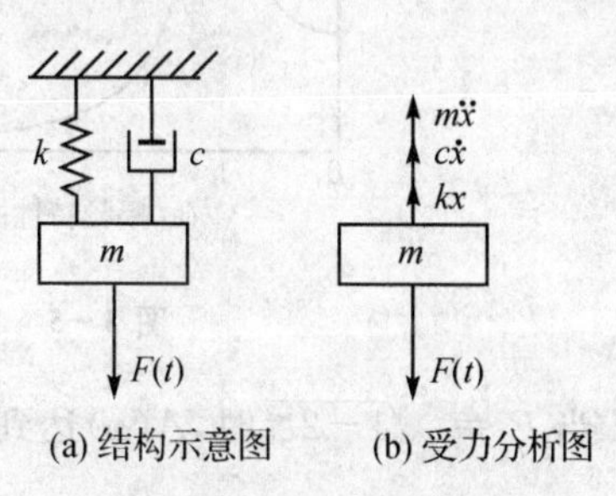

(a) 结构示意图　(b) 受力分析图

图 3-4　单自由度振动系统

根据谐振状态应具有的特性，当上述振动系统处于谐振状态时，作用外力应当与系统的阻尼力相平衡，惯性力应当与弹性力相平衡，系统以其固有频率振动，即

$$\left.\begin{aligned} c\dot{x} - F(t) &= 0 \\ m\ddot{x} + kx &= 0 \end{aligned}\right\} \tag{3.11}$$

这时振动系统的外力超前位移矢量90°，与速度矢量同相位，弹性力与惯性力之和为0。系统的固有频率为

$$\omega_n = \sqrt{\frac{k}{m}} \tag{3.12}$$

这是一个理想情况，在实际应用中很难实现，原因是实际振动系统的阻尼力很难确定。因此，可以从系统的频谱特性来认识谐振现象。

若式(3.10)中的外力 $F(t)$ 是周期信号，即

$$F(t) = F_m \sin \omega t \tag{3.13}$$

则系统的归一化幅值响应和相位响应分别为

$$A(\omega) = \frac{1}{\sqrt{(1-P^2)^2 + (2\zeta_n P)^2}} \tag{3.14}$$

$$\phi(\omega) = \begin{cases} -\arctan \dfrac{2\zeta_n P}{1-P^2} & P \leqslant 1 \\ -\pi + \arctan \dfrac{2\zeta_n P}{P^2-1} & P > 1 \end{cases} \tag{3.15}$$

$$P = \frac{\omega}{\omega_n}$$

式中：ω_n 为系统的固有频率(rad/s)；ζ_n 为系统的阻尼比系数，$\zeta_n = \dfrac{c}{2\sqrt{km}}$，对谐振子而言，$\zeta_n \ll 1$，为弱阻尼系统；$P$ 为相对于系统固有频率的归一化频率。

图 3-5 为系统的幅频特性曲线和相频特性曲线。

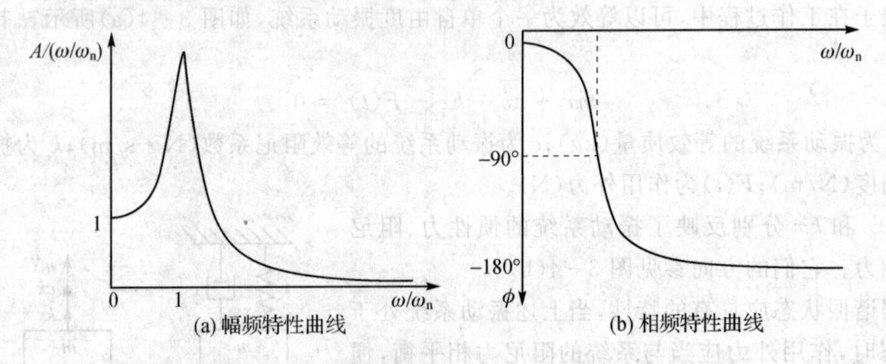

图 3-5 系统的幅频特性曲线和相频特性曲线

当 $P = \sqrt{1-2\zeta_n^2}$ 时，$A(\omega)$ 达到最大值，有

$$A_{\max} = \frac{1}{2\zeta_n \sqrt{1-\zeta_n^2}} \approx \frac{1}{2\zeta_n} \tag{3.16}$$

这时系统的相位为

$$\phi = -\arctan \frac{2\zeta_n P}{2\zeta_n^2} \approx -\arctan \frac{1}{\zeta_n} \approx -\frac{\pi}{2} \tag{3.17}$$

通常，工程上将系统的幅值增益达到最大值时的工作情况定义为谐振状态，相应的频率($\omega_r=\omega_n\sqrt{1-2\zeta_n^2}$)定义为系统的谐振频率。

在谐振式传感器中，谐振敏感结构为弱阻尼系统，$1\gg\zeta_n>0$，利用图3-5或图3-6所示的谐振子的幅频特性可给出

$$Q\approx\frac{1}{2\zeta_n}\approx A_m \tag{3.18}$$

$$Q\approx\frac{\omega_r}{\omega_2-\omega_1} \tag{3.19}$$

ω_1 和 ω_2 对应的幅值增益为$\frac{A_m}{\sqrt{2}}$，称为半功率点，参见图3-6。

由上述分析可知，Q值反映了谐振子振动中阻尼比系数的大小及消耗能量快慢的程度，也反映了幅频特性曲线谐振峰陡峭的程度，即谐振敏感元件选频能力的强弱。

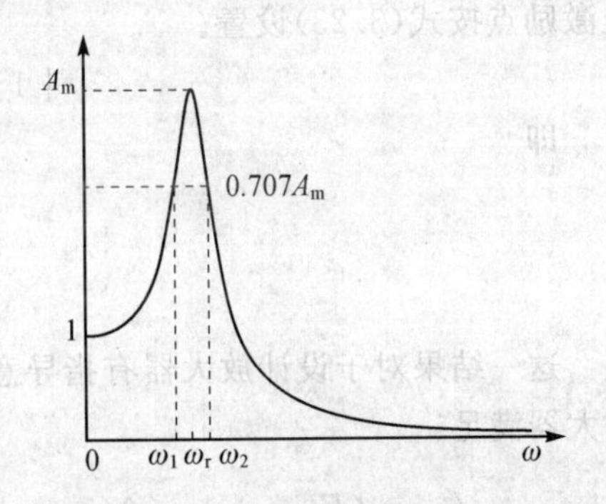

图3-6　利用幅频特性获得谐振子的Q值

从系统振动的能量来说，Q值越高，表明相对于给定的谐振子每周储存的能量而言，由阻尼等消耗的能量就越少，系统的储能效率就越高，系统抗外界干扰的能力就越强。从系统幅频特性曲线来说，Q值越高，表明谐振子的谐振频率与系统的固有频率ω_n就越接近，系统的选频特性就越好，越容易检测到系统的谐振频率，同时系统的振动频率就越稳定，重复性就越好。总之，对于谐振式测量原理来说，提高谐振子的品质因数至关重要。采取各种措施提高谐振子的Q值，是设计谐振式传感器的核心问题。

2. Q值对谐振式传感器影响的分析

由式(3.2)和图3-6可知，当Q增大时，幅值条件易于满足。由式(3.15)知

$$\phi(\omega)=-\arctan\frac{P}{Q(1-P^2)} \tag{3.20}$$

$$\frac{\partial\phi(\omega)}{\partial P}=-\frac{Q(1+P^2)}{P^2+Q^2(1-P^2)^2} \tag{3.21}$$

考虑以$-\frac{\pi}{2}$为中心的相角范围$\phi\in\left[-\frac{\pi}{2}-\phi_m,-\frac{\pi}{2}+\phi_m\right]\left(\phi_m\leqslant\frac{\pi}{4}\right)$，$\left|\frac{\partial\phi}{\partial P}\right|$随$Q$单调增加。这表明，相同的频率变化所引起的相角变化值随Q值的增大而增加。当需要相同的相角变化时，Q值大的，ω对ω_n的相对偏差小，即在相同的幅值增益下，Q值大的谐振子所提供的相角范围大，从而便于构成闭环自激振动系统。

考虑谐振式传感器系统工作频率范围为$[f_L, f_H]$，谐振子所提供的相移为$[\phi_L, \phi_H]$，由式(3.15)可得在任意相角ϕ下对应的振频为

$$P \approx 1 + \frac{1}{2Q\tan\phi} \tag{3.22}$$

显然，对于给定的ϕ，Q值越大，$|P-1|$越小，即ω越接近于这时谐振子所对应的固有频率ω_n，传感器自激频率的随机漂移就越小，传感器的精度就越高。

由式(3.22)可知，谐振式传感器有一个最佳激励点。当$P_B=1$时，$\phi_B=-\frac{\pi}{2}$，$\omega=\omega_n$，系统的振动频率就是谐振子的固有频率，不受Q值影响。这表明，当系统以一个固定频率振动时，就把它设置在最佳激励点。而当系统在$[f_L, f_H]$范围内工作时，从减小干扰方面考虑，可将最佳激励点按式(3.23)设置。

$$|1-P_L| = |1-P_H| \tag{3.23}$$

即

$$P_L + P_H = 2$$

$$\omega_B = \frac{2\omega_L\omega_H}{\omega_L + \omega_H} \tag{3.24}$$

这一结果对于设计放大器有指导意义，为提高谐振式传感器的抗干扰能力，应使所设计的放大器满足：

$$\angle E(j\omega_B) + \angle A(j\omega_B) + \angle D(j\omega_B) = \frac{\pi}{2} + 2n\pi \quad (n\text{ 为整数}) \tag{3.25}$$

同时应尽可能使$|\tan\alpha_L|$和$|\tan\alpha_H|$取大值。α_L和α_H分别为

$$\left.\begin{aligned}\alpha_L &= \angle E(j\omega_L) + \angle A(j\omega_L) + \angle D(j\omega_L)\\ \alpha_H &= \angle E(j\omega_H) + \angle A(j\omega_H) + \angle D(j\omega_H)\end{aligned}\right\} \tag{3.26}$$

3. 提高Q值的措施

通过上面分析得知，高Q值的谐振子对于构成闭环自激振动系统及提高系统的性能非常重要，应采取各种措施提高谐振子的Q值。这是设计谐振式传感器的核心问题。

通常提高谐振子Q值的途径主要从以下4个方面考虑：

① 选择高Q值的材料。材料自身的特性由其晶格结构和内部分子运动状态决定，例如，石英材料的Q值高达10^7量级，而一般金属材料的Q值为10^5量级。

② 采用较好的加工工艺手段，尽量减小由于加工过程引起的谐振子内部的残余应力。例如，对于测量压力的谐振筒敏感元件，由于其壁厚只有0.08 mm左右，所以通常采用旋拉工艺，但在谐振筒的内部容易形成较大的残余应力，其Q值约为3 000～4 000；而采用精密车磨工艺，其Q值可达到8 000以上，远高于前者。

③ 注意优化设计谐振子的边界结构及封装，即阻止谐振子与外界振动的耦合，有效地使

谐振子的振动与外界环境隔离。为此通常采用调谐解耦的方式，并使谐振子通过其“节点”与外界连接。

④ 优化谐振子的工作环境，使其尽可能不受被测介质的影响。

一般来说，实际的谐振子较其材料的 Q 值都会下降 1～2 个数量级。这表明在谐振子的加工工艺和装配中仍有许多工作要做。

3.2.5　特征和优势

与其他类型的传感器相比，谐振式传感器的本质特征和独特优势有以下几方面：

① 输出信号是周期性的，被测量能够通过检测周期信号而解算出来。这一特征决定了谐振式传感器便于与计算机连接和远距离传输。

② 传感器系统是一个闭环自激振动系统，处于谐振状态。这一特征决定了传感器系统的输出自动跟踪输入。

③ 谐振式传感器的敏感元件即谐振子固有的谐振特性，决定其具有高的灵敏度和分辨率。

④ 相对于谐振子的振动能量，系统的功耗是极小量。这一特征决定了传感器系统的抗干扰性强，稳定性好。

3.3　谐振式传感器的典型应用

3.3.1　谐振筒压力传感器

谐振筒压力传感器是一种典型的直接输出频率的谐振式传感器，实际应用于 20 世纪 60 年代末。图 3－7 为一种用于气体绝对压力测量的谐振筒压力传感器最早选用的原理结构示意图。其测量敏感元件是一个由恒弹合金（如 3J53）制成的带有顶盖的薄壁圆柱壳。激励与拾振元件均由铁芯和线圈组成，为尽可能减小它们之间的电磁耦合，在空间呈正交安置，由环氧树脂骨架固定；圆柱壳与外壳之间形成真空腔，被测压力引入圆柱壳内腔。为减小温度引起的测量误差，在圆柱壳内腔安置了一个起补偿作用的感温元件。

对于这种结构的传感器，选用圆柱壳(4,1)次振动模态。因此，在选择圆柱壳的结构参数时，应保证其(4,1)次模的振动频率对压力有足够大的灵敏度，并尽可能使圆柱壳的这种模态在整个压力测量范围内处于各种模态中的最低频率模态。

采用电磁方式作为激励、拾振手段最突出的优点是与壳体无接触，但也有一些不足，如电磁转换效率低，激励信号中需引入较大的直流分量，磁性材料的长期稳定性差，易产生电磁耦合等。

近来发展了一种采用压电激励、压电拾振的新方案，如图 3－8 所示。图中压电陶瓷元件直接贴于圆柱壳的波节处，筒内完全形成空腔。与图 3－7 相比，这种方案克服了电磁激励的一些缺陷，具有结构简单，机电转换效率高，易于小型化，功耗低，便于构成不同方式的闭环自激振动系统等优点；但迟滞误差较电磁方式略大些。下面对这种结构的谐振筒压力传感器的有关问题进行详细讨论。

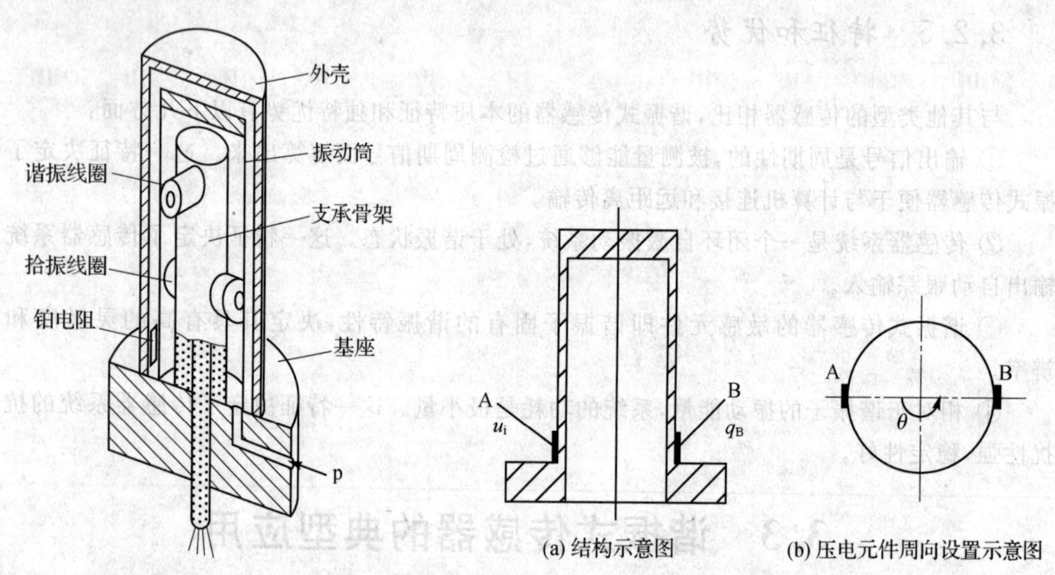

图 3－7 电磁激励谐振筒压力传感器结构图

图 3－8 压电激励方案示意图

1. 压电激励特性

在图 3－8 中，A 为激励压电元件，B 为拾振压电元件。由逆压电效应可知，激励电压 u_i 到激励元件 A 上产生的应力为

$$\left.\begin{aligned} T_1 &= \frac{E_t}{1-\mu_t} \cdot \frac{u_i}{\delta} d_{31} \\ T_2 &= T_1 \end{aligned}\right\} \tag{3.27}$$

式中：E_t、μ_t、δ 分别为压电陶瓷元件的弹性模量(Pa)、泊松比和厚度(m)，d_{31} 为压电常数(C/N)。

T_1、T_2 即为振筒在 A 处受到的机械应力。在其作用下，圆柱壳上的位移 u、v、w(统记为 d)对外力的传递函数为

$$\frac{d(s)}{T_j} = \sum_{m=1}^{\infty}\sum_{n=0}^{\infty} \frac{k_{nmd}}{\left(\frac{s}{\omega_{nm}}\right)^2 + 2\zeta_{nm}\left(\frac{s}{\omega_{nm}}\right) + 1} \tag{3.28}$$

式中：ζ_{nm}、ω_{nm}、k_{nmd} 分别为(n,m)次模（即环线方向波数为 n，轴线或母线方向半波数为 m）的振动模态的等效阻尼比系数、固有频率（rad/s）和增益；s 为拉氏算子。

公式（3－28）写成和式是基于圆柱壳振型的正交性。d 分别表示 u、v、w。于是对于壳体的 n 阶对称振型，可以写为

$$\left.\begin{aligned} u &= u(s_1)\cos n\theta \\ v &= v(s_1)\sin n\theta \\ w &= w(s_1)\cos n\theta \end{aligned}\right\} \tag{3.29}$$

注意 θ 从 A 算起，s_1 为轴线方向坐标。略去弯曲变形，振筒的正应变和正应力分别为

$$\left.\begin{aligned} \varepsilon_{s_1} &= \frac{\partial u}{\partial s_1} \\ \varepsilon_{\theta} &= \frac{\partial v}{r\partial\theta} + \frac{w}{r} \end{aligned}\right\} \tag{3.30}$$

$$\left.\begin{aligned} \sigma_{s_1} &= \frac{E}{1-\mu^2}(\varepsilon_{s_1} + \mu\varepsilon_{\theta}) \\ \sigma_{\theta} &= \frac{E}{1-\mu^2}(\mu\varepsilon_{s_1} + \varepsilon_{\theta}) \end{aligned}\right\} \tag{3.31}$$

式中：E、μ 分别为振筒材料的弹性模量（Pa）和泊松比；r 为中柱面半径（m）。

σ_{s_1} 和 σ_{θ} 即为拾振元件 B 受到的应力，由正压电效应可得

$$q_{\mathrm{B}} = d_{31}(\sigma_{s_1} + \sigma_{\theta})A_0 \tag{3.32}$$

式中：q_{B} 为拾振元件 B 产生的电荷量（C）；A_0 为电荷分布的面积（m^2）。

利用式（3.28）～式（3.32）可得

$$\left.\begin{aligned} \frac{q_{\mathrm{B}}}{u_i} &= \sum_{m=1}^{\infty}\sum_{n=0}^{\infty}\frac{k_{nm}\cos n\theta}{\left(\dfrac{s}{\omega_{nm}}\right)^2 + 2\zeta_{nm}\left(\dfrac{s}{\omega_{nm}}\right) + 1} \\ k_{nm} &= 2k_t P_t\left[\frac{\mathrm{d}}{\mathrm{d}s_1}k_{nmu} + \frac{1}{r}(nk_{nmv} + k_{nmw})\right] \\ k_t &= \frac{A_0 d_{31} E}{1-\mu} \\ P_t &= \frac{d_{31}E_t}{(1-\mu_t)\delta} \end{aligned}\right\} \tag{3.33}$$

显然，k_{nm} 与振筒的特性（包括边界条件）和压电陶瓷元件的特性有关。

由式（3.33）可知，q_{B} 对 u_i 的相移只决定于振筒本身的机械特性，在一定的环向区域是相同的，不同的区域相差 π 或 0，而且环向区域仅仅由环向波数 n 和激励点的位置所确定。

图 3－9 给出了 $n=3$ 的区域划分及说明。在 A 激励时，在$\overset{\frown}{a_1b_1}$、$\overset{\frown}{a_2b_2}$、$\overset{\frown}{a_3b_3}$内任一点拾振均有相同的相移。由于$\overset{\frown}{a_1b_1}$包含着 A，称上述区域为“同相区”；反之，$\overset{\frown}{b_1a_2}$、$\overset{\frown}{b_2a_3}$、$\overset{\frown}{b_3a_1}$区域与上述区域相对应，称为“反相区”。

以上结论是基于压电激励方式得到的，不随压力而变。它对于选取振型及压电元件粘贴位置有重要的指导意义。

2. 拾振信号的转换

当利用压电元件的正压电效应时，压电元件的特殊工作机制使之相当于一个静电荷发生器或电容器，如图3-10(a)所示。图中C_0为静电容，R_x、C_x、L_x均为高频动态参数。因谐振子工作于低频段，又因压电元件处于紧固状态，所以其等效电路可由图3-10(b)表示。因此在实际检测时，必须考虑阻抗匹配问题。即要用具有高输入阻抗的变换器，将高阻输出的q_B变换成低阻输出的信号。

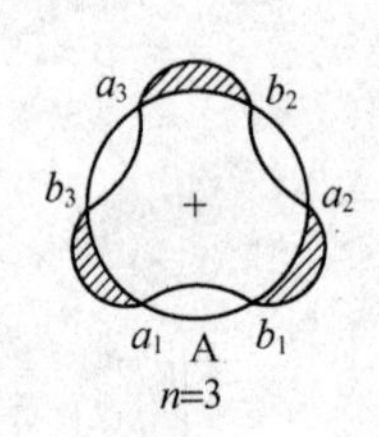

图3-9 相位分布示意图(n=3)

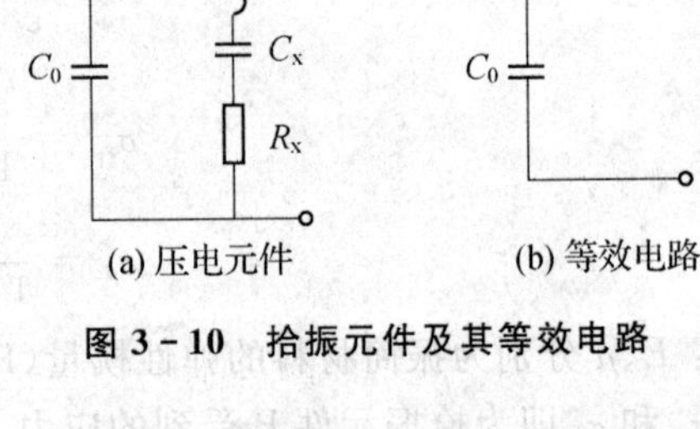

图3-10 拾振元件及其等效电路

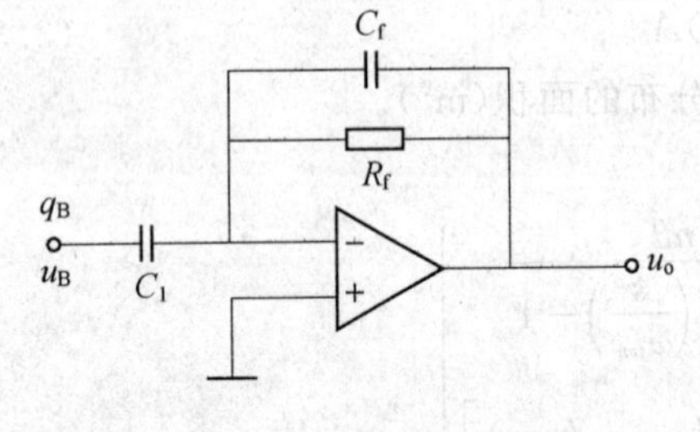

图3-11 电荷放大器

图3-11给出了一种由运放构成的电荷放大器的方案，这时有

$$\frac{u_o}{u_B} = -\frac{R_f C_i s}{R_f C_f s + 1} \tag{3.34}$$

$$C_i = C_0 + \Delta C \tag{3.35}$$

$$\frac{u_o}{q_B} = -\frac{R_f s}{R_f C_f s + 1} \tag{3.36}$$

经电荷放大器变换电路可将不变量q_B转变为低阻抗输出的电压信号u_o，然后按幅值、相位条件设置放大器，构成闭环自激振动系统。

3. 双模态的有关问题

事实上，圆柱壳的谐振频率不仅是压力的函数，也受温度、老化、环境污染、气体密度等因素的影响。为抑制这些因素的影响，基于差动检测的思路，可以考虑在圆柱壳上同时实现两个模态独立自激的方案，依敏感元件自身的特性进行改善。下面以(4,1)次模和(2,1)次模来讨论这两个模态独立自激的实现问题。

对于双模态振动的实现，以两个拾振元件讨论振型的选择。如图3-12所示，设A、B两点为振动信号拾取点。依上述讨论可知，当系统以(2,1)次模振动，A、B点拾出的是反相信号；对(4,1)次模的振动则是同相信号。

由上述各点信号的相位关系可以看出，如果 A、B 两点信号相加再送回去作为激励信号，则系统稳定的振型必定是(4,1)次模，而把 A、B 两点的信号相减再送回去作为激励信号，则系统稳定的振型必然是(2,1)次模。

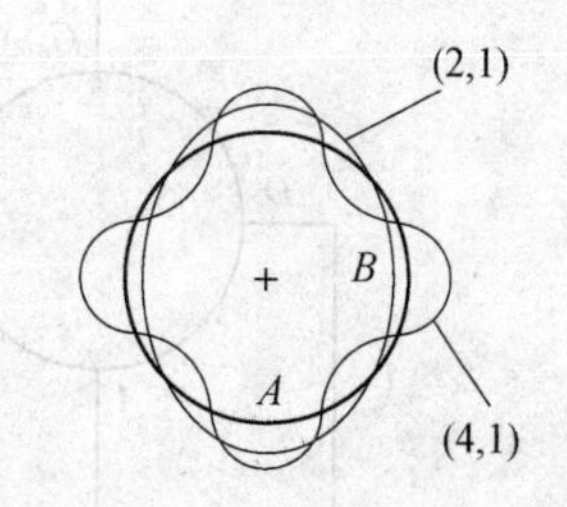

图 3-12　(2,1)次模与(4,1)次模振型分布示意图

进一步考虑，对拾振压电元件 A 点和 B 点引出的信号进行相加、相减处理，相加的信号记为 E，相减后的信号记为 F，如图 3-13所示。这样 E 点与 C 点闭合起来可以产生稳定的(4,1)次模，F 点与 C 点闭合起来可以产生稳定的(2,1)次模。当然这都要与适当的电路配合起来。这时若将 E 和 F 再相加，记为 P，它与 A 点信号完全相同。这样做的结果使 P 点既包含了(4,1)次模的信号，又包含了(2,1)次模的信号。P 点与 C 点闭合起来，(4,1)和(2,1)次模均可起振。而且可以实现当只接通 A 或 B 拾振元件，某一次模先起振后，这时再接通另一拾振压电元件，在合理的电路配置下也一定可以激起另一模态。这就充分保证谐振筒压力传感器可以稳定地工作于双模态。

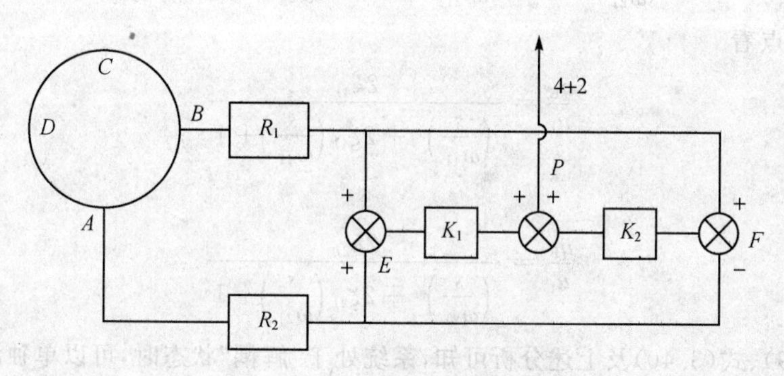

图 3-13　信号综合示意图

为了使系统工作更可靠稳定，并工作在较精确的状态，采用双拾、双激的工作方式，即将信号 E 与 F 的差 M 送到 D 点。这种双模态振动系统示意图如图 3-14 所示。

对于图 3-14 所示的系统，从传函上考虑，式(3.13)可以简写为

在 A 点

$$\frac{q_{\mathrm{A}}}{u_{\mathrm{i}}}=\frac{k_{21}}{\left(\frac{s}{\omega_{21}}\right)^{2}+2\zeta_{21}\left(\frac{s}{\omega_{21}}\right)+1}+\frac{k_{41}}{\left(\frac{s}{\omega_{41}}\right)^{2}+2\zeta_{41}\left(\frac{s}{\omega_{41}}\right)+1} \tag{3.37}$$

在 B 点

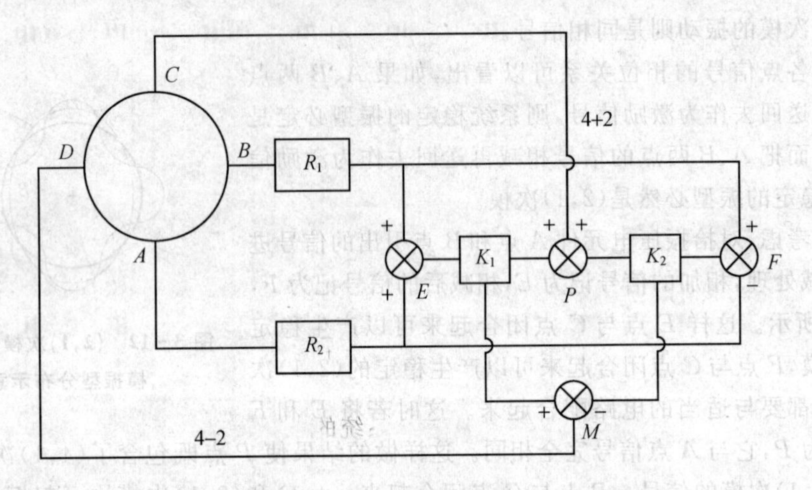

图 3-14 双模态传感器系统实现示意图

$$\frac{q_{\mathrm{B}}}{u_{\mathrm{i}}}=\frac{-k_{21}}{\left(\frac{s}{\omega_{21}}\right)^{2}+2\zeta_{21}\left(\frac{s}{\omega_{21}}\right)+1}+\frac{k_{41}}{\left(\frac{s}{\omega_{41}}\right)^{2}+2\zeta_{41}\left(\frac{s}{\omega_{41}}\right)+1} \tag{3.38}$$

于是从 E 点看

$$\frac{q_{\mathrm{E}}}{u_{\mathrm{i}}}=\frac{2k_{41}}{\left(\frac{s}{\omega_{41}}\right)^{2}+2\zeta_{41}\left(\frac{s}{\omega_{41}}\right)+1} \tag{3.39}$$

从 F 点看

$$\frac{q_{\mathrm{F}}}{u_{\mathrm{i}}}=\frac{2k_{21}}{\left(\frac{s}{\omega_{21}}\right)^{2}+2\zeta_{21}\left(\frac{s}{\omega_{21}}\right)+1} \tag{3.40}$$

由式(3.39)、式(3.40)及上述分析可知，系统处于“解耦”状态时，可以单独激励起(4,1)次和(2,1)次模；而且这种工作状态也是稳定的，压力量程可以足够大。这就从原理上论证了双模态振动系统的可行性，同时也为设计双模态闭环自激振动系统提供了依据和方法。

下面采用等效的方法讨论双模态系统抑制某些干扰因素的问题。选定上述两个模态的频率比 γ 来实现测量压力。

由上述讨论可知，当系统独立地以(4,1)次和(2,1)次模振动时，假定圆柱壳谐振子这时的(4,1)次模和(2,1)次模提供的相移分别为 ϕ_{41}、ϕ_{21}，由式(3.22)可得到系统检测的振动频率分别为

$$\omega_{41\mathrm{V}}\approx\omega_{41}\left(1+\frac{1}{2Q_{41}\tan\phi_{41}}\right) \tag{3.41}$$

$$\omega_{21\mathrm{V}}\approx\omega_{21}\left(1+\frac{1}{2Q_{21}\tan\phi_{21}}\right) \tag{3.42}$$

检测的频率比为

$$\gamma = \frac{\omega_{21\mathrm{V}}}{\omega_{41\mathrm{V}}} = \frac{\omega_{21}\left(1+\dfrac{1}{2Q_{21}\tan\phi_{21}}\right)}{\omega_{41}\left(1+\dfrac{1}{2Q_{41}\tan\phi_{41}}\right)} = \gamma_{\mathrm{n}}\beta \tag{3.43}$$

$$\gamma_{\mathrm{n}} = \frac{\omega_{21}}{\omega_{41}}$$

$$\beta = \frac{1+\dfrac{1}{2Q_{21}\tan\phi_{21}}}{1+\dfrac{1}{2Q_{41}\tan\phi_{41}}} \approx 1+\frac{1}{2Q_{21}\tan\phi_{21}}-\frac{1}{2Q_{41}\tan\phi_{41}}$$

由式(3.41)和式(3.42)可知，闭环自激振动系统的谐振频率含有两部分，即与振筒有关的固有频率 ω_{21}、ω_{41} 和与等效阻尼比（或 Q 值）及工作点（ϕ_{21}、ϕ_{41}）有关的量。采用等效的方法是将引起谐振频率变化的环境因素等看成是振筒的物理参数（弹性模量、泊松比、密度）的变化和系统等效阻尼比的变化。

圆柱壳的谐振频率与 $\sqrt{E/\rho_m}$ 成比例，所以当 ρ_m 或 E 变化时，ω_{41}、ω_{21} 均变化较大，从而影响 $\omega_{41\mathrm{V}}$、$\omega_{21\mathrm{V}}$。但 ρ_m 不影响 γ_{n}，对于弹性模量 E，γ_{n} 可以抑制由于 E 变化引起的误差。至于泊松比 μ 变化引起的误差，γ_{n} 没有抑制作用。所以有如下关系

$$\left|\frac{\Delta\omega_{41\mathrm{V}}}{\omega_{41\mathrm{V}}}\right| > \left|\frac{\Delta\gamma_{\mathrm{n}}}{\gamma_{\mathrm{n}}}\right| \tag{3.44}$$

再从闭环看，环境干扰因素的影响可以等效为 Q_{41} 和 Q_{21} 的变化。由式(3.43)可知，在设计双模态系统时，总可以做到 $\tan\phi_{21}\cdot\tan\phi_{41}>0$，$(Q_{41}\tan\phi_{41})^{-1}$ 与 $(Q_{21}\tan\phi_{21})^{-1}$ 接近，所以有

$$\left|\frac{1}{2Q_{21}\tan\phi_{21}}-\frac{1}{2Q_{41}\tan\phi_{41}}\right| < \left|\frac{1}{2Q_{41}\tan\phi_{41}}\right| \tag{3.45}$$

γ 的变化率为

$$\alpha_1 = \beta\frac{\Delta\gamma_{\mathrm{n}}}{\gamma_{\mathrm{n}}}+\Delta\beta \tag{3.46}$$

$\omega_{41\mathrm{V}}$ 的变化率为

$$\alpha_2 = \left(1+\frac{1}{2Q_{41}\tan\phi_{41}}\right)\frac{\Delta\omega_{41}}{\omega_{41}}+\Delta\left(\frac{1}{2Q_{41}\tan\phi_{41}}\right) \tag{3.47}$$

由上面分析可知

$$|\alpha_2| > |\alpha_1| \tag{3.48}$$

这表明，由(4,1)次和(2,1)次模组成的双模态系统的测量值 γ 的变化率要比(4,1)次模组成的单模态系统的测量值 $\omega_{41\mathrm{V}}$ 变化率小得多，即双模态谐振系统在闭环自激振动系统设计合理时，可以抑制环境因素等引起的测量误差。

事实上，圆柱壳的(4,1)次模的振动频率对压力的灵敏度远远高于(2,1)次模，所以频率比

γ的灵敏度也足够大。

表3-1给出由图3-14组成的一个双模态谐振筒压力传感器的测量结果，筒体材料为3J53，筒子有效长度为54 mm，直径为18 mm，壁厚为0.08 mm。

理论和实践证明，组成双模态传感器的两个模态，其谐振频率的范围应相差较大些为好。这是设计谐振筒几何参数的主要依据。

表3-1 (4,1)和(2,1)次模的输出周期值

(n,m) / $p/10^5$ Pa	正行程周期值/μs		反行程周期值/μs	
	(2,1)	(4,1)	(2,1)	(4,1)
0	151.964	229.671	151.960	229.674
0.2	151.707	222.973	151.705	222.970
0.4	151.473	216.709	151.468	216.712
0.6	151.234	210.895	151.231	210.891
0.8	150.971	206.837	150.973	206.831
1.0	150.837	201.045	150.840	201.038
1.2	150.628	196.511	150.626	196.505
1.4	150.340	192.123	150.341	192.119
1.6	150.133	188.604	150.135	188.599
1.8	149.958	184.379	149.959	184.385
2.0	149.705	180.971	149.707	180.976
2.2	149.457	177.764	149.456	177.760

3.3.2 谐振式角速率传感器

谐振式角速率传感器(即谐振陀螺)是一种典型的敏感幅值(比)的谐振式传感器。20世纪70年代以前，这类传感器的敏感元件多采用振弦、调谐音叉等，实用价值较小。近年来，采用圆柱壳或半球壳作为敏感元件的谐振式角速率传感器得到很大发展，受到有关应用领域的极大重视。

1. 压电激励谐振式圆柱壳角速率传感器

图3-15、图3-16分别给出了电激励谐振式圆柱壳角速率传感器的结构示意图和闭环结构原理图。它采用顶端开口的圆柱壳为敏感元件，A、D、C、B、A′、D′、B′、C′为在开口端环向均布的8个压电换能元件。图3-16给出了两个独立的回路。其中由B测到的信号经锁相环

G_1 和低通滤波器 G_2 送到 A 构成的回路,称为维持谐振子振动的激励回路;由 C′检测到的信号经带通滤波器 G_3 送到 D′的回路,称为测量的阻尼回路。由 B 和 C′得到的两路信号经鉴相器 G_4 可解算出圆柱壳中心轴的旋转角速率,并可判断方向。

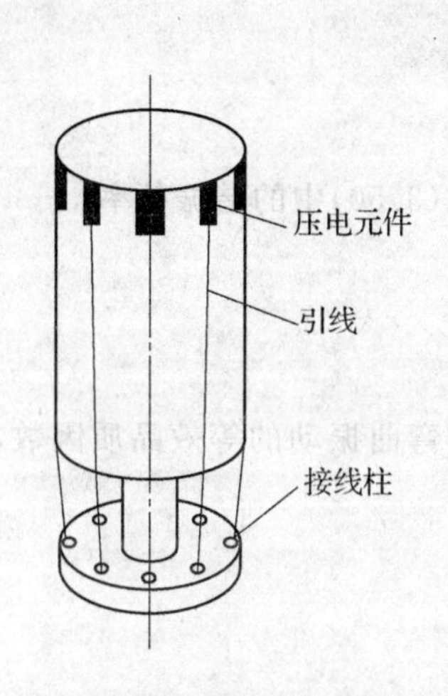

图 3-15 谐振式圆柱壳角速率传感器结构示意图

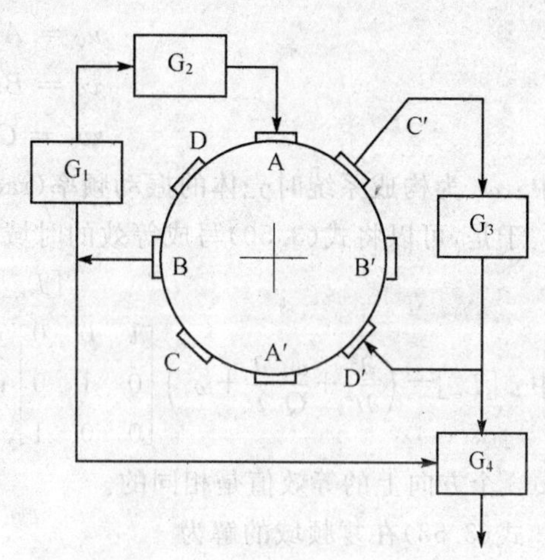

图 3-16 谐振式圆柱壳角速率传感器闭环结构原理图

顶端开口的圆柱壳自由振动方程可简写为

$$\left.\begin{aligned}&[L][V]=0\\&[V]=[u\quad v\quad w]^{\mathrm{T}}\end{aligned}\right\}\tag{3.49}$$

式中:$[L]$为 3×3 的算子矩阵,与圆柱壳结构参数有关;u、v 和 w 分别为圆柱壳轴线方向、环线(或圆周或切线)方向、法线(半径)方向的位移。

对于环向波数为 n 的对称振型,即取

$$\left.\begin{aligned}u&=A\cos n\theta\sin\omega t\\v&=B\sin n\theta\sin\omega t\\w&=C\cos n\theta\sin\omega t\end{aligned}\right\}\tag{3.50}$$

式中:ω 为壳体振动相应振型的振动频率(rad/s),为壳体固有的物理特性。

这类传感器的特点是有等效的合成谐振力作用于壳体的固定点上,因此在实际振动问题中考虑到阻尼的影响和外界等效激励力的作用,式(3.49)可写为

$$([L]+[L_{\mathrm{d}}])[V]=[F]\tag{3.51}$$

$$[F]=[f_u\quad f_v\quad f_w]^{\mathrm{T}}$$

$$[L_{\mathrm{d}}]=\frac{\partial}{\partial t}\begin{bmatrix}\beta_{uu}&\beta_{uv}&\beta_{uw}\\\beta_{vu}&\beta_{vv}&\beta_{vw}\\\beta_{wu}&\beta_{wv}&\beta_{ww}\end{bmatrix}$$

式中：$\beta_{ij}(i,j=u,v,w)$为等效的阻尼比，f_u、f_v、f_w 分别为在轴线、环线、法线 3 个方向上的等效激励力(N)。

对于式(3.51)的求解十分困难，考虑到实际问题的物理意义，式(3.51)在时域的稳态解为

$$\left.\begin{aligned} u_0 &= A\cos n\theta\sin\omega_v t \\ v_0 &= B\sin n\theta\sin\omega_v t \\ w_0 &= C\cos n\theta\sin\omega_v t \end{aligned}\right\} \tag{3.52}$$

式中：ω_v 为构成系统时壳体的振动频率(rad/s)，不同于式(3.50)中的谐振频率。

于是，可以将式(3.50)写成等效的时域解耦形式

$$[L_e][V]=[F] \tag{3.53}$$

式中：$[L_e]=\left(\frac{\partial^2}{\partial t^2}+\frac{\omega_v}{Q}\frac{\partial}{t}+\omega_v^2\right)\begin{bmatrix}1&0&0\\0&1&0\\0&0&1\end{bmatrix}$；$Q$ 为所考虑的弯曲振动的等效品质因数，它在 u、v、w 3 个方向上的等效值是相同的。

式(3.53)在复频域的解为

$$\left.\begin{aligned} u_0(s) &= \frac{f_u(s)}{G(s)} \\ v_0(s) &= \frac{f_v(s)}{G(s)} \\ w_0(s) &= \frac{f_w(s)}{G(s)} \end{aligned}\right\} \tag{3.54}$$

$$G(s)=s^2+\frac{\omega_v}{Q}s+\omega_v^2$$

式中：s 为拉氏算子。

显然，式(3.54)在时域的稳态解表达式为式(3.52)。

当壳体以任意角速度 $\Omega=\Omega_x+\Omega_{yz}$ 旋转时，如图 3-17所示，在 Ω 旋转的动坐标系中建立动力学方程，引入由 Ω 产生的惯性力

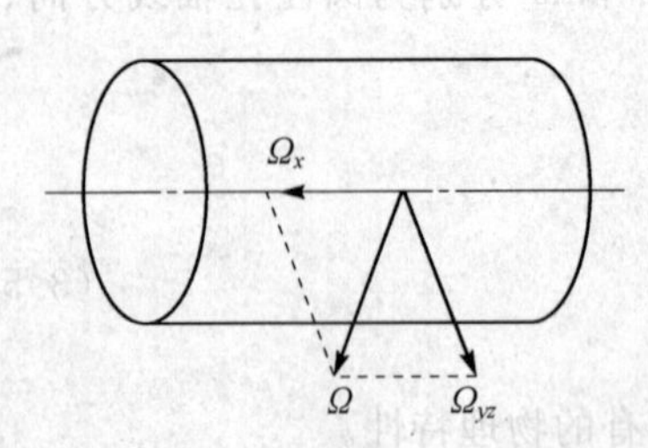

图 3-17 圆柱壳以任意角速度($\Omega=\Omega_x+\Omega_{yz}$)旋转示意图

$$F=F_0+F_v \tag{3.55}$$

$$F_0=\rho_m hrds_1\mathrm{d}\theta\left[r\left(\Omega_x^2+\frac{1}{2}\Omega_{yz}^2\right)e_\rho-r\dot{\Omega}_x e_\theta-s_1\Omega_{yz}^2 e_s\right] \tag{3.56}$$

$$F_v = \rho_m hrds_1 \mathrm{d}\theta \left\{ \left[w\left(\Omega_x^2 + \frac{1}{2}\Omega_{yz}^2\right) + v\dot{\Omega}_x + 2\Omega_x \frac{\partial v}{\partial t} \right] \boldsymbol{e}_\rho + \left[-2\Omega_x \frac{\partial w}{\partial t} - w\dot{\Omega}_x + v\left(\Omega_x^2 + \frac{1}{2}\Omega_{yz}^2\right) \right] \boldsymbol{e}_\theta + u\Omega_{yz}^2 \boldsymbol{e}_s \right\} \tag{3.57}$$

式中：s_1、θ 分别为圆柱壳体轴线和环线方向的坐标，$\boldsymbol{e}_s$、$\boldsymbol{e}_\theta$、$\boldsymbol{e}_\rho$ 分别为圆柱壳体轴线、环线和法线方向的动矢量，h、r、ρ_m 分别为圆柱壳体壁厚(m)、中柱面半径(m)和质量密度($\mathrm{kg/m^3}$)；

与 u、v、w 无关的 F_0 将引起壳体的初始应变能，影响壳体的谐振频率 ω，故可略去 F_0，于是壳体振动的动力学方程可以写为

$$\left.\begin{aligned} &\frac{\partial^2 u}{\partial t^2} + \frac{\omega}{Q}\frac{\partial u}{\partial t} + (\omega^2 - \Omega_{yz}^2)u = f_u \\ &\frac{\partial^2 v}{\partial t^2} + \frac{\omega}{Q}\frac{\partial v}{\partial t} + \left(\omega^2 - \Omega_x^2 - \frac{1}{2}\Omega_{yz}^2\right)v + 2\Omega_x\frac{\partial w}{\partial t} + w\dot{\Omega}_x = f_v \\ &\frac{\partial^2 w}{\partial t^2} + \frac{\omega}{Q}\frac{\partial w}{\partial t} + \left(\omega^2 - \Omega_x^2 - \frac{1}{2}\Omega_{yz}^2\right)w - 2\Omega_x\frac{\partial v}{\partial t} - v\dot{\Omega}_x = f_w \end{aligned}\right\} \tag{3.58}$$

考查式(3.58)的第1式，它仍为解耦形式，故着重讨论相互耦合着的第2、3式，即有

$$\begin{bmatrix} v(s) \\ w(s) \end{bmatrix} = \frac{1}{D}\begin{bmatrix} s^2 + \dfrac{\omega}{Q}s + \omega_0^2 & -2\Omega_x s - \dot{\Omega}_x \\ 2\Omega_x s + \dot{\Omega}_x & s^2 + \dfrac{\omega}{Q}s + \omega_0^2 \end{bmatrix}\begin{bmatrix} f_v(s) \\ f_w(s) \end{bmatrix} \tag{3.59}$$

$$D = \left(s^2 + \frac{\omega}{Q}s + \omega_0^2\right)^2 + (2\Omega_x s + \dot{\Omega}_x)^2 \tag{3.60}$$

$$\omega_0^2 = \omega^2 - \Omega_x^2 - \frac{1}{2}\Omega_{yz}^2 \tag{3.61}$$

由于 $\omega^2 \gg \Omega_x^2 + \frac{1}{2}\Omega_{yz}^2$，$\omega^4 \gg (\dot{\Omega}_x)^2$，故式(3.60)的常数项决定着壳体的谐振频率，设这时的谐振频率为 $\omega(\Omega)$，则有

$$\omega^4(\Omega) = \omega_0^4 + \dot{\Omega}_x^2 \tag{3.62}$$

由式(3.61)、式(3.62)可得 Ω_x、Ω_{yz}、$\dot{\Omega}_x$ 对谐振频率 $\omega(\Omega)$ 产生的变化率分别为

$$\alpha(\Omega_x) = \frac{\Omega_x}{\omega} \tag{3.63}$$

$$\alpha(\Omega_{yz}) = \frac{\Omega_{yz}}{2\omega} \tag{3.64}$$

$$\alpha(\dot{\Omega}_x) = \frac{\dot{\Omega}_x}{2\omega^3} \tag{3.65}$$

在通常意义下，$\omega \geqslant 1\ 000$ Hz，$\Omega \leqslant 1$ Hz，且 $\dot{\Omega}_x$ 也很小，则由式(3.63)～式(3.65)可得 $\alpha(\Omega_x)$、$\alpha(\Omega_{yz})$、$\alpha(\dot{\Omega}_x)$ 均很小，于是式(3.59)可写为

$$\begin{bmatrix} v(s) \\ w(s) \end{bmatrix} = \frac{1}{G^2(s)} \begin{bmatrix} s^2 + \frac{\omega}{Q}s + \omega^2 & -2\Omega_x s - \dot{\Omega}_x \\ 2\Omega_x s + \dot{\Omega}_x & s^2 + \frac{\omega}{Q}s + \omega^2 \end{bmatrix} \begin{bmatrix} f_v(s) \\ f_w(s) \end{bmatrix} \tag{3.66}$$

式(3.66)的第1式可写为

$$v(s) = v_0(s) - P_v(s) \tag{3.67}$$

$$P_v(s) = \frac{2\Omega_x s + \dot{\Omega}_x}{s^2 + \frac{\omega}{Q}s + \omega^2} w_0(s) = \frac{2\Omega_x s + \dot{\Omega}_x}{s^2 + \frac{\omega}{Q}s + \omega^2} \cdot \frac{\omega_v^2}{s^2 + \omega_v^2} C\cos n\theta =$$

$$P_{vs}(s) + P_{vi}(s) \tag{3.68}$$

式中：$P_{vs}(s)$、$P_{vi}(s)$分别为$P_v(s)$的稳态解和瞬态解。

经推导有

$$P_{vs}(s) = \frac{\omega_v^2 (L_1 s + L_2)}{s^2 + \omega_v^2} C\cos n\theta \tag{3.69}$$

$$P_{vi}(s) = \frac{\omega_v^2 (L_3 s + L_4)}{s^2 + \frac{\omega}{Q}s + \omega^2} C\cos n\theta \tag{3.70}$$

$$\left.\begin{aligned} L_1 &= \frac{2\Omega_x(\omega^2 - \omega_v^2) - \dot{\Omega}_x \frac{\omega}{Q}}{(\omega^2 - \omega_v^2)^2 + \frac{\omega^2\omega_v^2}{Q^2}} \\ L_2 &= \frac{2\Omega_x \omega \frac{\omega_v^2}{Q} + \dot{\Omega}_x(\omega^2 - \omega_v^2)}{(\omega^2 - \omega_v^2)^2 + \frac{\omega^2\omega_v^2}{Q^2}} \\ L_3 &= -L_1 \\ L_4 &= \frac{1}{\omega_v^2}(\dot{\Omega}_x - L_2\omega^2) \end{aligned}\right\} \tag{3.71}$$

于是在时域的稳态解为

$$P_{vs}(t) = KC\cos n\theta \sin(\omega_v t + \phi) \tag{3.72}$$

$$K = \frac{2\Omega_x Q}{\omega} \left[\frac{1 + \frac{\dot{\Omega}_x^2}{4\Omega_x^2 \omega_v^2}}{1 + \frac{\omega^2 - \omega_v^2}{\omega^2 \omega_v^2}} \right] \tag{3.73}$$

$$
\left.\begin{aligned}
\phi &= \arctan \frac{2\Omega_x \omega_v}{\dot{\Omega}_x} - \phi_1 \\
\phi_1 &= \begin{cases} \arctan \dfrac{\omega\omega_v}{(\omega^2 - \omega_v^2)Q} & \omega \geqslant \omega_v \\ \pi - \arctan \dfrac{\omega\omega_v}{(\omega_v^2 - \omega^2)Q} & \omega < \omega_v \end{cases}
\end{aligned}\right\} \tag{3.74}
$$

依上述分析，可得在 v、w 两方向的稳态解为

$$
\left.\begin{aligned}
v &= B\sin n\theta \sin \omega_v t - KC\cos n\theta \sin(\omega_v t + \phi) \\
w &= C\cos n\theta \sin \omega_v t + KB\sin n\theta \sin(\omega_v t + \phi)
\end{aligned}\right\} \tag{3.75}
$$

由式(3.58)和(3.75)可知，在这种角速率传感器中，圆柱壳轴线方向的振型基本保持不变，环线方向和切线方向的振型在原有对称振型的基础上，产生了由哥氏效应引起的附加的“反对称振型”。“反对称振型”量基本上正比于 Ω_x，从动坐标系来看，振型只出现较小的偏移，不出现持续的进动。其原因是有等效的激励力作用于壳体的固定点上。当采用压电陶瓷作为换能元件，在壳体振动振型的波节处检测时有

$$
q = \frac{KA_0 d_{31} E(nC + B)}{[r(1-\mu)]\sin(\omega_v t + \phi)} \tag{3.76}
$$

式中：A_0 和 d_{31} 分别为压电陶瓷元件电荷分布的面积(m^2)和压电常数(C/N)；E 和 μ 分别为振筒材料的弹性模量(Pa)和泊松比；r 为振筒的中柱面半经(m)。

由式(3-73)和式(3-76)可知：

① 检测信号 q 与 Ω_x 成正比，与谐振子的振幅成正比。所以直接检测 q 便可以求得 Ω_x。为消除闭环自激振动系统激励能量变化引起的振幅变化对测量结果的影响，在实际解算中可以采用“波节处”振幅与“波腹处”振幅之比的方式确定 Ω_x。

② 检测信号 q 与被测角速度的变化率 $\dot{\Omega}_x$(角加速度)有关，因此对于该类谐振式角速率传感器而言，在动态测量过程中，应考虑其测量误差。

2. 静电激励半球谐振式角速率传感器

图3-18给出了半球谐振式角速率传感器(半球谐振陀螺 HRG：Hemispherical Resonator Gyroscope)的结构示意图。其敏感元件是熔凝石英制成的开口半球壳，实现测量的机理基于壳体振型的进动特性，如图3-19所示。如壳体转过 ψ_1 角时，振型在环向相对壳体移动了 ψ 角。ψ/ψ_1 只与半球壳的结构有关系，受外界干扰的影响很小。

半球谐振陀螺的主要部件包括：真空密封底座、电容传感器(信号器)、吸气器、半球谐振子、环形电极与路上电极、真空密封罩等。其中吸气器的作用是把真空壳体内的残余气体分子吸收掉。密封底座上装有连接内外导线的密封绝缘子；采用真空密封的目的是减小空气阻尼，提高 Q 值，使其工作时间常数提高(已做到长达 27 min)。信号器有 8 个电容信号拾取元件，

用来拾取并确定谐振子振荡图案的位置，给出壳体绕中心轴转过的角度，进而利用半球壳振型的进动特性确定壳体转过的角信息。半球谐振子是陀螺仪的核心部件；支悬于中心支撑杆上，而中心支撑杆两端由发力器和信号器牢固夹紧，以减小支承结构的有害耦合；此外要精修半球壳周边上的槽口，以使谐振子达到动态平衡，使谐振子在各个方向具有等幅振荡，且对外界干扰不敏感。发力器包括环形电极构成的发力器，它产生方波电压以维持谐振子的振幅为常值，补充阻尼消耗的能量；还有 16 个离散电极，它们等距分布，控制着振荡图案，抑制住四波腹中不符合要求的振型（主要是正交振动）。为了提高谐振子的品质因数 Q 值，并使之对温度变化不敏感，谐振子、发力器、信号器均由熔凝石英制成，并用铟连在一起；谐振子上镀有薄薄的铬，发力器、信号器表面镀金。

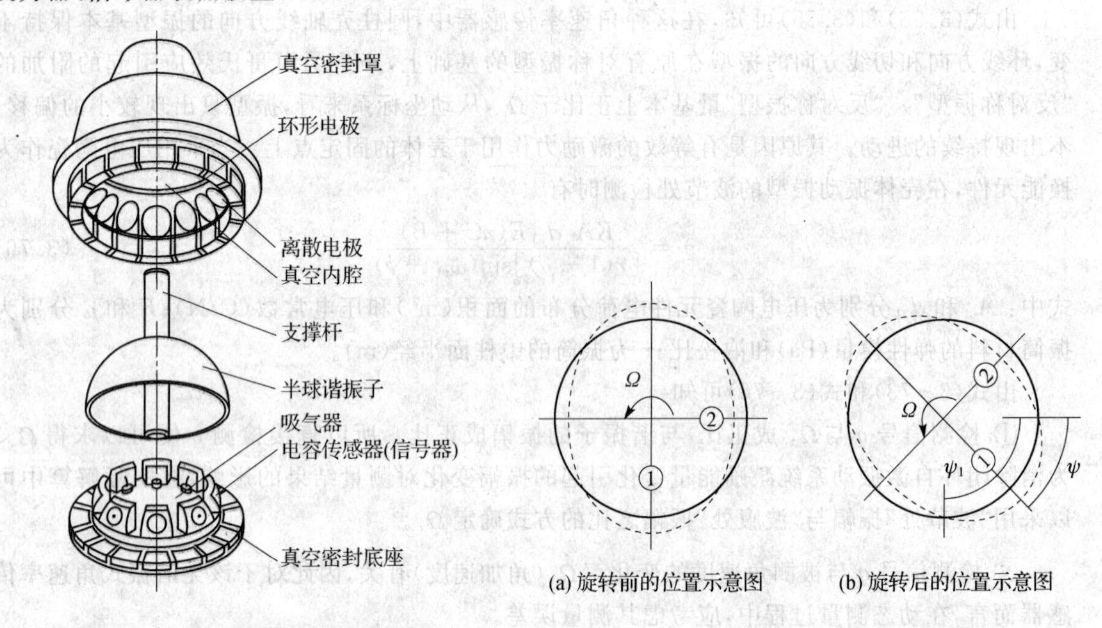

图 3－18　半球谐振陀螺结构示意图

图 3－19　半球壳振型在环向进动示意图

由半球谐振陀螺的测量原理可知，要构成半球谐振陀螺的闭环自激振动系统，首要的是使半球谐振子在环向处于等幅的“自由谐振”状态。而实际中，谐振子振动时总存在着阻尼，要使其持续不断地振动，外界必须不断地对其补充能量，当激励力等效地作用于谐振子振型的“瞬时”波腹上，且能量补充与振动合拍时，就可以实现上面所说的谐振子的“自由谐振”。当然，这不是典型物理意义下的自由谐振，这里称之为“准自由谐振状态”。

依上面讨论，可给出如图 3－20 所示的半球谐振陀螺闭环自激振动系统原理图。图中 C_1、S_1 为检测谐振子振型的位移传感器，增益均为 G_d；C_2、S_2 为作用于谐振子上的激励源，对谐振子产生的同频率激励力的等效增益均为 G_f；设谐振子是均匀对称的，在环向的各个方向具有相等的振幅，回路放大环节为 K_C 和 K_S，具有相等的幅值增益 G_K；C_1、C_2 位于壳体环向的

同一点 θ_C;S_1、S_2 位于谐振子环向的同一点 θ_S,θ_C 和 θ_S 在环向相差 1/4 波数。即

$$\theta_S - \theta_C = \frac{\pi}{2n} \tag{3.77}$$

式中:n 为环向波数。

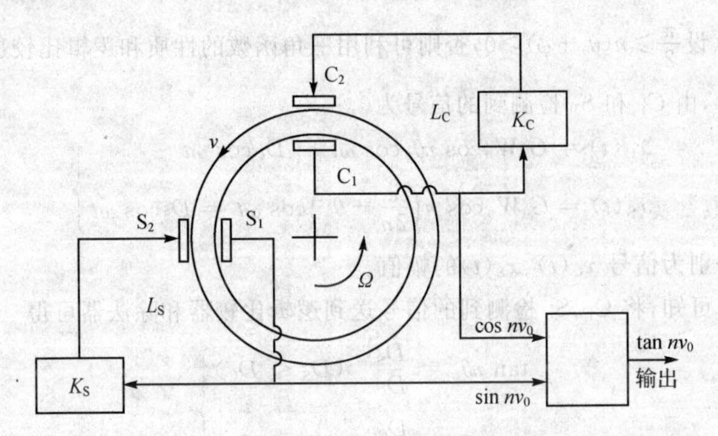

图 3-20 半球谐振陀螺闭环自激振动系统原理图

处于自激状态的谐振子,其环向波数为 n 的法线方向的振型为

$$w(\theta,t) = W_0 \cos n(\theta - \theta_0)\cos \omega t \tag{3.78}$$

依上述假设 C_1、S_1 检测到的位移为

$$\left.\begin{aligned} x_C(t) &= G_d W_0 \cos(\theta_C - \theta_0)\cos \omega t \\ x_S(t) &= G_d W_0 \cos(\theta_S - \theta_0)\cos \omega t \end{aligned}\right\} \tag{3.79}$$

信号 $x_C(t)$、$x_S(t)$经放大环节 $\overline{K}_C$、$\overline{K}_S$ 送到激励源 C_2、S_2 产生的激励力分别为

$$\left.\begin{aligned} F_C(t) &= G_K G_f x_C(t)\delta(\theta - \theta_C) \\ F_S(t) &= G_K G_f x_S(t)\delta(\theta - \theta_S) \end{aligned}\right\} \tag{3.80}$$

依叠加原理,在 $F_C(t)$、$F_S(t)$作用下,谐振子产生的振型正比于

$$\begin{aligned} \overline{w}(\theta,t) = G\Big\{&[\cos^2 n(\theta_C - \theta_0) + \cos^2 n(\theta_S - \theta_0)]\cos n(\theta - \theta_0) + \\ &\sin n(\theta_S + \theta_C - 2\theta_0)\cos n(\theta_S - \theta_0)\sin n(\theta_C - \theta_0)\Big\}\cos \omega t \end{aligned} \tag{3.81}$$

$$G = G_K G_f G_d W_0$$

将式(3.77)带入式(3.80)有

$$\overline{w}(\theta,t) = G\cos(\theta - \theta_0)\cos \omega t \tag{3.82}$$

于是在上述闭环控制下,系统可跟踪谐振子原有振型 $\cos(\theta - \theta_0)$,即可实现谐振子的"准自由谐振状态"。

对于图 3-20 所示的闭环自激振动系统,不失一般性,取 $\theta_C = 0$,$\theta_S = \frac{\pi}{2n}$,下面考虑两个不

同的振动状态。

状态Ⅰ：环向振型为 $\cos n(\theta-\theta_0)(\frac{\pi}{2}\geqslant n\theta_0\geqslant 0)$。由于壳体处于"准自由谐振状态"，因此当谐振子绕惯性空间转过 ψ_1 角时，环向振型相对于谐振子转了 ψ 角，记为状态Ⅱ，环向振型为 $\cos n(\theta-\theta_0-\psi)$（设 $\frac{\pi}{2}\geqslant n(\theta_0+\psi)\geqslant 0$，否则可利用三角函数的性质和逻辑比较进行变换）。

对于状态Ⅰ，由 C_1 和 S_1 检测到的信号为

$$\left.\begin{aligned}x_C(t) &= G_d W_0 \cos n\theta_0 \cos \omega t = D_C \cos \omega t\\ x_S(t) &= G_d W_0 \cos n\left(\frac{\pi}{2n}-\theta_0\right)\cos \omega t = D_S \cos \omega t\end{aligned}\right\} \tag{3.83}$$

式中：D_C、D_S 分别为信号 $x_C(t)$、$x_S(t)$ 的幅值。

由式(3.83)可知，将 C_1、S_1 检测到的信号送到逻辑比较器和除法器可得

$$\left.\begin{aligned}\tan n\theta_0 &= \frac{D_S}{D_C} \quad (D_S \leqslant D_C)\\ \cot n\theta_0 &= \frac{D_C}{D_S} \quad (D_S > D_C)\end{aligned}\right\} \tag{3.84}$$

从而通过检测 $x_S(t)$、$x_C(t)$ 信号的幅值比可以求出 $n\theta_0$，于是确定了状态Ⅰ的环向位置 θ_0，类似地可以确定状态Ⅱ在环向的位置 $\theta_0+\psi$。这样便可以确定状态Ⅱ对状态Ⅰ产生的环向振型的角位移 ψ。由振动相对谐振子的进动规律可知，壳体（谐振子）绕惯性空间转过的角位移 $\psi_1=\frac{\psi}{K}$，所以通过闭环自激振动系统（见图 3-20）实现了测角，对 ψ_1 微分便可以实现角速度的测量。

图 3-20 所示的闭环自激振动系统是利用两个独立信号器和两个独立的激励源实现的。在实际中，一方面为了提高测量精度，可配置多个信号器来拾取振动信号；另一方面为使谐振子处于理想的振动状态，仅出现所需要的环向波数 n 的振型，可配置多个激励源，例如，对于常用的 $n=2$ 的四波腹振动，可配置 8 个独立的信号器，16 个独立的激励源。

图 3-21 给出了检测两路同频率周期信号幅值比的原理图。设计思想是：首先对 $x_S(t)$、$x_C(t)$ 进行整流，产生经整流后的半波正弦脉冲串；将这些脉冲串分别供给积分器，并保持积分器接近平衡，在给定的计算机采样周期结束时，幅值较大的脉冲数量与幅值较小的脉冲数量之比，可粗略看成信号幅值之比；同时，积分器在采样周期结束时的失衡信息提供了精确计算所需的附加信息。

对应 θ_S 检测到的信号 $x_S(t)$ 经全波整流后被送入积分器，见图 3-22(a)。假定积分从时刻 $t=0$ 开始，该时刻波形正好过 0 点，在时刻 t_1 积分结束，其中完整半波的个数为 N_S，最后不足一个半波的时间小间隔为 $M_S=t_1-\frac{T}{2}N_S$，于是积分值为

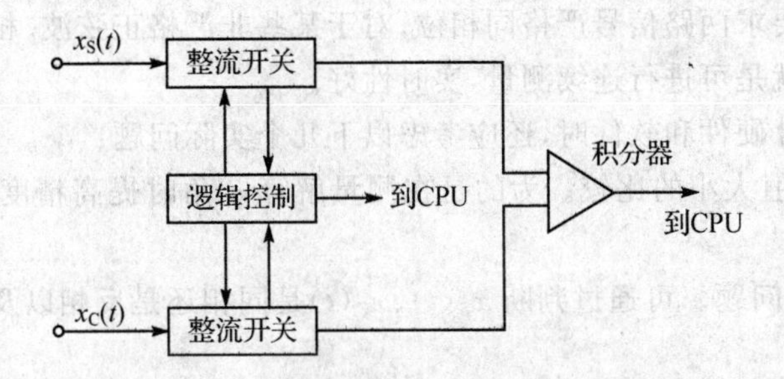

图 3-21　半球谐振陀螺信号检测系统原理图

$$A_S=\frac{1}{\tau}\int_0^{t_1}|x_S(t)|\,\mathrm{d}t=\frac{1}{\tau}\left[D_SN_S\int_0^{\frac{T}{2}}\sin\omega t\,\mathrm{d}t+D_S\int_0^{M_S}\sin\omega t\,\mathrm{d}t\right]=$$

$$\frac{2D_S}{\pi\tau}\left(\frac{T}{2}N_S+B(T,M_S)\right) \tag{3.85}$$

$$B(T,M_S)=\frac{T}{4}\left(1-\cos\frac{2\pi M_S}{T}\right) \tag{3.86}$$

式中：τ 为积分器的时间常数(s)；T 为信号的周期(s)。

由式(3.85)可知，积分值 A_S 主要与前 N_S 个半波的时间有关，另一项 $B(T,M_S)$ 小量正是前面指出的失衡时的附加信息。在实际计算中，由于振动信号的周期 T 是个确定的常量，$B(T,M_S)$ 可以通过分段插值获得，即给定一个 M_S，可查出一个对应的 $B(T,M_S)$ 值。

类似地可以给出 $x_C(t)$ 经整形、积分后的值(参见图 3-22(b))为

$$A_C=\frac{2D_C}{\pi\tau}\left[\frac{T}{2}N_C+B(T,M_C)\right] \tag{3.87}$$

由式(3.85)、式(3.87)得

$$\frac{D_S}{D_C}=\frac{A_S\left[\frac{T}{2}N_C+B(T,M_S)\right]}{A_C\left[\frac{T}{2}N_S+B(T,M_C)\right]} \tag{3.88}$$

式(3.88)是图 3-21 检测两周期信号幅值比方案的数学模型。只要测出 A_S、A_C、N_S、N_C、M_S、M_C、T 这 7 个参数就可以得到两路信号的幅值比。其中 A_S 和 A_C 通过 A/D 转换得到数字量，另外 5 个本身就是数字量，所以通过对数字量的测量，就可以得到幅值比的测量值。

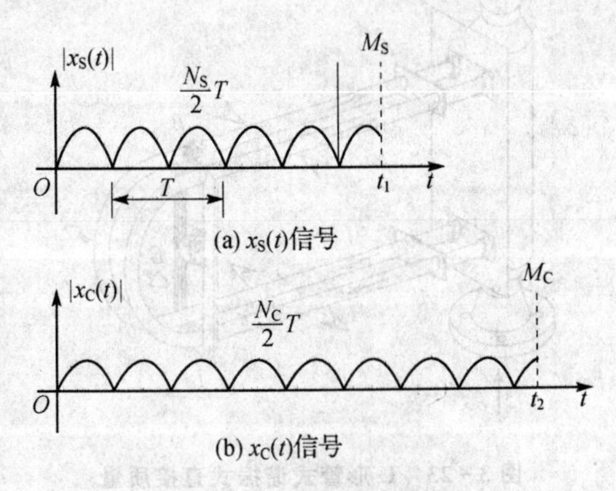

图 3-22　整形后信号示意图

该方案的优点是：把幅值的测量间接转换成时间间隔的测量和两个直流电信号的 A/D 转换，便可以获得高精度；其次由上面的理论分

析可知，该方法不必要求两路信号严格同相位；对于某些非严格正弦波、相位误差，随机干扰具有一定的抑制性，再就是可进行连续测量，实时性好。

应当指出，在设计硬件和软件时，还应考虑以下几个实际问题：

(1) 两路信号幅值大小的比较。为的是在测量解算 ψ 角时提高精度，已由式(3.84)反映出来。

(2) 2ψ 角的象限问题。可通过判断 $x_S(t)$、$x_C(t)$ 是同相还是反相以及 $x_S(t)$、$x_C(t)$ 上一次采样的状态来确定。

(3) 接近 0°、45°$\left(0,\frac{\pi}{4}\right)$等附近的信号处理问题。这时信号幅值小的一路可能积很长时间也难达到预定参数值。为了保证系统的实时性和精度，可采用软件定时中断技术，规定某一时间到达后，不再等待强行发出复位信号；然后利用上一次的采样信息和本次的采样信息进行解算。为提高动态解算品质，积分预定值与软件定时器时间参数值均采用动态确定法，即每一个测量周期内，这两个参数都可以根据信号的实际变化情况而被赋予 CPU。

(4) 测量零位误差问题。可采用数字自校零技术，在发出测量时间控制信号以前，安插一校零阶段，检测出积分器模拟输出偏差电压；进入测量阶段后，用该误差电压去补偿正在发生影响的误差因素，使最终结果中不再包含零点偏差值。

3.3.3 谐振式直接质量流量传感器

基于科里奥利效应(Coriolis Effect)的谐振式直接质量流量传感器自 20 世纪 70 年代问世以来，因其可以直接测量质量流量和密度受到人们的重视，并已在一些工业领域得到应用。目前国外有多家大公司，如美国的 Rosemount、Fisher，德国的 Krohne、Reuther 以及日本的东机等研制出各种结构形式测量管的谐振式直接质量流量传感器，精度已达到 0.2%，主要用于石油、化工以及机场地面测试系统等。国内从 20 世纪 80 年代末开始研制谐振式直接质量流量传感器，近几年也推出了一些产品。一些性能指标也达到了国外产品的水平，在一些应用领域获得了成功的应用。本节以图 3-23 所示的 U 形管式质量流量传感器为例进行讨论。

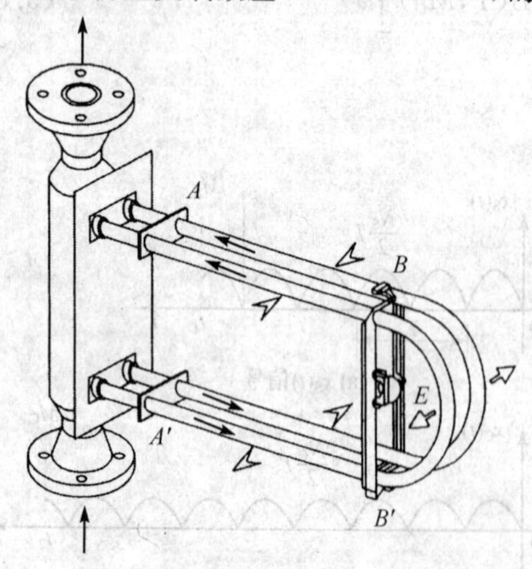

图 3-23　U 形管式谐振式直接质量流量传感器结构示意图

1. 结构与工作原理

图 3-23 中，该传感器的谐振敏感结构为一对完全对称的 U 形管，其根部通过定距板固连在底板上；悬臂端通过弹性支撑连在一起。设置于弹性支撑上的激励单元 E 使这对平行的 U 形管作一阶弯曲主振动，建立谐振式传感器的工作点。当管内流过质量流量时，由于科氏效应的作用，使 U 形管产生关于中心对称轴的一阶扭转“副振动”。该一阶扭转“副振动”相当于 U 形管自身的二阶弯曲振动（参见图 3-24）。同时，该“副振动”直接与所流过的“质量流量”成比例。因此，通过 B、B' 测量元件检测 U 形管的“合成振动”，就可以直接得到流体的质量流量。

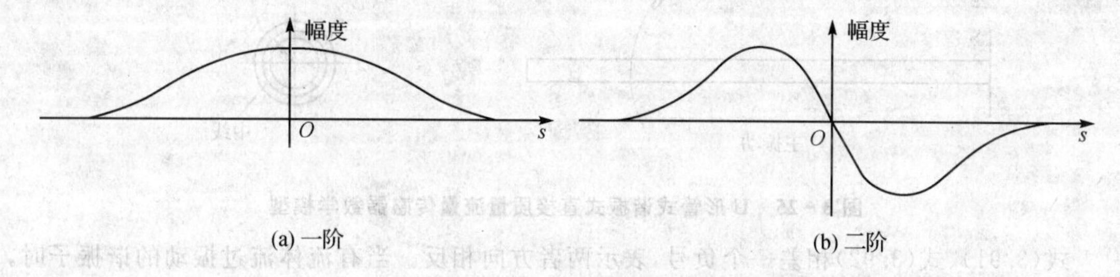

图 3-24　U 形管一阶、二阶弯曲振动振型示意图

图 3-25 为 U 形管质量流量传感器的数学模型。当管中无流体流动时，谐振子在激励器的激励下，产生绕 CC' 轴的弯曲主振动，可写为

$$x(s,t) = A(s)\sin \omega t \tag{3.89}$$

式中：ω 为系统的主振动频率（rad/s），由包括弹性弯管、弹性支承在内的谐振敏感结构决定；$A(s)$ 为对应于 ω 的主振型；s 为沿管子轴线方向的曲线坐标。

管子的振动可以看成绕 CC' 轴的周期性转动，等效角速度为

$$\Omega(s,t) = \frac{\mathrm{d}x(s,t)}{\mathrm{d}t} \cdot \frac{1}{x(s)} = \frac{A(s)}{x(s)}\omega\cos\omega t \tag{3.90}$$

式中：$x(s)$ 为管子上任一点到 CC' 轴的距离（m）。

以速度 $\vec{v}$ 在管中流动的流体，可以看成在转动的坐标系中同时伴随着相对线运动，于是便产生了科氏加速度。科氏加速度引起科氏惯性力。当弹性弯管向正向振动时，在 CBD 段，$\mathrm{d}s$ 上所受的科氏力为

$$\mathrm{d}\vec{F}_{\mathrm{C}} = -\vec{a}_{\mathrm{C}}\mathrm{d}m = -2\vec{\Omega}(s)\times\vec{v}\mathrm{d}m = -2Q_m\omega\cos\alpha\cos\omega t\,\frac{A(s)}{x(s)}\mathrm{d}s\cdot\vec{n} \tag{3.91}$$

式中：$\vec{n}$ 为垂直于 U 形管平面的外法线方向的单位矢量。

同样，在 $C'B'D$ 段，与 CBD 段关于 DD' 轴对称点处的 $\mathrm{d}s$ 上所受的科氏力为

$$\mathrm{d}\vec{F}'_{\mathrm{C}} = -\mathrm{d}\vec{F}_{\mathrm{C}} \tag{3.92}$$

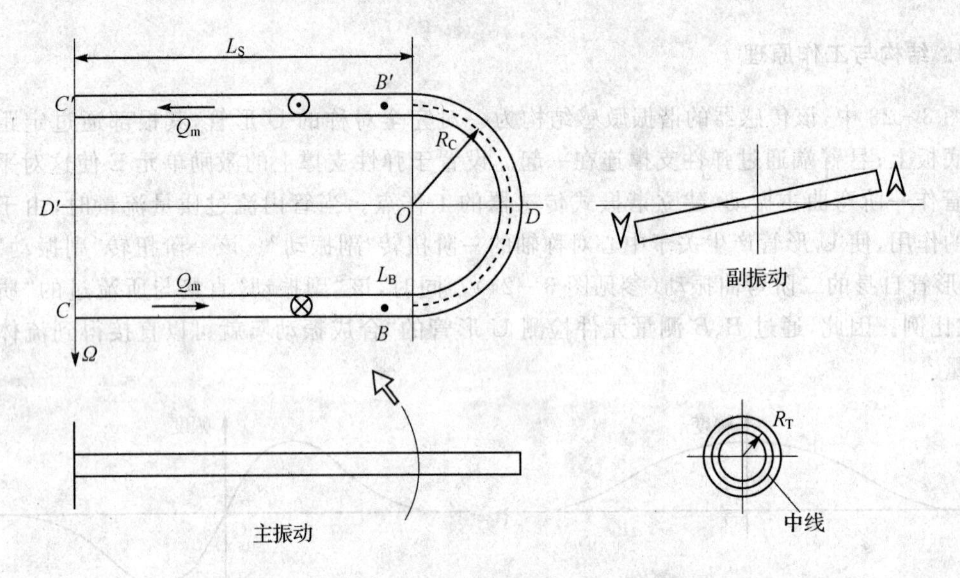

图 3-25 U形管式谐振式直接质量流量传感器数学模型

式(3.91)、式(3.92)相差一个负号，表示两者方向相反。当有流体流过振动的谐振子时，在 $d\vec{F}_C$ 和 $d\vec{F}'_C$ 的作用下，将产生对 DD' 轴的力偶，即

$$\vec{M}=\int 2d\vec{F}_C\times\vec{r}(s) \tag{3.93}$$

式中：$\vec{r}(s)$ 为微元体到轴 DD' 的距离(m)。

由式(3.91)、式(3.93)得

$$M=2Q_m\omega\cos\alpha\cos\omega t\int\frac{A(s)r(s)}{x(s)}ds \tag{3.94}$$

式中：Q_m 为流体流过管子的质量流量(kg/s)；α 为流体的速度方向与 DD' 轴的夹角(图 3-25 中未给出)。

科氏效应引起的力偶将使谐振子产生一个绕 DD' 轴的扭转运动。相对于谐振子的主振动而言，它称为“副振动”，其运动方程可写为

$$x_1(t)=B_1(s)Q_m\omega\cos(\omega t+\phi) \tag{3.95}$$

式中：$B_1(s)$ 为副振动响应的灵敏系数($\mathrm{m\cdot s^2/kg}$)，与敏感结构、参数以及检测点所处的位置有关；ϕ 为副振动响应对扭转力偶的相位变化。

根据上述分析，当有流体流过管子时，谐振子的 B、B' 两点处的振动方程可以如下书写。

B 点处有

$$\left.\begin{aligned}S_B&=A(L_B)\sin\omega t-B_1(L_B)Q_m\omega\cos(\omega t+\phi)=A_1\sin(\omega t+\phi_1)\\A_1&=[A^2(L_B)+Q_m^2\omega^2B_1^2(L_B)+2A(L_B)Q_m\omega B_1(L_B)\sin\phi]^{0.5}\\\phi_1&=\arctan\frac{Q_m\omega B_1(L_B)\cos\phi}{A(L_B)+Q_m\omega B_1(L_B)\sin\phi}\end{aligned}\right\} \tag{3.96}$$

B'点处有

$$\left.\begin{aligned}
S_{B'} &= A(L_B)\sin\omega t + B_1(L_B)Q_m\omega\cos(\omega t+\phi) = A_2\sin(\omega t+\phi_2)\\
A_2 &= [A^2(L_B) + Q_m^2\omega^2 B_1(L_B) - 2A(L_B)Q_m\omega B_1(L_B)\sin\phi]^{0.5}\\
\phi_2 &= \arctan\frac{Q_m\omega B_0(L_B)\cos\phi}{A(L_B) - Q_m\omega B_1(L_B)\sin\phi}
\end{aligned}\right\} \tag{3.97}$$

式中：L_B 为 B 点在轴线方向的坐标值(m)。

于是 B、B'两点信号 S_B、$S_{B'}$之间产生了相位差 $\phi_{BB'}=\phi_2-\phi_1$，图 3-26 给出了示意图。由式(3.96)和式(3.97)得

$$\tan\phi_{BB'} = \frac{2A(L_B)Q_m B_1(L_B)\omega\cos\phi}{A^2(L_B) - Q_m^2 B_1^2(L_B)\omega^2} \tag{3.98}$$

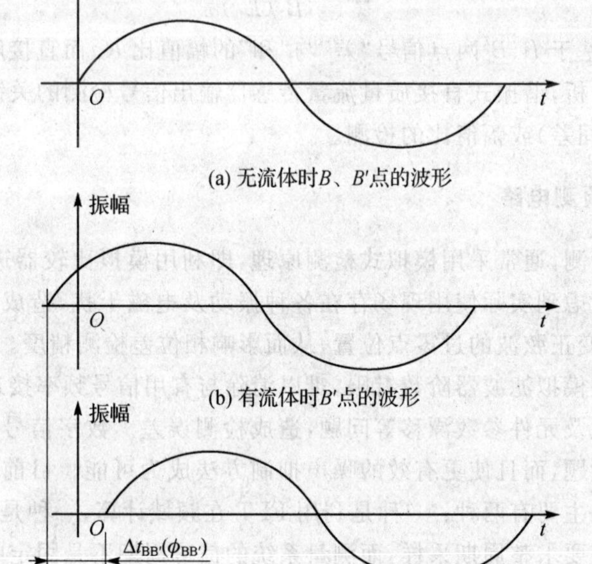

图 3-26　B、B'两点信号示意图

实际应用中满足 $A^2(L_B) \gg Q_m^2 B_1^2(L_B)\omega^2$，于是式(3.98)可写为

$$Q_m = \frac{A(L_B)\tan\phi_{BB'}}{2B_1(L_B)b\omega\cos\phi} \tag{3.99}$$

式(3.99)便是基于 S_B、$S_{B'}$相位差 $\phi_{BB'}$ 直接解算质量流量 Q_m 的基本方程。由式(3.99)可知，若 $\phi_{BB'} \leqslant 5°$，则有

$$\tan\phi_{BB'} \approx \phi_{BB'} = \omega\Delta t_{BB'} \tag{3.100}$$

于是

$$Q_m = \frac{A(L_B)\Delta t_{BB'}}{2B_1(L_B)b\cos\phi} \tag{3.101}$$

这时质量流量 Q_m 与弹性结构的振动频率无关，而只与 B、B' 两点信号的时间差 $\Delta t_{BB'}$ 成正比。这是该类传感器非常好的一个优点。但由于它与 $\cos\phi$ 有关，故实际测量时会带来一定误差，同时检测的实时性也不理想。因此可以考虑采用幅值比检测的方法。

由式(3.96)、式(3.97)得

$$S_{B'} - S_B = 2B_1(L_B)Q_m\omega\cos(\omega t + \phi) \tag{3.102}$$

$$S_{B'} + S_B = 2A(L_B)\sin\omega t \tag{3.103}$$

设 R_a 为 $S_{B'} - S_B$ 和 $S_{B'} + S_B$ 的幅值比，则

$$Q_m = \frac{R_a A(L_B)}{B_1(L_B)\omega} \tag{3.104}$$

式(3.104)就是基于 B、B' 两点信号“差”与“和”的幅值比 R_a 而直接解算 Q_m 的基本方程。

基于以上理论分析，谐振式直接质量流量传感器输出信号检测的关键，是对两路同频率周期信号的相位差(时间差)或幅值比的检测。

2. 相位差信号检测电路

关于相位差的检测，通常采用模拟式检测原理，即利用模拟比较器进行过零点检测，从而实现相位差检测。考虑到实际使用现场存在各种振动及电磁干扰，造成检测电路的输入信号中存在各种噪声，改变正弦波的过零点位置，从而影响相位差检测精度。因此必须采用模拟滤波器滤除噪声。但是模拟滤波器阶数有限，难以消除与有用信号频率接近的噪声，而且存在两路滤波器特性不一致及元件参数漂移等问题，造成检测误差。数字信号处理方法可以有效避免元件参数漂移等问题，而且使更有效的噪声抑制方法成为可能。目前基于数字信号处理技术的相位差检测方法主要有两种：一种是利用 FFT 在频域计算，一种是利用互相关法求相位差。由于这两种算法要求整周期采样，而测量系统的信号周期不是固定的，因此需要一套较为复杂的测量电路来保证采样周期和信号周期的整数倍关系，而且运算方法比较复杂。

基于先进的数字处理技术实现的数字式过零点的相位差检测原理，可以较好地解决上述问题。利用 DSP 对信号波形进行实时的时域分析，计算出两路信号过零点的时间差与相位差。

用数字式的过零点检测原理可计算两路信号的相位差如图 3-27 所示，B、B' 两点的拾振信号经 A/D 同步采样后，得到一系列数据点，在过零点附近，对数据进行曲线拟和，求出拟合曲线与横轴交点，作为曲线的过零点，得到两路信号的过零点的时间差，由时间差即可算出信号的相位差。原始信号中叠加的噪声，有可能改变信号过零点的位置，影响相位差的计算精度，为此，可以采用数字带通滤波的方案来解决。

3. 幅值比信号检测电路

图 3－28 为一种检测幅值比的原理电路。其中 u_{i1} 和 u_{i2} 是质量流量传感器输出的两路信号。单片机通过对两路信号的幅值检测算出幅值比，进而求出流体的质量流量。

图 3－29 为周期信号幅值检测的原理电路，利用二极管正向导通、反向截止的特性对交流信号进行整流，利用电容的保持特性获取信号幅值。

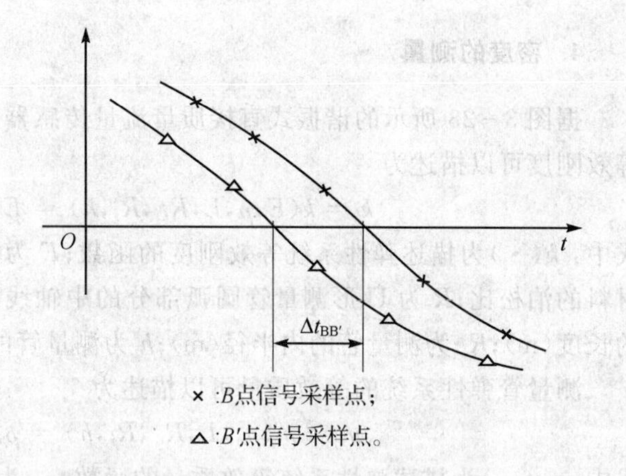

图 3－27　相位差检测原理示意图

图 3－28 给出的电路中，两路幅值检测部件的对称性越好，系统的精度就越高，但是由于器件的原因可能会产生不对称，所以在幅值测量及幅值比测量过程中，应按以下步骤进行：

(1) 用幅值检测 1 检测输入信号 u_{i1} 的幅值，记为 A_{11}；用幅值检测 2 检测输入信号 u_{i2} 的幅值，记为 A_{22}。

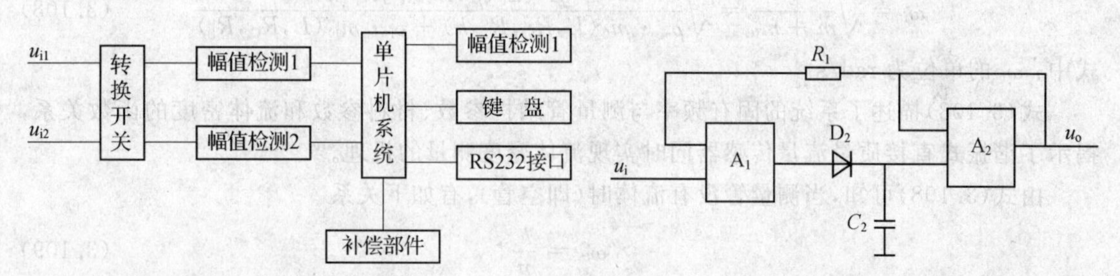

图 3－28　检测幅值比的原理电路

图 3－29　周期信号幅值检测的原理电路

(2) 用幅值检测 2 检测输入信号 u_{i1} 的幅值，记为 A_{12}；用幅值检测 1 检测输入信号 u_{i2} 的幅值，记为 A_{21}。

(3) $B_1 = A_{11} + A_{12}$，$B_2 = A_{21} + A_{22}$，用 $C = \dfrac{B_1}{B_2}$ 作为输入信号的幅值比。

此外，根据前面的分析可知，传感器输出的两路正弦信号，其中一路是基准参考信号，在整个工作过程中会有微小的漂移，不会有大幅度的变化；另一路的输出和质量流量存在着函数关系，所以利用这两路信号的比值解算也可以消除某些环境因素引起的误差，如电源波动等。同时，检测周期信号的幅值比还具有较好的实时性和连续性。

4. 密度的测量

据图 3－23 所示的谐振式直接质量流量传感器的结构及其工作原理，测量管弹性系统的等效刚度可以描述为

$$k = k(E,\mu,L,R_C,R_f,h) = E \cdot k_0(\mu,L,R_C,R_f,h) \tag{3.105}$$

式中：$k(\cdot)$为描述弹性系统等效刚度的函数；E 为测量管材料的弹性模量(Pa)；μ 为测量管材料的泊松比；R 为 U 形测量管圆弧部分的中轴线半径(m)；L 为 U 形测量管直段工作部分的长度(m)；R_f 为测量管的内半径(m)；h 为测量管的壁厚(m)。

测量管弹性系统的等效质量可以描述为

$$m = m(\rho_m,L,R_C,R_f,h) = \rho_m \cdot m_0(L,R_C,R_f,h) \tag{3.106}$$

式中：$m(\cdot)$为描述弹性系统等效质量的函数；ρ_m 为测量管材料的密度(kg/m³)。

流体流过测量管引起的附加等效质量可以描述为

$$m_f = m_f(\rho_f,L,R_C,R_f) = \rho_f \cdot m_{f0}(L,R_C,R_f) \tag{3.107}$$

式中：$m_f(\cdot)$为描述流体流过测量管引起的附加等效质量的函数；ρ_f 为流体密度(kg/m³)。

于是，在流体充满测量管的情况下(实际测量情况)，系统的固有频率为

$$\omega_f = \sqrt{\frac{k}{m+m_f}} = \sqrt{\frac{E \cdot k_0(\mu,L,R_C,R_f,h)}{\rho_m \cdot m_0(L,R_C,R_f,h) + \rho_f \cdot m_{f0}(L,R_C,R_f)}} \tag{3.108}$$

式中：ω_f 的单位为 rad/s。

式(3.108)描述了系统的固有频率与测量管结构参数、材料参数和流体密度的函数关系，揭示了谐振式直接质量流量传感器同时实现流体密度测量的机理。

由式(3.108)可知，当测量管没有流体时(即空管)，有如下关系

$$\omega_0^2 = \frac{k}{m} \tag{3.109}$$

而当测量管内充满流体时，有如下关系

$$\omega_f^2 = \frac{k}{m+m_f} \tag{3.110}$$

结合式(3.105)、式(3.106)可得

$$\left.\begin{aligned} \rho_f &= K_D\left(\frac{\omega_0^2}{\omega_f^2}-1\right) \\ K_D &= \frac{\rho_m \cdot m_0(L,R_C,R_f,h)}{m_{f0}(L,R_C,R_f)} \end{aligned}\right\} \tag{3.111}$$

式中：K_D 为与测量管材料参数、几何参数有关的系数(kg/m³)。

5. 双组分流体的测量

一般情况下，当被测流体是两种不互溶的混合液时(如油和水)，可以很好地对双组分流体

各自的质量流量与体积流量进行测量。

基于体积守恒与质量守恒的关系，考虑在全部测量管内的情况，有

$$V = V_1 + V_2 \tag{3.112}$$

$$V\rho_f = V_1\rho_1 + V_2\rho_2 \tag{3.113}$$

式中：V_1、V_2 分别为在全部测量管内体积 V 中，密度为 ρ_1、ρ_2 的流体所占的体积(m^3)；ρ_1、ρ_2 分别为组成双组分流体的组分 1 和组分 2 的密度(kg/m^3)，为已知设定值；ρ_f 为实测的混合组分流体密度(kg/m^3)。

由式(3.112)、式(3.113)可得，密度为 ρ_1 的组分 1 和密度为 ρ_2 的组分 2 在总的流体体积中各自占有的比例为

$$R_{V1} = \frac{V_1}{V} = \frac{\rho_f - \rho_2}{\rho_1 - \rho_2} \tag{3.114}$$

$$R_{V2} = \frac{V_2}{V} = \frac{\rho_f - \rho_1}{\rho_2 - \rho_1} \tag{3.115}$$

流体组分 1 与流体组分 2 在总的质量中各自占有的比例为

$$R_{m1} = \frac{V_1\rho_1}{V\rho_f} = \frac{\rho_f - \rho_2}{\rho_1 - \rho_2} \cdot \frac{\rho_1}{\rho_f} \tag{3.116}$$

$$R_{m2} = \frac{V_2\rho_2}{V\rho_f} = \frac{\rho_f - \rho_1}{\rho_2 - \rho_1} \cdot \frac{\rho_2}{\rho_f} \tag{3.117}$$

由式(3.116)与式(3.117)可得：组分 1 和组分 2 的质量流量分别为

$$Q_{m1} = \frac{\rho_f - \rho_2}{\rho_1 - \rho_2} \cdot \frac{\rho_1}{\rho_f} \cdot Q_m \tag{3.118}$$

$$Q_{m2} = \frac{\rho_f - \rho_1}{\rho_2 - \rho_1} \cdot \frac{\rho_2}{\rho_f} \cdot Q_m \tag{3.119}$$

式中：Q_m 为质量流量传感器实测得到的双组分流体的质量流量(kg/s)。

组分 1 和组分 2 的体积流量分别为

$$Q_{V1} = \frac{\rho_f - \rho_2}{\rho_1 - \rho_2} \cdot \frac{1}{\rho_f} \cdot Q_m \tag{3.120}$$

$$Q_{V2} = \frac{\rho_f - \rho_1}{\rho_2 - \rho_1} \cdot \frac{1}{\rho_f} \cdot Q_m \tag{3.121}$$

利用式(3.118)～式(3.121)就可以计算出某一时间段内流过质量流量计的双组分流体各自的质量和各自的体积。

在有些工业生产中，尽管被测双组分流体不发生化学反应，但会发生物理上的互溶现象，即两种组分的体积之和大于混合液的体积。这时上述模型不再成立，但可以通过工程实践，给出有针对性的工程化处理方法。

6. 特　点

基于科氏效应的谐振式直接质量流量传感器除了可直接测量质量流量，受流体的粘度、密

度和压力等因素的影响较小外，还具有如下特点：

(1) 可同时测出流体的密度，自然也可以解算出体积流量，并可解算出两相流液体（如油和水）各自所占的比例（包括体积流量和质量流量以及它们的累计量）。

(2) 对于信号处理，质量流量的解算是全数字式的，便于与计算机连接，构成分布式计算机测控系统；易于解算出被测流体的瞬时质量流量(kg/s)和累计质量(kg)。

(3) 性能稳定，精度高，实时性好。

3.3.4 谐振式硅微结构传感器

从20世纪80年代中期开始，人们逐渐将微机械加工技术和谐振传感技术结合在一起，研制出多种谐振式硅微结构传感器。所谓“微结构”是指利用微机械加工技术，将常规机械结构和巧妙的新结构以微型化的形式再现出来。由微结构组成的微谐振传感器，除具有经典谐振式传感器的优良性能外，还具有质量小、功耗低、响应快和便于集成化的特点，实现微型化、低功耗，测量机制相应地出现了一些新变化，例如，可以做出热激励的工作方式等。

由于谐振式硅微结构传感器具有诸多优点，现今它已成为传感器发展的一个新方向。当前的许多研究成果，不久将达到实用阶段，特别在精密测量场合，会得到越来越广泛的应用。本小节以一种典型的热激励谐振式硅微结构压力传感器进行讨论。

1. 敏感结构及数学模型

图3-30为一种典型的热激励谐振式硅微结构压力传感器的敏感结构，由方平膜片、梁谐振子和边界隔离部分构成。方形硅平膜片作为一次敏感元件，直接感受被测压力，将被测压力转化为膜片的应变与应力；在膜片的上表面制作浅槽和硅梁，以硅梁作为二次敏感元件，感受膜片上的应力，即间接感受被测压力。外部压力 p 的作用使梁谐振子的等效刚度发生变化，从而梁的固有频率随被测压力的变化而变化。通过检测梁谐振子固有频率的变化，即可间接测出外部压力的变化。为了实现微结构传感器的闭环自激振动系统，可以采用电阻热激励、压阻拾振方式。基于激励、拾振的作用与信号转换过程，热激励电阻设置在梁谐振子的正中间，拾振压敏电阻设置在梁谐振子一端的根部。

在膜片的中心建立直角坐标系，如图3-31所示。xOy 平面与膜片的中平面重合，z 轴向上。在压力 p 的作用下，方平膜片的法向位移为

$$w(x,y)=\overline{W}_{\mathrm{S,max}}H\left(\frac{x^2}{A^2}-1\right)^2\left(\frac{y^2}{A^2}-1\right)^2 \tag{3.122}$$

$$\overline{W}_{\mathrm{S,max}}=\frac{49p(1-\mu^2)}{192E}\left(\frac{A}{H}\right)^4 \tag{3.123}$$

式中：μ 为梁材料的泊松比；E 为梁材料的弹性模量(Pa)；A、H 为膜片的半边长(m)和厚度

(m)；$\overline{W}_{S,max}$ 为在压力 p 的作用下，膜片的最大法向位移与其厚度之比。

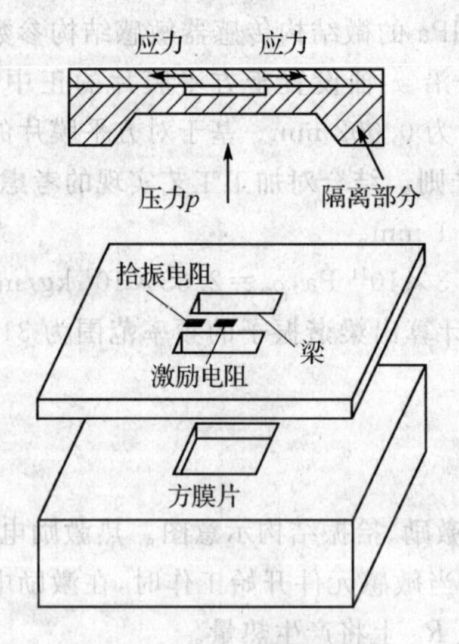

图 3-30　谐振式硅微结构压力传感器敏感结构示意图

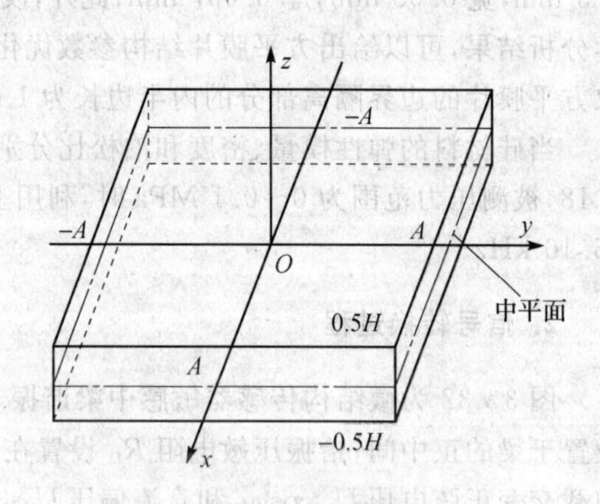

图 3-31　方平膜片坐标系(中平面)

根据敏感结构的实际情况及工作机理，当梁谐振子沿着 x 轴设置在 $x \in [X_1, X_2]$($X_2 > X_1$)时，压力 p 引起梁谐振子的初始应力为

$$\sigma_0 = E\frac{u_2 - u_1}{L} \tag{3.124}$$

$$u_1 = -2H^2 W_{\max}\left(\frac{X_1^2}{A^2} - 1\right)\frac{X_1}{A^2} \tag{3.125}$$

$$u_2 = -2H^2 W_{\max}\left(\frac{X_2^2}{A^2} - 1\right)\frac{X_2}{A^2} \tag{3.126}$$

式中：σ_0 为梁所受到的轴向应力(Pa)；u_1、u_2 分别为梁在其两个端点 X_1、X_2 处的轴向位移(m)；X_1、X_2 分别为梁在方平膜片的直角坐标系中的坐标值；L、h 分别为梁的长度(m)、厚度(m)，且有 $L = X_2 - X_1$。

在初始应力 σ_0(即压力 p)的作用下，两端固支梁的一阶固有频率为

$$\left.\begin{aligned} f_1(p) &= f_1(0)\sqrt{1 + 0.2949\frac{K \cdot p \cdot L^2}{h^2}} \\ f_1(0) &= \frac{4.730^2 h}{2\pi L^2}\sqrt{\frac{E}{12\rho_m}} \\ K &= \frac{0.51(1-\mu^2)}{EH^2}(-L^2 - 3X_2^2 + 3X_2 L + A^2) \end{aligned}\right\} \tag{3.127}$$

式中：ρ_m 为梁材料的密度(kg/m³)。一阶固有频率 $f_1(p)$ 和 $f_1(0)$ 的单位为 Hz。

式(3.124)～式(3.127)给出了上述谐振式硅微结构压力传感器的压力、频率特性方程。利用该模型，这里提供一组压力测量范围在 0～0.1 MPa 的微结构传感器敏感结构参数的参考值：方平膜片边长 4 mm，膜厚 0.1 mm；梁谐振子沿 x 轴设置于方平膜片的正中间，长 1.3 mm，宽 0.08 mm，厚 0.007 mm；此外，浅槽的深度为 0.002 mm。基于对方平膜片的静力学分析结果，可以给出方平膜片结构参数优化设计的准则。结合对加工工艺实现的考虑，可以取方平膜片的边界隔离部分的内半边长为 1 mm，厚为 1 mm。

当硅材料的弹性模量、密度和泊松比分别为 $E=1.3\times10^{11}$ Pa，$\rho_m=2.33\times10^3$ kg/m³，$\mu=0.18$，被测压力范围为 0～0.1 MPa 时，利用上述模型计算出梁谐振子的频率范围为 31.81～45.10 kHz。

2. 信号转换过程

图 3-32 为微结构传感器敏感中梁谐振子部分的激励、拾振结构示意图。热激励电阻 R_E 设置于梁的正中间，拾振压敏电阻 R_D 设置在梁端部。当敏感元件开始工作时，在激励电阻上加载交变正弦电压 $U_{ac}\cos\omega t$ 和直流偏压 U_{dc}，激励电阻 R_E 上将产生热量。

$$P(t)=\frac{U_{dc}^2+0.5U_{ac}^2+2U_{dc}U_{ac}\cos\omega t+0.5U_{ac}^2\cos 2\omega t}{R_E} \tag{3.128}$$

$P(t)$包含常值分量 P_s、与激励频率相同的交变分量 $P_{d1}(t)$和二倍频交变分量 $P_{d2}(t)$，它们分别为

$$P_s=\frac{2U_{dc}^2+U_{ac}^2}{2R_E} \tag{3.129}$$

$$P_{d1}(t)=\frac{2U_{dc}U_{ac}\cos\omega t}{R_E} \tag{3.130}$$

$$P_{d2}(t)=\frac{U_{ac}^2\cos 2\omega t}{2R_E} \tag{3.131}$$

交变分量 $P_{d1}(t)$将使梁谐振子产生交变的温度差分布场 $\Delta T(x,t)\cos(\omega t+\phi_1)$，从而在梁谐振子上产生交变热应力

$$\sigma_{ther}=-E\alpha\Delta T(x,t)\cos(\omega t+\phi_1+\phi_2) \tag{3.132}$$

式中：α 为硅材料的热应变系数(1/℃)；x、t 分别为梁谐振子的轴向位置(m)和时间(s)；ϕ_1 为由热功率到温度差分布场产生的相移(°)；ϕ_2 为由温度差分布场到热应力产生的相移(°)。

显然，相移 ϕ_1、ϕ_2 与激励电阻在梁谐振子上的位置、激励电阻的参数、梁的结构参数及材料参数等有关。

设置在梁根部的拾振压敏电阻感受此交变的热应力。由于压阻效应，其电阻变化为

$$\Delta R_D=\beta R_D\sigma_{axial}=\beta R_D E\alpha\Delta T(x_0,t)\cos(\omega t+\phi_1+\phi_2) \tag{3.133}$$

式中：σ_{axial}为电阻感受的梁端部的应力值(Pa)；β 为压敏电阻的灵敏系数(Pa⁻¹)；x_0 为梁端部坐标(m)。

利用电桥可以将拾振电阻的变化转换为交变电压信号 $\Delta u(t)$ 的变化，可描述为

$$\Delta u(t) = K_B \frac{\Delta R_D}{R_D} = K_B \beta E \alpha \Delta T(x_0, t)\cos(\omega t + \phi_1 + \phi_2) \tag{3.134}$$

式中：K_B 为电桥的灵敏度(V)。

当 $\Delta u(t)$ 的频率 ω 与梁谐振子的固有频率一致时，梁谐振子发生谐振。故 $P_{d1}(t)$ 是所需要的交变信号，由它实现了"电—热—机"的转换。

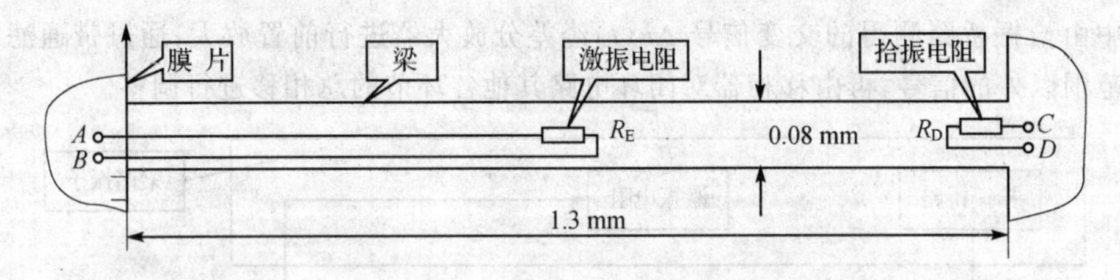

图 3－32　梁谐振子平面结构示意图

3. 梁谐振子的温度场模型与热特性分析

常值分量 P_s 将使梁谐振子产生恒定的温度差分布场 ΔT_{av}，在梁谐振子上引起初始热应力，从而对梁谐振子的谐振频率产生影响。

梁谐振子的温度场引起的初始热应力为

$$\varepsilon_T = -\alpha \Delta T_{av} \tag{3.135}$$

式中：ΔT_{av} 为梁谐振子上的平均温升(℃)，与 P_s 成正比。

于是，在综合考虑被测压力、激励电阻的温度场分布情况下，梁谐振子一阶固有频率为

$$f_{B1}(p, \Delta T_{av}) = \frac{4.730^2 h}{2\pi L^2}\left[\frac{E}{12\rho}\left(1 + 0.2949\frac{(Kp + \varepsilon_T)L^2}{h^2}\right)\right]^{0.5} \tag{3.136}$$

式中：$f_{B1}(p, \Delta T_{av})$ 的单位为 Hz。

由上述分析及式(3.136)可知，激励电阻引起的温度场将减小梁谐振子的等效刚度，因此必须对这个刚度的减小量加以限制，以保证梁谐振子稳定可靠地工作。通常加在梁谐振子上的常值功率 P_s 由下式确定

$$0.2949\alpha \Delta T_{av} \frac{L^2}{h^2} \leqslant \frac{1}{K_s} \tag{3.137}$$

式中：K_s 为安全系数，通常可以取为 5～7。

由式(3.136)可知，温度场对梁谐振子压力、频率特性的影响规律是：当考虑激励电阻的热功率时，梁谐振子的频率将减小，而且减小的程度与激励热功率 P_s 成单调变化；当激励电阻的热功率保持不变时，温度场对梁谐振子压力、频率特性的影响是固定的。

4. 闭环自激振动系统

基于图 3－32 所示的微结构传感器敏感中梁谐振子激励、拾振结构以及相关的信号转换规律，当采用激励电阻上加载交变正弦电压 $U_{ac}\cos\omega t$ 和直流偏压 U_{dc} 时，重点需要解决二倍频交变分量 $P_{d2}(t)$ 带来的干扰信号问题。通常可选择适当的交直流分量，使 $U_{dc}\gg U_{ac}$，或在调理电路中进行滤波处理。于是可以给出如图 3－33 所示的传感器闭环自激振动系统的原理框图。图中由拾振桥路测得的交变信号 $\Delta u(t)$ 经差分放大器进行前置放大，通过带通滤波器滤除通带范围以外的信号，再由移相器对闭环电路其他各环节的总相移进行调整。

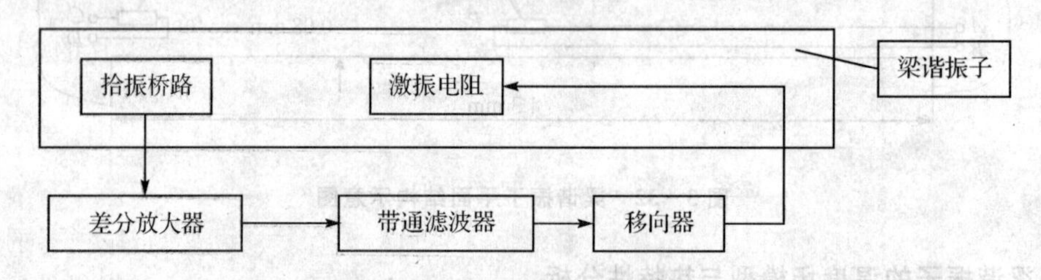

图 3－33 谐振式硅微结构压力传感器闭环自激系统示意图

利用幅值、相位条件（式(3.2)和式(3.3)），可以设计、计算放大器的参数，以保证谐振式硅微结构压力传感器在整个工作频率范围内自激振荡，使传感器稳定、可靠地工作。但这种方案易受到温度差分布场 ΔT_{av} 对传感器性能的影响。

为了尽量减小 ΔT_{av} 对梁谐振子频率的影响，可以考虑采用单纯交流激励的方案。借助于式(3.128)，这时的热激励功率为

$$P(t)=\frac{U_{ac}^2+U_{ac}^2\cos 2\omega t}{2R_E} \tag{3.138}$$

考虑到梁谐振子的机械品质因数非常高，激励信号 $U_{ac}\cos\omega t$ 可以选得非常小，因此这时的常值功率 $P_s=\dfrac{U_{ac}^2}{2R_E}$ 非常低，可以忽略其对梁谐振子谐振频率的影响。而交流分量不再包含一倍频的信号，只有二倍频交变分量 $P_{d2}(t)=\dfrac{U_{ac}^2\cos 2\omega t}{2R_E}$，纯交流激励的闭环自激振动系统必须解决分频问题。一个实用的方案是在电路中采用锁相分频技术，即在设计的基本锁相环的反馈支路中接入一个倍频器，以实现分频，其原理如图 3－34 所示。假设由拾振电阻相位比较器中进行比较的两个信号频率是 $2\omega_D$ 和 $N\omega_E$，当环路锁定时，则有 $2\omega_D=N\omega_E$，即 ω_E

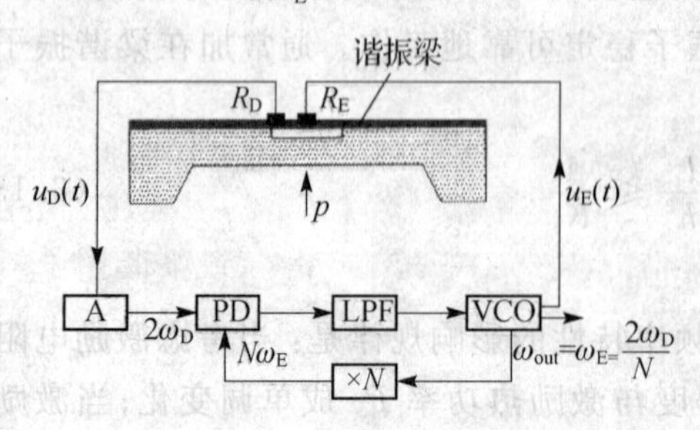

图 3－34 纯交流激励的闭环自激振动系统示意图

$=\frac{2\omega_D}{N}$。其中 N 为倍频系数，由它决定分频次数。当 $N=2$ 时，压控振荡器的输出频率 ω_{out} 就等于检测到的梁谐振子的固有频率 ω_D。由于该频率受被测压力的调制，因此直接检测压控振荡器的输出频率 ω_{out} 就可以实现对压力的测量；同时，以 $\omega_E=\omega_{out}$ 为激励信号频率反馈到激励电阻，构成微结构传感器的闭环自激振动系统。

5. 一种具有差动输出的谐振式硅微结构压力传感器

图 3-35 为差动输出的谐振式硅微结构压力传感器结构示意图。这是一种利用硅微机械加工工艺制成的一种精巧的复合敏感结构，被测压力 p 直接作用于 E 形圆膜片的下表面；在其环形膜片的上表面，制作一对起差动作用的硅梁谐振子，封装于真空内。考虑到梁谐振子 1 设置在膜片的内边缘，梁谐振子 2 设置在膜片的外边缘，因此，梁谐振子 1 受拉伸应力，梁谐振子 2 受压缩应力。因此梁谐振子 1 与被测压力是单调递增的规律，而梁谐振子 2 与被测压力是单调递减的规律，即被测压力 p 增加时，梁谐振子 1 的固有频率增大，梁谐振子 2 的固有频率减小。上述分析结果为由梁谐振子 1 与梁谐振子 2 构成差动输出的谐振式硅微结构压力传感器提供了理论依据。

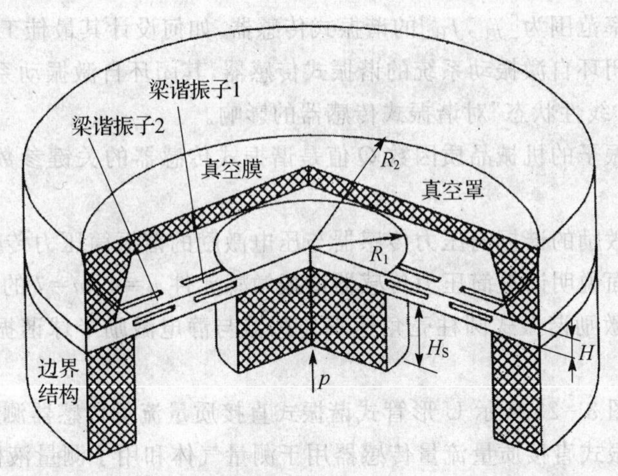

图 3-35　差动输出的谐振式硅微结构压力传感器结构示意图

当 E 形圆膜片下表面作用有被测压力 p 时，梁谐振子产生的初始应力导致梁谐振子的一阶固有频率发生变化，当梁谐振子设置在 E 形圆膜片上表面的内、外边缘时，梁谐振子 1 与梁谐振子 2 的频率特性方程分别为

$$\left.\begin{aligned} f_1(p) &= \frac{4.730^2 h}{2\pi L^2}\left[\frac{E}{12\rho}\left(1+0.295\,\frac{K_1^p p\cdot L^2}{h^2}\right)\right]^{0.5} \\ K_1^p &= \frac{-3(1-\mu^2)R_2^3}{8EH^2L}\left[\frac{L^3}{R_2^3}-\frac{L}{R_2}-\frac{L}{R_2}K^2+\frac{R_2}{L}K^2\right] \end{aligned}\right\}\tag{3.139}$$

$$\left.\begin{aligned} f_2(p) &= \frac{4.730^2 h}{2\pi L^2}\left[\frac{E}{12\rho}\left(1+0.295\,\frac{K_2^p p\cdot L^2}{h^2}\right)\right]^{0.5} \\ K_2^p &= \frac{3(1-\mu^2)R_2^3}{8EH^2L}\left[\left(\frac{R_2-L}{R_2}\right)^3-\frac{R_2-L}{R_2}-\frac{R_2-L}{R_2}K^2+\frac{R_2}{R_2-L}K^2\right] \end{aligned}\right\} \tag{3.140}$$

式中：E 为材料的弹性模量；$f_1(p)$ 和 $f_2(p)$ 的单位为 Hz。

对于该微结构传感器，系统实现方式与图 3－30 所示的谐振式硅微结构传感器一样，只是其输出信号为梁谐振子 1 与梁谐振子 2 的频率差 $f_1(p)-f_2(p)$。

这种具有差动输出的谐振式硅微结构压力传感器不仅可以提高测量灵敏度，而且对于共模干扰的影响，如温度、环境振动、过载等具有很好的补偿功能，从而可以有效地提高其性能指标。

思考题与习题

1. 谐振式敏感结构通常为连续弹性体，有无穷多个自由度，为什么说谐振式敏感结构工作时可以用质量、弹簧和阻尼器组成的二阶系统力学行为来描述？

2. 对于工作频率范围为[f_L，f_H]的谐振式传感器，如何设计其最佳工作谐振点？

3. 对于工作于闭环自激振动系统的谐振式传感器，其闭环自激振动系统经常工作于非线性状态，试说明该“非线性状态”对谐振式传感器的影响。

4. 为什么说谐振子的机械品质因数 Q 值是谐振式传感器的关键参数？如何能够高精度地测定 Q 值？

5. 试比较电磁激励的谐振筒压力传感器与压电激励的谐振筒压力传感器的应用特点。

6. 试从 3 个方面说明谐振筒压力传感器谐振敏感元件 $n=4$，$m=l$ 的原因。

7. 试比较压电激励谐振式圆柱壳角速率传感器与静电激励半球谐振式角速率传感器工作原理的异同。

8. 试画出描述图 3－23 所示 U 形管式谐振式直接质量流量传感器测量原理的拓扑框图。

9. 详细分析谐振式直接质量流量传感器用于测量气体和用于测量液体的不同点。

10. 总结谐振式直接质量流量传感器的功能，并从传感器敏感原理与测试系统实现的角度进行说明。

11. 半球谐振式角速率传感器与谐振式直接质量流量传感器都可以采用幅值比检测电路解算被测量，详细分析它们的不同点。

12. 谐振式直接质量流量传感器有两种输出检测实现方式，它们各自的特点是什么？

13. 对于谐振式硅微结构压力传感器，除了采用热激励的方式外，查阅有关文献了解、掌握其他激励方式，并与热激励方式进行比较。

14. 试说明图3－35所示谐振式硅微结构传感器可以实现对加速度测量的原理，并解释其不仅可以实现对加速度大小的测量，而且还可以敏感加速度方向的原理。

15. 如图3－35所示的谐振式硅微结构压力传感器的敏感结构有关参数为：E形圆膜片内、外半径分别为2.5 mm和4 mm，膜厚为0.25 mm；梁谐振子1、2沿径向分别设置于膜片的内、外边缘，它们的长为0.6 mm，宽为0.06 mm，厚为0.007 mm；$E=1.3\times10^{11}$ Pa，$\rho_m=2.33\times10^3$ kg/m^3，$\mu=0.18$。当被测压力范围为0～0.1 MPa时，利用式(3.139)和式(3.140)的模型计算梁谐振子1、2的频率范围。

第4章 光电传感器

4.1 概 述

基于光的二象性原理，光可视为粒子(光子)或电磁波所组成的。若按波长或频率将各种电磁波进行排列，便可得到如图 4-1 所示的电磁波频谱。由频谱图可知，可见光区仅占电磁波谱内一极小部分(波长约 380～760 nm)，在其范围以外还存在大量的不可见光。紫外区由 X 射线区(波长约几纳米)伸展到可见光区的紫限(约 380 nm)；红外区则由可见光的红限(约 760 nm)伸展到与无线电微波波段相交叠(约 10^6 nm)。

尽管无线电波、红外线、可见光、紫外线、X 射线及 γ 射线等，在本质上是相同的电磁波，但因波长和频率的不同，它们又都表现出不同的特性。

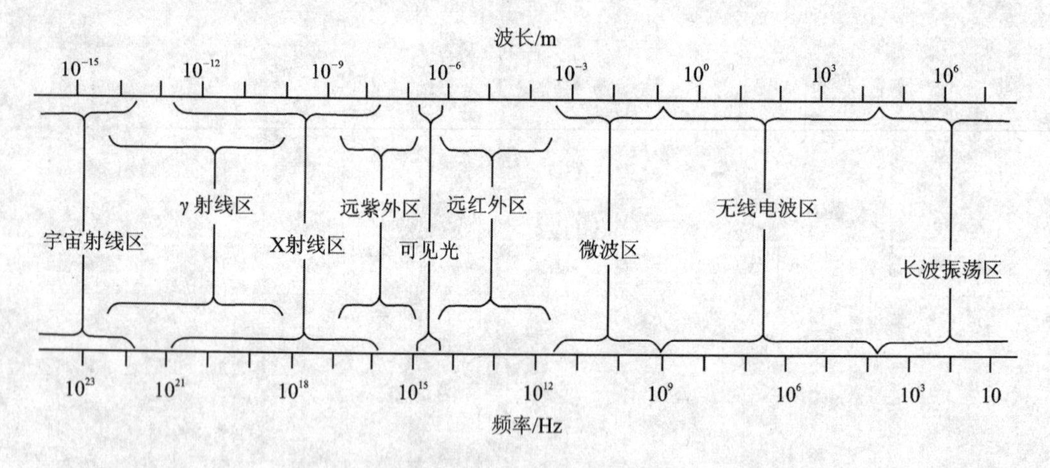

图 4-1　电磁波频谱图

光电传感器可理解为将入射到被照物体的光信号转换成电信号的光电(O/I)转换器(也称光探测器)，由光源(I/O)、光学系统和充电器件组成。光电传感器的最大特点是：光源的直接检测和被照射物体的间接检测都能以非接触方式高速进行。早先的光电传感器主要用于检测可见光范围。近些年来，由于光电系统的需求扩大，扩展到军事和空间技术、遥感成像监测和传送、医疗辐射和成像等诸多方面的应用。采用红外发光二极管(LED)作为光源的情况日益增多，因此，光电传感器也就大量采用了以硅材料作为主体的红外敏感的光探测器。如今，由于各种化合物半导体材料的出现和集成电路的发展，又助长了研发能对应各种波长的点光源传感器以及线阵光和面阵光的成像传感器。所谓成像传感器是指将光图像转换为电位起伏的电子图像输出的光电子器件。

随着对光学的认识深化，于 20 世纪末，在电磁波频谱中，发现了以前从未被人类开发的一个新频谱区域，该区域介于微波区和红外区之间，其光波频率以太赫(1 THz=10^{12} Hz)为计量单位。把该区域的光称为 T 射线(THz 光)，它的频率介于 0.1～30 THz 之间，是微纳秒级的超短波。最早用于制造和探测 T 射线的仪器出现在 20 世纪 60 年代末，当时有些实验室(如美国的实验室)，在激光的运用基础上，设计和制造了一些能够生成和接收频率为 THz 级光线的设备(主要用于天文观察)，这种设备不仅太重，而且造价昂贵。随着相关技术的发展和时间的推移，一直到 20 世纪 90 年代末期，才能有效地制造密集且造价较低的"微纳秒级"超短波激光，这才为 T 射线光的产生提供了激发光源。这种激发光源约每隔 0.1 ns 就会辐射出一种平均频率达 THz 级的光线。当然，T 射线的使用必须配有能接收穿过物体或被物体反射的 T 射线的光电器件。

T 射线光也是电磁波，所以它仍然遵循电磁波定律、量子力学(光子效应)和辐射传输等。

T 射线和 X 射线相比具有独特的性能：

① 一个 T 射线光子的能量只有一个 X 射线光子能量的百万分之一，这样低能级不足以从原子中抢走电子，因此，使用 T 射线仪器不会对人体造成伤害；而 X 射线虽有自身长处，但它会引起肌体细胞的电离，甚至引发癌症和不育症。

② T 射线的穿透力强，副作用低；X 射线能够穿透纺织品和肌肉那些松散物质，但对于结构密集的物质则无能为力。例如 X 射线不能穿透骨头，而 T 射线不仅能穿透骨头，还能穿透水泥墙壁及众多物质，包括纸张、塑料、陶瓷等非金属物质结构，只有水分子和大部分金属分子才能阻止其传播。

T 射线的独有特性，举世瞩目。众多技术领域都把目光投向了 T 射线这项新技术的开发应用。其中，医疗成像、安全检查、无损探伤、电磁武器和天文研究等领域尤为积极，并取得显著成果。如在医疗成像部门，已证实 T 射线可以检查出皮肤癌和黑色素瘤，以及牙齿健康的诊断等。在安全检查部门，已证实 T 射线能成功的识别出多种爆炸物。在检查生化物质方面也有类似功用，如借助 T 射线可穿透很厚的墙壁优势，可在很短时间内确定房间内恐怖分子和人质的位置，这种功能是其他技术所望尘莫及的。

不过，因 T 射线光电传感器系统目前缺少性能稳定、可靠的 T 射线光源和性能优良的 T 射线光探测器，以及 T 射线穿过大气层时衰减严重等原因，现在还处于实验室研究阶段，尚未达到广泛的实用化。因此，本章将不涉及检测 T 射线光的光电传感器实例。而主要讨论基于光电(伏)效应和光(电)导效应原理的，以敏感可见光为主的电荷耦合器件 CCD(Charge Coupled Device)阵列探测器，以敏感红外光为主的光电传感技术和红外焦平面阵列探测器 IRFPA(Infrared Focal Plane Array)。

4.2 光电传感器的基本检测原理

4.2.1 光的传播

光是以速度为2.998×10^{8} m/s传播的电磁波。光在传播中具有能量,光子能量与它的振荡频率成正比,可表达为

$$E_{\mathrm{p}} = h\nu = h\frac{c}{\lambda} \tag{4.1}$$

式中:E_{p}为光子能量;ν为光子频率;h为普朗克常数,$h=4.136\times10^{-15}$ eV·s或6.63×10^{-34} J·s;λ为光的波长;频率ν与波长λ之积等于光速c,$c=2.998\times10^{8}$ m/s。

由于常数h太小,故单个光子的能量是相当小的。

由于光子振荡频率太高,例如,可见光的频率约为每秒几百万亿次振荡,故用波长来说明光的类型比用频率更方便些。

如果波长λ的计量单位用微米(μm)表示,则式(4.1)可写成

$$E_{\mathrm{p}} = \frac{1.24}{\lambda} \tag{4.2}$$

可见,不同波长的光子具有不同的能量。

4.2.2 PN结半导体光源

光电检测必须有光源或辐射能源。半导体光源是光电检测和信号处理系统中的重要光源,主要有两种:发光二极管(LED)和激光二极管(LD)。它们包含相同的物理机理,都是利用PN结势垒间的电子运动把电能转变为光能的微小型器件,或称电光转换器件。LED发射的光为自发辐射的不相干光,而LD发射的光则为相干光。准确相干光的传播方向和相位,随时随地完全相同,或者说保持恒定。激光二极管发射的光极为接近这个条件;发光二极管发射的光则不满足该条件,因此,不具备相干光特性。图4-2为LED和LD的晶体结构。电子进入晶体底部,空穴进入晶体顶部。在复合区(激活区)中,空穴和电子复合形成光辐射。在图4-2(a)中,辐射光有向各个方向自由发射的趋势,这种情况下,器件用做发光二极管。

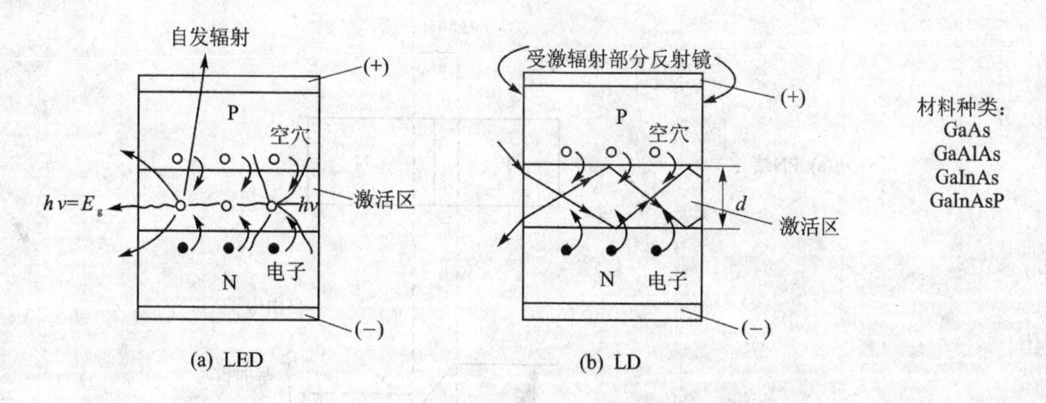

图 4-2　LED 和 LD 的原理结构及从激活区发出的光辐射

为了产生激光，必须在光发射区形成光学谐振腔对所发射的光进行引导，使光强增加到足以产生受激辐射的水平，才能产生激光(见图 4-2(b))。为此，利用在晶片端面涂介质膜的方法形成部分反射镜就能做到这一点。即利用反射镜能使光子在激活区保持较长一段时间，光子经多次反射，并沿谐振腔轴向往前传播。在此过程中，激活区产生的光子越来越多，光强随之增强，当光强达到足够强时，便开始了受激发射，这就是产生激光的情景。这种情况下，器件用做激光二极管。

现用能级图来解释以上物理机理。图 4-3(a)所示为同质结构的 P 型和 N 型半导体接触形成的 PN 结区；图 4-3(b)表示未加正向偏压的情况，此时，自由电子处于导带区，自由空穴处于价带区，禁带区中不存在电子和空穴。这表明在未加偏压的条件下，电子或空穴没有足够的能量超越势垒注入 PN 结区；当加上适当偏压时，如图 4-3(c)所示，PN 结势垒降低，电子和空穴分别沿相反方向向 PN 结区扩散；当电子和空穴数在 PN 结区内接近相等时，它们重新复合，并放出近乎等于禁带宽度 E_g(又称带隙能)的能量 $h\nu \leqslant E_g$，同时发射光子，成为发光体，如同 LED 和 LD 器件。

LED 和 LD 的发光效率(这里称为量子效率)与采用的材料有关。量子效率较高的材料目前主要是Ⅲ-Ⅴ族化合物半导体，如砷化镓(GaAs)、镓铝砷($Ga_{1-x}Al_xAs$)，工作波长为850～900 nm；镓铟砷($Ga_{1-x}In_xAs$)和镓铟砷磷($Ga_{1-x}In_xAs_{1-y}P_y$)，工作波长为 920 nm～1.65 μm。由于电子和空穴复合时不能保证都产生光子，同时伴有“光子噪声”分量，所以量子效率即可表示为

$$\eta_0 = \frac{\text{给定时间间隔内产生的光子数}}{\text{复合时的电子数或空穴数}} < 1 \tag{4.3}$$

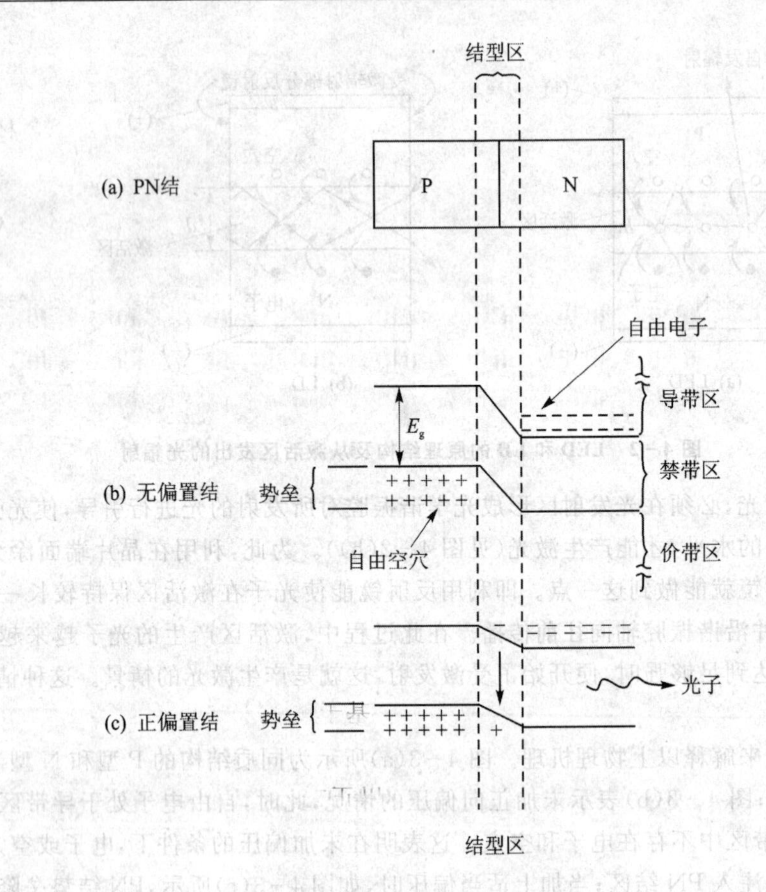

图 4-3 PN 结半导体光源

4.2.3 光电效应型光探测器

在光电传感器中，硅光电二极管(PIN)和雪崩式二极管(APD)是常用的光电转换器件，还有电荷耦合器件(CCD)阵列等，它们的基本工作原理相同，即利用 PN 结势垒使入射光子能量转换为电子能量。图 4-4 所示为 PN 结势垒光电探测原理，也是 PN 结半导体光源的反演(见图 4-4(a))。

当光入射到如图 4-4(b)所示 P 型硅层时，光被吸收到 PN 结型区内，当吸收到的光子能量 $h\nu$ 大于半导体禁带宽度(带隙能)E_g 后，电子将从价带被激活至导带，在价带遗留下空穴，形成光生电子-空穴对。在内电场(自建电场)作用下，N 区的空穴移向 P 区，P 区的电子移向 N 区，相向移动的结果，在 N 区聚集了带负电的电子，在 P 区聚集了带正电的空穴。于是在 P 区和 N 区间产生光电动势和光电流。这种物理现象叫作有 PN 结的光电效应。上述的硅光

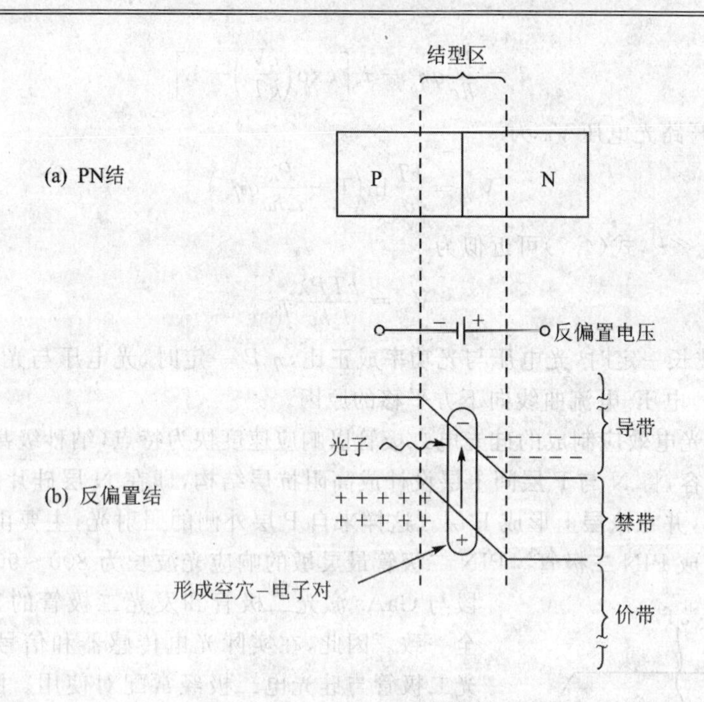

图 4－4　PN 结光电探测器

电二极管、雪崩二极管以及电荷耦合器件阵列都是基于该效应制成的。

PN 结的电压-电流特性如图 4－5 所示。曲线 1 表示光未照射时的特性，在这种特性中，外加电压 V（以正方向为正）与电流 i_d 之间有如下定量关系

$$i_d = i_s\left[\exp\left(\frac{qV}{kT}\right)-1\right] \tag{4.4}$$

式中：i_s 为反偏置电压时的饱和暗电流；k 为玻耳兹曼常数；T 为绝对温度；q 为电子的电荷。

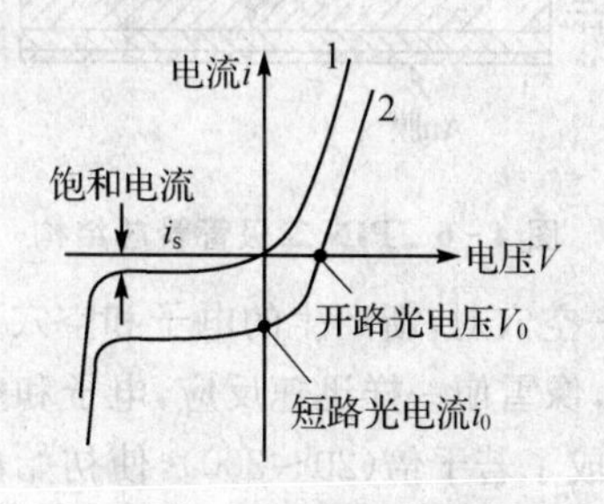

图 4－5　PN 结光电效应的电压-电流特性

图 4－5 中曲线 2 表示有光照时的特征。显然，电压-电流曲线向下平行移动了，光照越强，光电流越大，曲线越向下移。入射光稳定时产生短路电流 i_0，其值为

$$i_0 = \frac{P\lambda}{hc}q\eta_0 \tag{4.5}$$

式中：P 为入射光功率；λ 为光波长；h 为普朗克常数；c 为光子速度；q 为电荷；η_0 为量子效率（$=\frac{\text{光强激发的光电子数}}{\text{入射光子数}}<1$），一般量子效率约为 70%，是表征特定光探测器的最重要的参数之一。

式(4.5)表示的电流与式(4.4)表示的电流方向相反，所以流经 PN 结的总电流为二者之差，即

$$i=\frac{P\lambda}{hc}q\eta_0-i_s\left[\exp\left(\frac{qV}{kT}\right)-1\right] \tag{4.6}$$

$i=0$ 时,可求得开路光电压 V_0 为

$$V_0=\frac{kT}{q}\ln\left(1+\frac{P\lambda}{i_s hc}q\eta_0\right) \tag{4.7}$$

在弱光照射下,$i_0 \ll i_s$,式(4.7)可近似为

$$V_0=\frac{kTP\lambda}{i_s hc}\eta_0 \tag{4.8}$$

式(4.8)表明:波长一定时,光电压与光功率成正比,$\eta_0 P$ 一定时,光电压与光波长成正比。这正说明光入射后,电压-电流曲线向下方平移的原因。

基于PN结光电效应制成的硅光电二极管以响应速度快为特点(纳秒级甚至更快)。为了减小PN结的电容,将N与P层间Ⅰ层设计成高阻抗层结构,即在N层硅片上制作一层含杂质少的高阻抗层,并在该层上形成P层。这样来自P层外侧的照射光,主要由Ⅰ层吸收,形成电子-空穴对,构成PIN二极管。PIN二极管最灵敏的响应光波长为800～900 nm,而这个波段与GaAs激光二极管和发光二极管的工作波段几乎完全一致。因此,在实际光电传感器和信号处理系统中,激光二极管与硅光电二极经常配对使用。图4-6表示PIN二极管管芯结构。

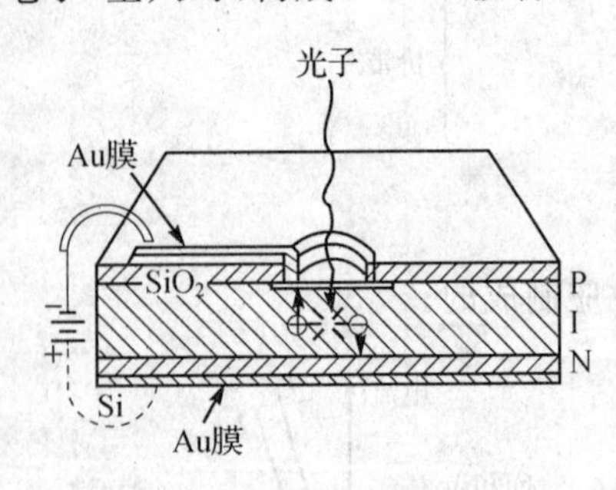

图4-6 PIN二极管管芯结构

雪崩式光电二极管(APD)的特点是具有高速响应和放大功能。基片采用的是硅或锗等材料,在N型基片上制作P层,然后再配置上 P^+ 层。其工作原理是来自外部的光线进入薄的 P^+ 层,继而被P层吸收,产生电子-空穴对。由于在P层存在内电场,因此位于价带的电子被冲击产生新的电子-空穴对,新产生的电子和空穴又在电场中获得足够能量,通过冲击再产生电子和空穴,如此下去,像雪崩一样迅速反应,电子和空穴就会不断地产生。于是,由一个光子产生的电子和空穴就变成了若干倍(20～300),使初始的光电流大大增强,实现了高速响应和放大功能。图4-7所示为APD的结构和工作原理。APD管适用于光纤通信、激光测距及其他微弱光的检测。表4-1给出一些常用半导体材料的带隙能和截止波长。

表4-1 光电二极管探测器所用半导体材料的特性

半导体材料	带隙能/eV	截止波长 $\lambda_{max}/\mu m$	半导体材料	带隙能/eV	截止波长 $\lambda_{max}/\mu m$
硅(Si)	1.11	1.1	$Ca_{0.47}In_{0.53}As$	0.75	1.6
锗(Ge)	0.67	1.8	InAs	0.33	3.8
砷化镓(GaAs)	1.43	0.85	GaInAsP	1.34～0.78	0.92～1.65
$Ga_{0.86}In_{0.14}As$	1.15	1.10			

注:最佳波长一般为截止波长的0.7～0.9倍。

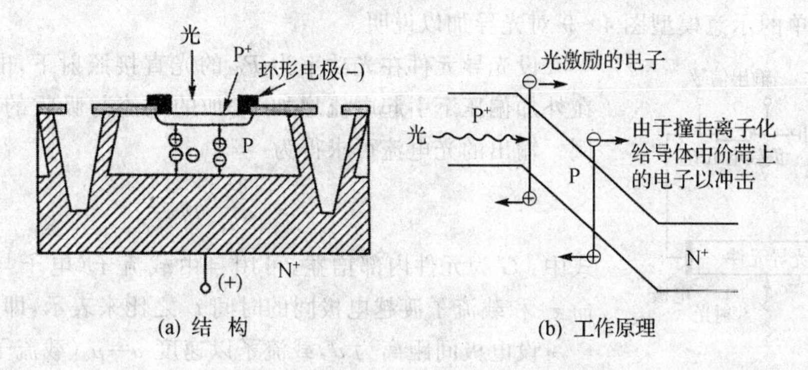

(a) 结 构　　(b) 工作原理

图 4-7 APD管的结构和工作原理

4.2.4 光导效应型探测器

当入射光子直接照射到某物质上时，致使物质内部的束缚态电子成为传导电子参与导电，因而电导率增加，称这种物理现象为光电导效应(简称光导效应)。在所有半导体中几乎都能观测到这种效应。它的机理可用能级图4-8来说明。在图4-8(a)的本征半导体中，接受具有比满带与导带之间的禁带宽度(带隙)E_g更大能量的光子，产生电子空穴对载流子，原来满的价带不满了，出现了空穴，而导带中增加了自由电子参与导电，实现光-电转换。在图4-8(b)的N型掺杂半导体中，由于其施主能级靠导带很近，故施主能级中的电子易从光子获得足够能量进入导带参与导电。在图4-8(c)的P型半导体中，其受主能级靠近价带，故价带中的电子易从光子吸收能量而跃入受主能级，使价带产生空穴参与导电。可见，N型半导体是电子改变电导率，而P型半导体则是空穴改变电导率，最终实现光-电转换。

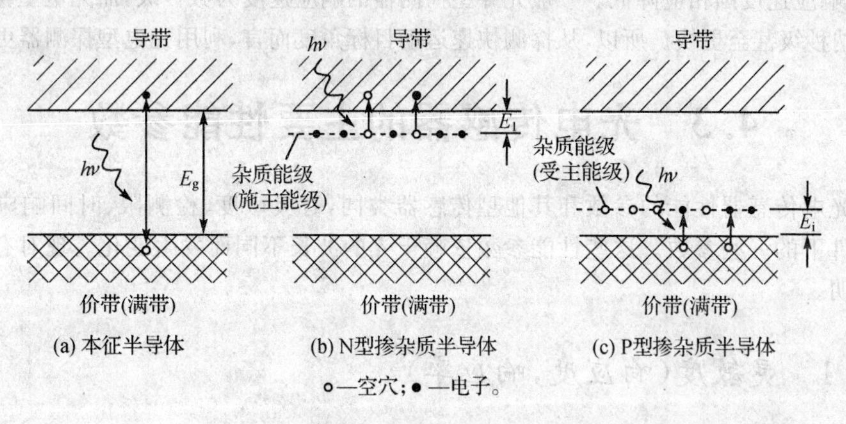

(a) 本征半导体　　(b) N型掺杂质半导体　　(c) P型掺杂质半导体

○—空穴；●—电子。

图 4-8 半导体光导效应

现用简单的示意模型图 4-9 对光导加以说明。

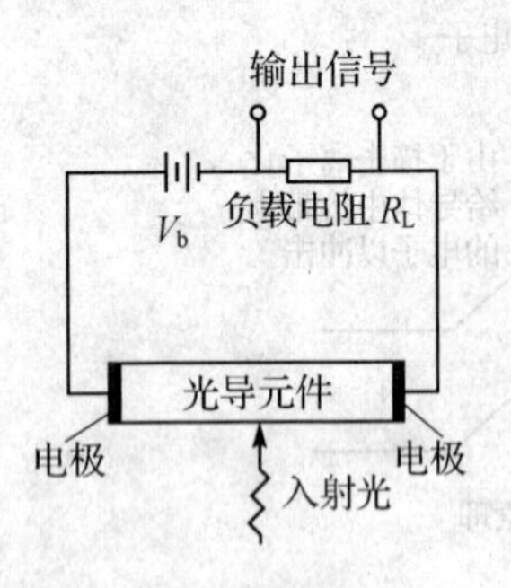

图 4-9 光导元件工作原理简图

设光导元件在光功率为 P_0 的光直接照射下,电导率增加,在外加偏压下引起电流增加,增加的电流与吸收的光子数成比例。输出的光电流可求得为

$$i_0 = \frac{P_0\lambda}{hc} q\eta_0 G \tag{4.9}$$

式中:G 为元件内部增益,可用自由载流子(电子与空穴)的寿命 τ_c 和载流子渡越电极间的时间 t_c 之比来表示,即 $G=\tau_c/t_c$。

设电极间距离为 d,载流子以速度 $v=\mu_c$(载流子迁移率)漂移,于是载流子渡越电极间所需的时间 $t_c=d/\mu_c$。最终可得产生的光电流为

$$i_0 = \frac{P_0\lambda}{hc}\frac{\tau_c}{t_c} q\eta_0$$

或写成

$$i_0 = \frac{P_0\lambda\mu_c\tau_c}{dhc} q\eta_0 \tag{4.10}$$

与 4.2.3 节介绍的光电型二极管不同,光导型探测器只要求光子能量为带边缘与杂质能级之间的电位差,即 N 型杂质能级与导带底部之间、P 型杂质能级与价带上部之间的电位差 E_i,称为杂质离子电位差。通常为几十毫电子伏(meV)。结果,可将光电导体作为探测器,深入红外区,也许可用到 30 μm 波段,此时光子能量为 40 meV。当然,光子能量约小于 0.2 eV 的任何探测器,都必须在冷却环境下使用。比如 77 K 甚至更低。

分析式(4.10)可知载流子寿命 τ_c 对光导元件的灵敏度、响应速度有很大影响。τ_c 越大,灵敏度越高,但响应速度则相应降低。一般光导型探测器的响应速度为微秒级,而光电型探测器的响应速度为纳秒级甚至更快。所以,从探测快速运动目标角度而言,利用光电型探测器更有利。

4.3 光电传感器的主要性能参数

表征光电传感器性能的参数和其他型传感器类同,有灵敏度、检测限、时间响应特性和特定工作条件下的一些参数。这些性能参数依赖于光的波长不同而发生变化。现对有关性能参数作些说明。

4.3.1 灵敏度(响应度,响应率)

对于主要用于可见光波段的传感器,一直沿用流明灵敏度(lumen sensitivity)和勒克斯灵敏度(lux sensitivity)来表达。定义为

$$\left.\begin{aligned}流明灵敏度\ S &= \frac{光电流}{光通量} \\ 勒克斯灵敏度\ S_x &= \frac{光电流}{受光面照度}\end{aligned}\right\} \tag{4.11}$$

式中：S 和 S_x 的单位分别为 A/lm 和 A/lx。

即使投射到传感器上的光通量相同，但若光谱能量分布不同，则入射光功率也不同。因此，在测定上述灵敏度时，规定使用的光源温度为 2 856 K 的标准钨丝灯。

对于红外光波段或紫外光波段的传感器，一般用辐射量来定义灵敏度。辐射灵敏度为

$$R_s = \frac{光电流}{辐射通量} \tag{4.12}$$

式中：R_s 的单位为 A/W。

在上述各式中，输出采用光电流。但对于光电型(PV)或与之类似的传感器，则采用光电压。在红外光波段中使用 R_s 定义灵敏度时，规定使用的光源温度多数为 500 K 的黑体。

目前，对于可见光波段的传感器也倾向使用辐射灵敏度来表述。

4.3.2　检测限

检测限是描述传感器检测的微弱信号能小到何种程度的一个特征量。这个量的表示法主要有：噪声等效功率 NEP 和比检测率(比探测率)D^* 两种。

1. 噪声等效功率 NEP

假设用正弦波调制后的光照射传感器，并且传感器输出的均方根值与传感器噪声的均方根值相等(即信噪比 $S/N=1$)时，可用入射信号正弦波辐射通量的均方根值来对 NEP 定义，即

$$\mathrm{NEP} = \frac{PV_n}{V_s} = \frac{V_n}{R_s} \tag{4.13}$$

式中：P、V_s、V_n 分别代表辐射通量、输出信号、输出噪声的均方根值。一般用 NEP 表示。若把测定时的带宽 Δf 代入式(4.13)，进行每单位带宽的换算后来定义 NEP，则

$$\mathrm{NEP} = P\left(\frac{V_n}{V_s}\right)\frac{1}{(\Delta f)^{\frac{1}{2}}} \tag{4.14}$$

式中：NEP 的单位为 $\mathrm{W} \cdot (\sqrt{\mathrm{Hz}})^{-1}$。

由上式可见，NEP 越小，代表噪声越小，传感器性能也就越好。

2. 比检测率 D^*

与 NEP 的表示法相反，即把 NEP 的倒数定义为检测率(D)，在此定义下再考虑受光面的

面积 A_D,就是比检测率 D^*。它与上述已定义的各个量之间的关系为

$$D^* = \frac{(A_D)^{\frac{1}{2}}}{\text{NEP}} = \frac{(A_D\Delta f)^{\frac{1}{2}}}{P}\left(\frac{V_s}{V_n}\right) = \frac{(A_D\Delta f)^{\frac{1}{2}}}{V_n}R_s \tag{4.15}$$

式中: D^* 的单位为 $\text{cm}\cdot\sqrt{\text{Hz}}\cdot\text{W}^{-1}$。

式(4.15)表明,在内部噪声可以忽略的光电传感器中,比检测率取决于周围背景辐射的变化。对于接近这个状态的传感器,随着传感器对外界视角的变化,D^* 值也变化,故必须预先指定传感器的视角。

4.3.3 光谱灵敏度特性

前面介绍的 R_s、NEP、D^* 等参数均是光波长的函数,常把 D^* 值与光波长的相互关系称作光谱灵敏度特性或光谱探测率特性,亦即 D^* 的波长特性;也有把 R_s 值与光波长的相互关系称作光谱灵敏度特性的。光谱灵敏度特性有两种情况:一种是包括光的入射窗透过特性在内的传感器综合特性;另一种是描述传感器元件材料的特性。

图 4-10 和表 4-2 分别列出光电型(PV)和光导型(PC),以及有代表性的光电传感器的光谱灵敏度特性及性能概要。

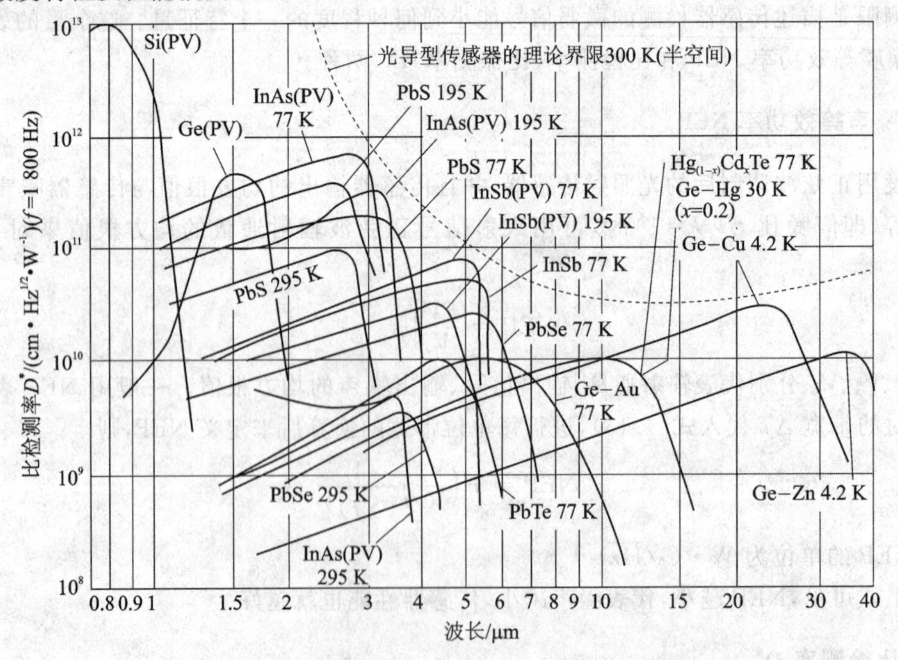

注:PV—光电型。

图 4-10 光谱灵敏度特性(D^* 波长特性)

表 4-2 光电传感器性能概要

PV和PC型传感器种类	工作温度/K	有效波长区域/μm	D^*(500K)/(cm·$\sqrt{Hz}$·W^{-1})	响应时间/μs	内部电阻(正方形元件)/Ω
Si(PV)	295(室温)	0.5~1.05	10^{10}~10^{12}	1~10^3	(0.1~1)×10^6
Ge(PV)	295	1~2	10^9~10^{10}	1~10^3	(0.1~1)×10^6
PbS(PC)	295	0.6~3.0	(1~7)×10^8	0.5~5×10^2	(0.5~10)×10^6
PbS(PC)	195(干冰温度)	0.5~3.3	(0.7~7)×10^9	0.8~4×10^3	(0.5~5)×10^3
PbS(PC)	77(液氮温度)	0.7~3.8	(3~8)×10^9	0.5~3×10^3	(1~10)×10^6
PbSe(PC)	295	0.9~4.6	(0.7~2)×10^8	2	(1~10)×10^6
PbSe(PC)	195	0.8~5.1	(2~4)×10^9	30	(1~5)×10^7
PbSe(PC)	77	0.8~6.6	(2~6)×10^9	40	(5~10)×10^6
PbTe(PC)	77	1~5.4	1×10^9	~5	(3~10)×10^7
InAs(PV)	295	1~3.7	(1~3)×10^8	~1	20~100
InAs(PV)	195	0.5~3.5	(1~5)×10^9	~1	10^2~10^4
InAs(PV)	77	0.6~3.2	(3~8)×10^9	~2	10^5~10^7
InSb(PC)	77	0.7~5.9	(3~10)×10^9	1~10	(2~10)×10^3
InSb(PV)	77	0.6~5.6	(3~20)×10^9	~1	10^3~10^7
Ge-Au(PC)	77	1~9	(1~3)×10^9	~1	(0.1~10)×10^6
Ge-Hg(PC)	30(液氢温度)	4~14	(3~9)×10^9	~1	(2~100)×10^3
Ge-Gu(PC)	4.2(液氦温度)	6~29	(0.5~1)×10^{10}	~1	(0.3~1)×10^6
Ge-Zn(PC)	4.2	7~40	(3~4)×10^9	0.01~1	(0.3~1)×10^6
$Hg_{0.8}Cd_{0.2}Te$(PC)	77	4~14	(3~9)×10^9	0.01~0.1	20~500

4.3.4 时间响应特性

这是描述对光源辐射响应快慢的一个参数，测量时用阶跃响应和频率响应来衡量。阶跃响应是指数函数时，传感器的响应率上升到峰值的 0.63 或下降到峰值的 0.37 时所需要的时间，又称为传感器的时间常数。但是传感器不一定都具有这样简单的阶跃特性，故不能统一都用时间常数的值来描述时间响应特性。例如，有些传感器的时间响应特性不仅随光强的变化而变化，并且衡量时间常数的阶跃响应的上升时间或下降时间也不一致；还有的传感器为非线性特性等等。对此，可分别用上升时间或下降时间来描述响应特性。对于线性特性的传感器，常用频率响应来描述。传感器的响应随光源辐射的调制频率而变化的特性称为频率响应。

4.3.5 内部阻抗

处理微弱光时,传感器必须接上性能优良的前置放大器,来提高整个系统的信噪比。在测定高速瞬态光时,要求前置放大系统的频带要宽。为此,必须测定传感器的内阻抗(静态或动态阻抗),以达到传感器与前置放大系统的最优匹配。

4.3.6 信噪比与动态范围

信噪比(S/N)是判断噪声大小通常使用的指标。它是光电传感器输出的有用信号电流(或电压)与噪声电流(或电压)之比,一般取对数形式并乘以 20,即以 dB 为单位,可表示为

$$\frac{S}{N}=20\lg\frac{I_s}{I_n} \tag{4.16}$$

动态范围反映的是器件(如 CCD)的工作范围。它与信噪比有关,通常以饱和信号电压与均方根噪声电压之比表示。

4.3.7 暗电流

暗电流是指在既无光入射,又无电注入情况下输出的一种电流。它主要起因于热激励产生的电子-空穴对。暗电流有害,会引起噪声,从而限制了光电传感器的灵敏度和动态范围。因此,在器件制造中应尽量完善工艺以降低暗电流。另外,暗电流的大小与温度的关系极为密切,温度每降低 10 ℃,暗电流约减为原来的一半。

4.3.8 分辨率

评价摄像器件识别微小光像和再现光像能力的主要指标是分辨率,一般用调制传递函数 MTF(Modulation Transfer Function)来表示。MTF 是以空间频率为参变量描述成像传感器 CCD 输入光像与输出信号之比的一种函数。

空间频率是指明、暗相间光线条纹在空间出现的频度,单位是"线对/mm",即 1 mm 的长度内所含明、暗条纹的对数(明、暗相间两条纹线为一对)。MTF 的特性曲线可以用一个辉度为正弦分布的图谱在受检传感器上成像而测得。具体做法是:首先绘制一个黑白相间、幅度渐小的线谱(见图 4-11),然后使不同相间幅度处的黑白线对分别在传感器上成像,并测出各相应的输出电信号的振幅即可,图 4-12 就是用此方法测得的 MTF 特性曲线。MTF 特性曲线的横坐标取归一化数值 f/f_0(f 为光像的空间频率,f_0 表示像素的空间频率)。例如,某一

景象在 CCD 摄像器件上所成光像的最大亮度间隔为 300 μm，而像素间距为 30 μm，此时的归一化空间频率应为 0.1。

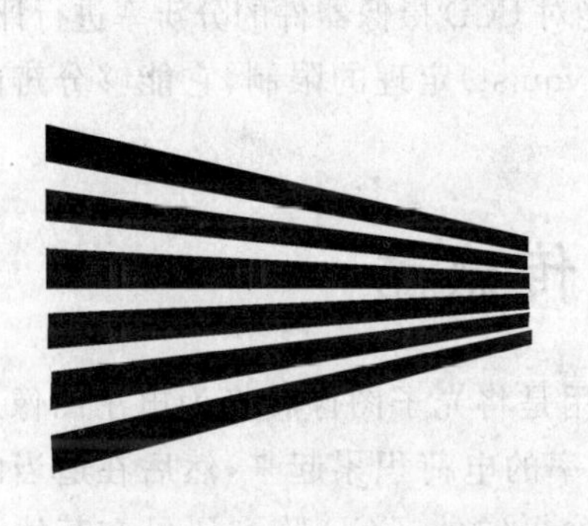

图 4-11　测量 MTF 用的黑白线谱

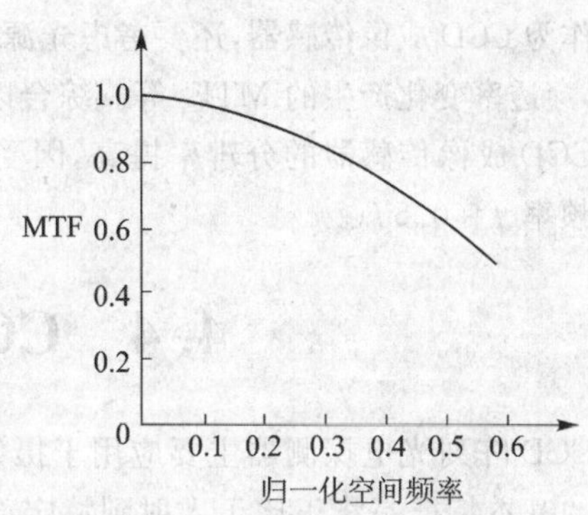

图 4-12　MTF 特性曲线

MTF 特性曲线的纵坐标为 MTF 值，其实也是"归一化"数值，它取归一化空间频率为 0 时的 MTF 值为 1。

显然，MTF 特性曲线随归一化空间频率的增加而变化。其物理意义是，光像空间频率越高，所用传感器像素的空间频率越低，表明该传感器的分辨能力越差。

影响传感器 MTF 的因素较多，主要包括起因于器件几何形状的 MTF_1，起因于信号电荷转移损失率为 ε 的 MTF_t 和起因于本势阱之外光生信号电荷扩散影响的 MTF_D 等。分析和计算表明，MTF_1 和光敏元的光窗尺寸及像素排列方式密切相关。例如，边长为 Δx 的方形像素，以 p 为周期排列时，其

$$MTF_1=\frac{\sin\left(\frac{f}{f_{\max}}\frac{\pi\Delta x}{p}\right)}{\left(\frac{f}{f_{\max}}\frac{\pi\Delta x}{p}\right)} \tag{4.17}$$

起因于信号电荷转移损失率 ε 的 MTF_t 为

$$MTF_t=\exp\left\{-n\varepsilon\left[1-\cos\left(\pi-\frac{f}{f_m}\right)\right]\right\} \tag{4.18}$$

式中：$n\varepsilon$ 为转移损失乘积(设转移效率为 η_m，则有 $\eta_m+\varepsilon=1$)。

设 l_0 为 Si 衬底的扩散距离，d 为势阱深度，则起因于本势阱之外光生信号电荷流入势阱而产生的扩散影响的 MTF_D 为

$$MTF_D=\frac{\cosh\left(\frac{d}{l_0}\right)}{\cosh\left(\frac{d}{l}\right)} \tag{4.19}$$

$$l^{-2}=l_0^{-2}+(2\pi f)^2$$

综合后，MTF为

$$MTF = (MTF_1)(MTF_t)(MTF_D) \tag{4.20}$$

作为CCD成像传感器，还要考虑光源系统对分辨率的影响；此外，还有光穿透SiO_2、多晶硅、硅时，穿透率变化产生的MTF_s等。综合以上各项，就能对CCD摄像器件的分辨率进行评估。

CCD成像传感器的分辨率提高，因受奈奎斯特(Nyquist)定理的限制，它能够分辨的最高空间频率$f=0.5f_0$。

4.4 CCD阵列传感器

CCD阵列光电探测器主要应用于摄像装置，其作用是将光子图像转换为电子图像。CCD阵列的基本特征是将正比于入射到特定部位的总光功率的电荷积累起来，然后在适当的时钟控制下进行转移和传输，并按时间序列输出电信号。除摄像外，CCD阵列还可在其他一些数字系统中用于信息存储和信息处理。

Si-CCD是对可见光敏感的最著名的光电传感器，自1970年问世以来，经过30余年的发展，加之微加工技术的发展和应用，使得CCD像素数剧增，分辨率、灵敏度明显提高。最近，国外已成功研制出9 000像素×9 000像素的面阵列CCD，为更高清晰度、更高分辨率的探测奠定了可靠基础。2004年1月4日，登陆火星的美国"勇气"号探测器上的照相机具有9 000万像素，而一般相机只有500万像素。

如今，无论是高清晰度摄像或家用摄像，无论是信息存储和处理，无论是军用和民用，从太空到海底，几乎到处都可见到CCD的广泛应用。

4.4.1 CCD基本结构与MOS电容器

1. 基本结构

图4-13给出CCD基本结构简图，它是在P型硅(或N型硅)衬底上先生长一层SiO_2绝缘层，厚度约为100 nm，再在SiO_2层上淀积一系列密排的金属(铝)电极(称栅极)制成的。而每个金属电极和它下面的绝缘层与半导体硅衬底构成一个MOS电容器，所以CCD基本上是由密排的MOS电容器组成的阵列。它们之间靠得很近(间隙小于0.3 μm)，故可以发生耦合。因此被注入的电荷就可以有控制地从一个电容器移到另一个电容器，这样依次转移，其实就是电荷的耦合过程，所以称这类器件为电荷耦合器件。

2. MOS电容器

CCD是基于MOS电容器在非稳态下工作的一种摄像器件。在介绍CCD之前，先介绍

MOS 电容器的稳态和非稳态工作过程。

1）稳态下的 MOS 电容器

图 4－14 所示为 N 沟道 MOS 电容器，它具有一般电容器所没有的一些特征。MOS 电容器在栅压作用下，其电荷和电动势分布可通过求解下面的泊松方程来得到。

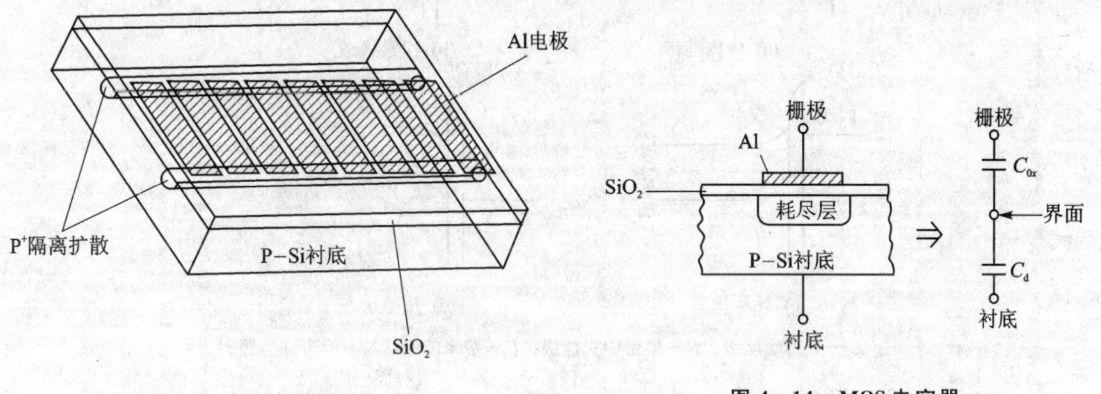

图 4－13　CCD 基本结构简图

图 4－14　MOS 电容器

在绝缘层 SiO_2 和 P 型硅衬底中分别有

$$\left.\begin{aligned}\frac{d^2V}{dx^2}&=0\\ \frac{d^2V}{dx^2}&=-\frac{\rho}{\varepsilon_s\varepsilon_0}\end{aligned}\right\}\tag{4.21}$$

式中：ρ 为电荷密度；ε_s、ε_0 分别为硅的介电常数和真空介电常数。半导体用泊松方程来描述，这是与通常的电容器不同之处。

若栅极上无外加电压，半导体内的电动势分布是均匀的，能带线是平直的，即半导体从体内到表面的电子能量是均匀分布的（见图 4－15(a)），这称为平带条件。实际上要使能带平坦，必须稍加一些栅压，以平衡铝电极和半导体的功函数差以及在 Si－SiO_2 界面上的表面电荷，称它为平带电压 V_f。

若给栅极加负电压，这个电场将排斥电子而吸引空穴，导致接近表面的电子能量增大，表面处能带向上弯曲（见图 4－15(b)）。于是，越接近界面，空穴浓度越大，多数空穴将积聚在 Si－SiO_2界面上，故称这一表面层为积累层。接着，若给栅极加正电压，这时 P 型硅衬底中的空穴将被这个正电场从界面排斥到远离栅极的另一边，留下受主离子（带负电荷的离子），相当于负充电。随着 V_G 的增加，表面势 V_s 也增加，P 型硅表面吸引的受主离子浓度（N_A）也增加。结果，在硅表面形成带负电荷的耗尽层，称此时的 MOS 电容器处于耗尽状态。在耗尽状态中的电子能量从半导体内部到表面是从高向低变化的，导致能带在界面处向下弯曲，如图 4－15(c) 所示。

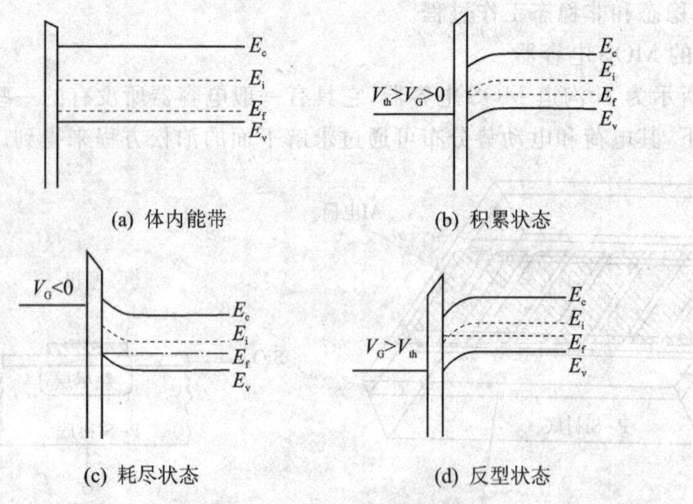

(a) 体内能带 (b) 积累状态

(c) 耗尽状态 (d) 反型状态

注: E_c—导带底能级; E_i—禁带中央能级; E_f—费米能级; E_v—价带顶能级。

图 4-15 MOS 电容器能带图

MOS 电容器耗尽层中的电势分布可通过求解泊松方程得到,即

$$\frac{d^2V}{dx^2}=-\frac{\rho}{\varepsilon_s\varepsilon_0}=\frac{qN_A}{\varepsilon_s\varepsilon_0} \tag{4.22}$$

耗尽层中的负电荷密度 $\rho=-qN_A$。式中: q 代表电子电荷, N_A 为受主离子浓度。

在 $x=x_d$ 处, $V=0$, $\frac{dV}{dx}=0$ 的边界条件下求解式(4.22),可得电势分布为

$$V=\frac{qN_A}{2\varepsilon_s\varepsilon_0}(x-x_d)^2 \qquad (0\leqslant x\leqslant x_d) \tag{4.23}$$

式中: x_d 为耗尽层厚度, x 的起点定为 Si - SiO_2 界面。

式(4.23)是二次型,正如图 4-15 所示,能带图在界面处变弯曲。

Si - SiO_2 界面处的电势称为表面势,可表示为

$$V_s=\frac{qN_A}{2\varepsilon_s\varepsilon_0}x_d^2 \tag{4.24}$$

界面处的电场为

$$E_s=-\left.\frac{dV}{dx}\right|_{x=0}=\frac{qN_A}{\varepsilon_{0x}\varepsilon_0}x_d \tag{4.25}$$

所以

$$\left.\frac{dV}{dx}\right|_{SiO_2}=\frac{\varepsilon_s}{\varepsilon_{0x}}\left.\frac{dV}{dx}\right|_{x=0}=-\frac{qN_A}{\varepsilon_s\varepsilon_0}x_d \tag{4.26}$$

栅电压 V_G 为 SiO_2 中的电压降和表面势之和,即

$$V_{G}=\frac{qN_{A}}{\varepsilon_{0x}\varepsilon_{0}}x_{d}d+\frac{qN_{A}}{2\varepsilon_{s}\varepsilon_{0}}x_{d}^{2} \tag{4.27}$$

式中：ε_{0x}和 d 分别表示 SiO_2 的介电常数和厚度。若栅电压的变化为 ΔV_{G}，则

$$\Delta V_{G}=\frac{qN_{A}}{\varepsilon_{0x}\varepsilon_{0}}d\Delta x_{d}+\frac{qN_{A}}{\varepsilon_{s}\varepsilon_{0}}x_{d}\Delta x_{d} \tag{4.28}$$

栅电极中的电荷量与硅中的电荷量大小相等，符号相反。假设电极上的电荷量变化为 ΔQ，则

$$\Delta Q=qN_{A}\Delta x_{d} \tag{4.29}$$

而

$$\frac{\Delta V_{G}}{\Delta Q}=\frac{d}{\varepsilon_{0x}\varepsilon_{0}}+\frac{x_{d}}{\varepsilon_{s}\varepsilon_{0}}$$

MOS 电容器电容为

$$C_{G}=\frac{\mathrm{d}Q}{\mathrm{d}V_{G}}=\left(\frac{1}{C_{0x}}+\frac{1}{C_{d}}\right)^{-1} \tag{4.30}$$

式中：$C_{d}=\frac{\varepsilon_{s}\varepsilon_{0}}{x_{d}}$为耗尽层电容；$C_{0x}=\frac{\varepsilon_{0x}\varepsilon_{0}}{d}$为 SiO_2 电容。

式(4.30)表明，MOS 电容器电容由 SiO_2 电容 C_{0x}和耗尽层电容 C_{d} 串联而成。

栅电容与栅电压的函数关系可由式(4.28)、式(4.30)得出

$$C_{G}=\frac{C_{0x}}{\left(1+\frac{2\varepsilon_{0x}^{2}\varepsilon_{0}}{qN_{A}\varepsilon_{s}d^{2}}V_{G}\right)^{\frac{1}{2}}} \tag{4.31}$$

若栅电压继续增大到某个特定值 V_{th}时，表面势 V_{s} 会进一步增加，界面上电子浓度随表面势增加呈指数函数增加，即能带在表面处向下弯曲的更明显，在硅表面上将形成一个电子导电层。因为这一层是富电子的 N 型区，故把这个导电层称为反型层。出现反型层的栅电压称为 MOS 电容器的阈值电压 V_{th}。反型状态的能带分布如图 4－15(d)所示。

2）非稳态下的 MOS 电容器

当 MOS 电容器的栅压 $V_{G}>V_{th}$时，由于表面势 V_{s} 随之增加，存在于硅表面周围的电子将被聚集到电极下面的硅表面处。因为这里势能较低，像“阱”一样收集电子，故把它称为“势阱”(见图 4－16)。势阱积累电子的容量取决于势阱的“深度”。势阱一旦形成，就开始有热激发产生的电子-空穴对中的电子进入这个势阱，而空穴则流向硅衬底。随着电荷在势阱内的积累，势阱逐渐变“浅”，开始了一个从非稳态向稳态过渡的热弛豫过程。一个 MOS 电容器的热弛豫时间与硅衬底材料的性质有关，一般可以达到几秒甚至更长。若在比这个弛豫时间短得多的短暂时间内，施加一个阶跃栅电压 $V_{G}>V_{th}$，硅表面还不会立刻形成反型层，这时的半导体状态是“非稳定状态”，此时的耗尽状态称为深耗尽状态。在这个状态下，势阱可用来储存信号电荷，也可用来使信号电荷从一个势阱转移到相邻的另一个势阱。CCD 的工作机理正是利用了脉冲驱动 MOS 电容器这个非稳态的瞬态过程实现的。图 4－16 给出了 CCD 的势阱示意图。

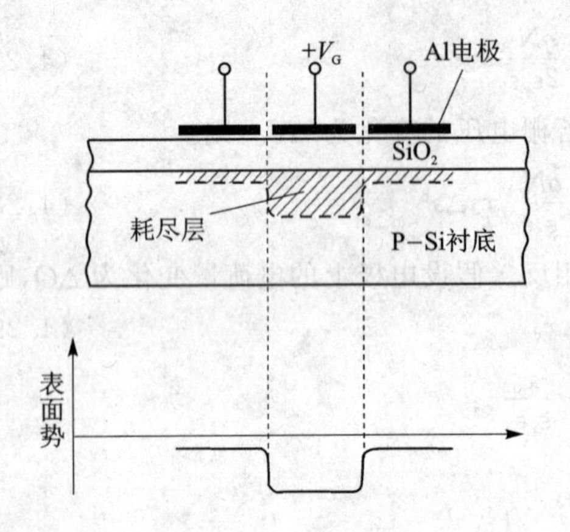

图 4-16 CCD 的势阱示意图

在深耗尽状态中，表面势不再受形成反型层条件的限制，直接由 V_G 决定。其关系式可由式(4.24)、式(4.27)得到为

$$V_G = V_s + \frac{1}{C_{0x}}(2\varepsilon_s\varepsilon_0 qN_A V_s)^{\frac{1}{2}} \quad (4.32)$$

若考虑到栅极上平坦电压 V_f 的存在，则上式中 V_G 用 $V_G - V_f$ 替代，即

$$V_G - V_f = V_s + \frac{1}{C_{0x}}(2\varepsilon_s\varepsilon_0 qN_A V_s)^{\frac{1}{2}} \quad (4.33)$$

再考虑到界面少数电子聚集时的实际情况，若假设 Q_s 为界面上存在的少数电子的电荷，则栅电极上的电荷 Q 与 $-Q_s$、$-qN_A x_d$ 相平衡，即 $Q=-(-Q_s-qN_A x_d)$。经变换整理后可得

$$V_G - V_f = \frac{Q_s}{\varepsilon_{0x}\varepsilon_0}d + \frac{qN_A}{\varepsilon_{0x}\varepsilon_0}x_d + \frac{qN_A d}{2\varepsilon_s\varepsilon_0}x_d^2 \quad (4.34)$$

利用上述有关各式，式(4.34)可改写为

$$V_G - V_f = \frac{Q_s}{C_{0x}} + \frac{(2\varepsilon_s\varepsilon_0 qN_A V_s)^{\frac{1}{2}}}{C_{0x}} + V_s \quad (4.35)$$

解式(4.35)可得

$$V_s = V + V_0 - (V_0^2 + 2VV_0)^{\frac{1}{2}} \quad (4.36)$$

$$V = V_G - V_f - \frac{Q_s}{C_{0x}}; \qquad V_0 = \frac{\varepsilon_s\varepsilon_0 qN_A}{C_{0x}}$$

式(4.36)是 CCD 势阱工作的基本关系式。图 4-17 表示 CCD 的表面势 V_s 与控制栅压 V_G 的关系。

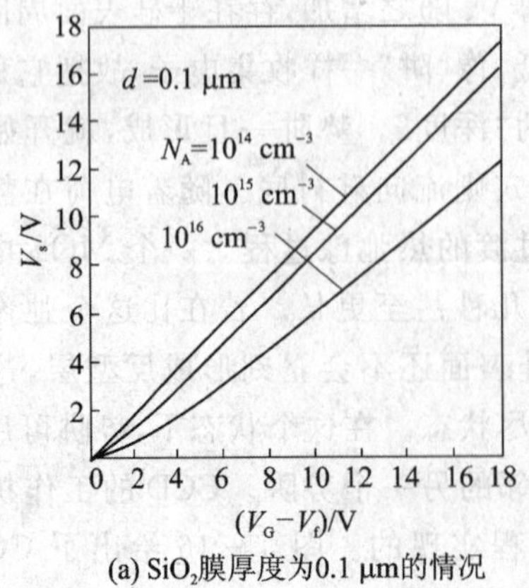

(a) SiO_2膜厚度为0.1 μm的情况

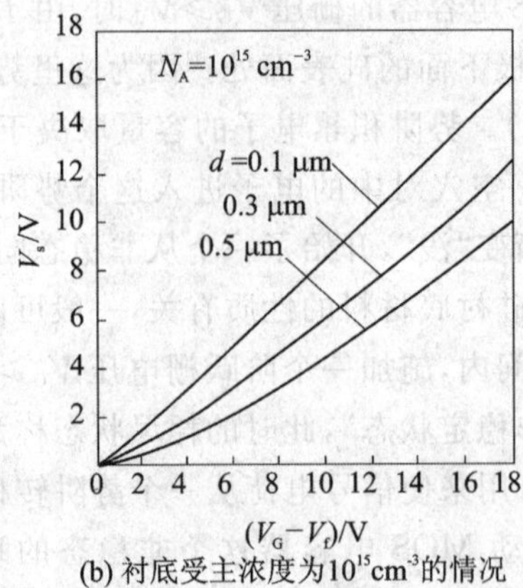

(b) 衬底受主浓度为10^{15}cm^{-3}的情况

图 4-17 CCD 栅电压与表面势的关系

3. CCD 的基本工作原理

作为摄像器件的 CCD,有 2 相、3 相、4 相等几种时钟脉冲驱动的结构形式,其中最直接明了的是 3 相时钟驱动的 CCD,如图 4－18 所示。在 3 相结构的 CCD 中,3 个电极组成一个单元,形成一个像素。3 个不同的脉冲驱动电压,按图 4－18(b)所示的时序提供,以保证形成空间电荷区的相对时序。

设在某时刻 t_1,第一相 φ_1 处于高电压,而 φ_2、φ_3 处于低电压(见图 4－18(b)),则在 φ_1 电极下,形成较深势阱。若此时有光照射到硅衬底光敏感元上,则在光子的激发下就会产生电子-空穴对。其中的空穴被排斥到耗尽区以外的硅衬底,并通过接地消失;而光生电子将被势阱收集,势阱收集的光生电子数量和入射到势阱附近的光强成正比。把每一个势阱吸收的若干个光子电荷称为一个电荷包。

CCD 是由众多紧密排列相互独立的 MOS 元(电容器)构成的,在栅电压作用下,在硅衬底上就会形成众多个相互独立的势阱。此时,如果照射在这些光敏元上是一幅明暗起伏的景象,那么这些光敏元就会感生出一幅与光照强度相应的光生电荷图像,亦即把一幅光图像转换成一幅电图像。这就是摄像器件 CCD 的光电转换效应。

为了读出存放在 CCD 中的电子图像,CCD 还必须备有信号转移功能,它依靠相脉冲驱动电压来实现,见图 4－18(a)。在图中顺序排列的电极上施加交替升降的 3 相时钟脉冲驱动电压,当 $t=t_2$ 时,相 φ_1 电压下降,相 φ_2 电压跳变到最大,电极下形成深势阱,见图 4－18(b)。根据电荷总是向最小势能方向移动的原理,电荷包便从相 φ_1 的各电极下向相 φ_2 的各电极下形成的深势阱转

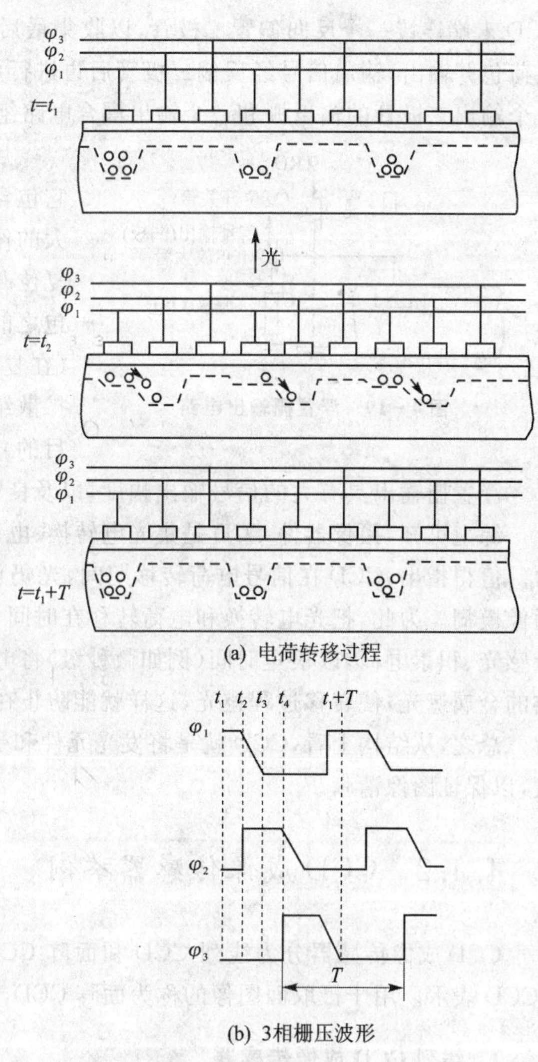

(a) 电荷转移过程

(b) 3相栅压波形

图 4－18　CCD 基本工作原理

移。到 t_3 时刻,全部电荷包已转移完毕。从 $t=t_4$ 开始,相 φ_2 电压下降,相 φ_3 电压跳变到最大,于是电荷包又从相 φ_2 电极下向前转移到相 φ_3 电极下形成的深势阱。当第二个重复周期开始时,又重复上述的转移过程,而每个周期 T 都完成一个像素的转移。于是,交替升降的 3 相驱动时钟脉冲,便可完成电荷包的定向连续转移,在 CCD 末端就能依次接收到原先存储在各个电极下势阱中的电荷包。以上就是电荷转移过程的物理效应。

为了从 CCD 末端最后一个栅电压下势阱中引出电荷包,并检测出它输出的电图像,在 CCD 末端连接一个反向偏置二极管,以收集最后一个栅电压(这里为相 φ_3 电压)下势阱中的电荷包并输出,输出信号经反偏二极管后再进行放大,便可得到有用的电图像。此输出部分由一个输出二极管的输出栅和一个输出耦合电路组成。

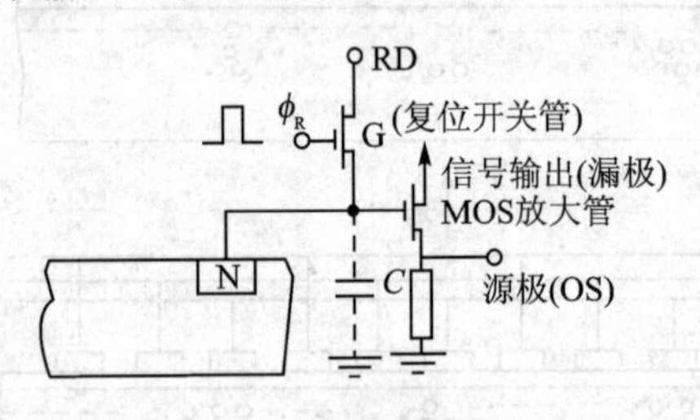

图 4－19　浮置栅输出电路

目前最常用的 CCD 输出方案是浮置栅输出,它包含两个结型场效应管,兼有输出检测和前置放大的作用。浮置栅输出电路如图 4－19 所示。其中复位开关管的作用是,在准备接收下一个信号电荷包之前,必须将浮置扩散结的电压恢复到初始状态(在复位栅 ϕ_R 上加复位脉冲使复位管开启,将浮置扩散结的信号电荷经漏电极 RD 漏掉,达到复位目的)。

浮置栅输出具有大的信号输出幅度,以及良好的线性和较低的输出阻抗。

综上可知,摄像器件 CCD 是集光电转换、电荷存储和转移以及电荷输出为一体的功能器件。值得指出,CCD 在信号电荷转移期间,光仍可照射光敏区,使电荷包偏离原照射值,导致图像模糊。为此,把光电转换和电荷转移在时间上分割开,以较长时间(例如 20～30 ms)的进行感光、积累电荷,以很短时间(例如微秒级)将电荷包转移到读出移位寄存器部分,并用铝之类的金属遮光,使转移过程避光,这样就能防止在转移中因感光而引起的图像模糊。

总之,从结构上看,CCD 就是将发光元件和受光元件完全封装起来,并将外部光线加以遮蔽,以保证图像清晰。

4.4.2　CCD 成像传感器举例

CCD 成像传感器分为线列 CCD 和面阵 CCD 两大类。摄取线图像的称为线列 CCD,用 LCCD 表示。用于摄取面图像的称为面阵 CCD,用 SCCD 表示。

1. 线列 CCD 成像传感器

图 4－20 所示为单通道 LCCD 成像传感器简图。它由 CCD 摄像器件、驱动电路、信号处理电路(图中未画出)和放大器等组成。其中 CCD 的光电转换(光敏区)和 CCD 的电图像转移

(移位寄存器)分开为独立的两部分。移位寄存器部分由不透光的铝层覆盖,以实现光屏蔽,避免在转移过程中由于感光而引起图像不清。

在光电转换部分完成电荷积累(一般约 25 ms)以后,接通转移栅(也称传递门),使积累的电图像迅速被转移到 CCD 的读出移位寄存器。然后,当光电转换部分再次开始积累电荷时,3 相时钟脉冲驱动使电图像移到输出端,经信号处理和放大,输出可用信号。这一过程大约需时间 2～3 ms。

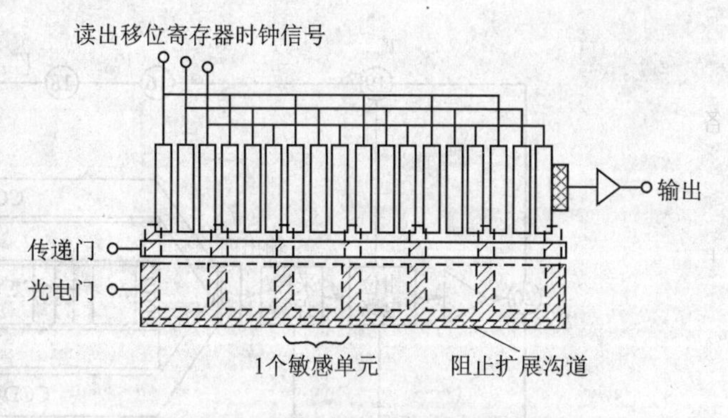

图 4-20　单通道线列成像传感器结构

单通道的转移次数多,电荷包转移效率低,为了降低电荷包在转移时造成的损失,应尽可能减少转移次数,因而提出了双通道型。这样,在相同光敏单元数的情况下,双边转移次数为单边的一半,故总的转移效率比单边的高。图 4-21 所示为一种双通道 LCCD 成像传感器原理图。CCD 的移位寄存器并排在光敏区的两侧,并给予遮光。在电荷积累结束后,传递门交替地把各电极下积累的电荷分别迅速地转移到读出移位寄存器 A 和 B 中,然后再由 3 相时钟脉冲驱动,交替地将电图像移至输出端,经信号处理和放大后输出。

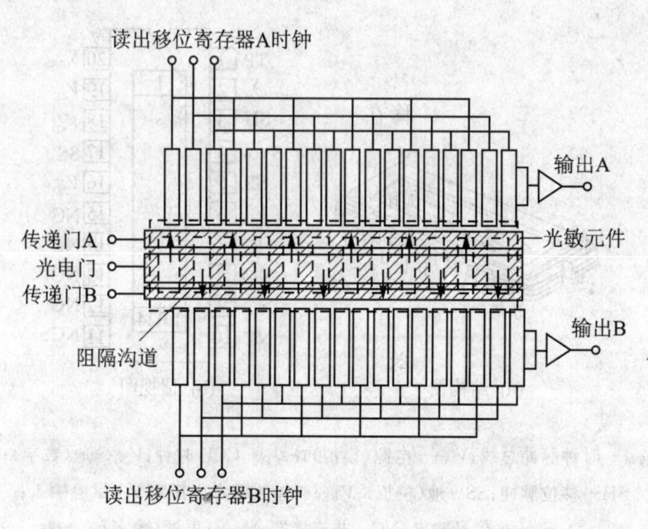

图 4-21　双通道线列 CCD 成像传感器结构

图 4-22 所示为 1 024 个单元的双通道线列 CCD 成像传感器的框图。它含有 CCD 驱动电路、1 024 个像传感器单元的信号预处理电路。CCD 驱动电路由脉冲发生器和驱动器组成,

因此，它可用脉冲信号（φ_M、φ_{CCD}和SH）驱动；信号预处理电路由钳位电路、采样/保持电路和放大器组成。图4-23所示为该传感器引脚图。脉冲驱动的相时序在图4-24中。

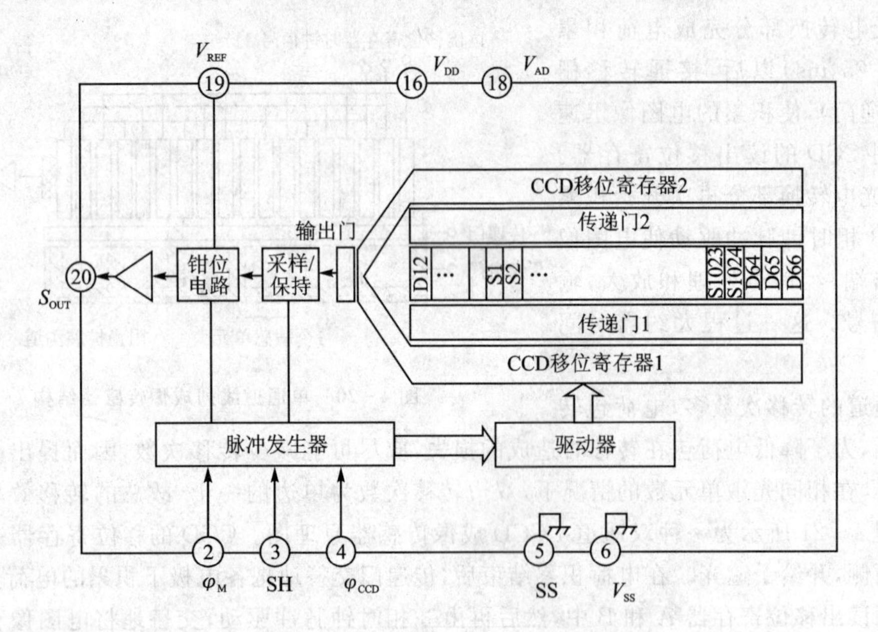

图4-22 双通道线列CCD成像传感器框图

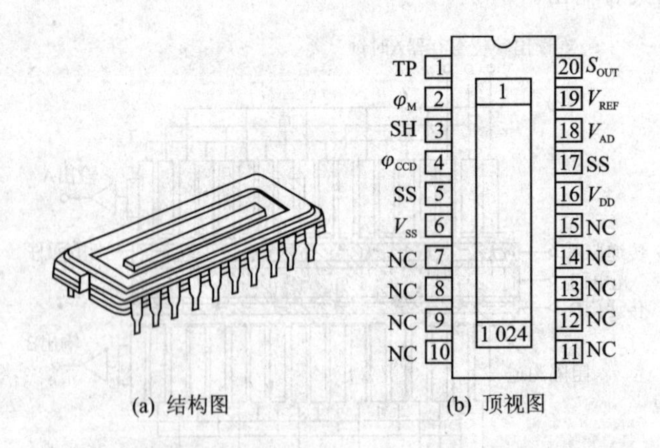

(a) 结构图 (b) 顶视图

φ_M—时钟脉冲总线；V_{AD}—电源（模拟）；φ_{CCD}—CCD时钟；V_{SS}—地（数字）；

SH—移位脉冲；SS—地（模拟）；V_{REF}—输入参考电压；TP—试验输入；

S_{OUT}—信号输出；NC—非连接端；V_{DD}—电源（数字）。

图4-23 双通道线列CCD成像传感器引脚图

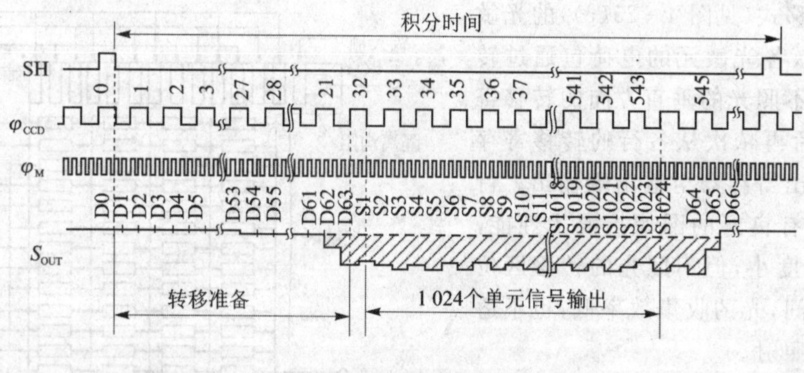

图 4－24　相时序图

2. 面阵 CCD 成像传感器

面阵成像传感器用于检测二维的平面图像。它有多种类型，常见的有行转移式(LT)、帧转移式(FT)和行间转移式(ILT)，如图 4－25 所示。

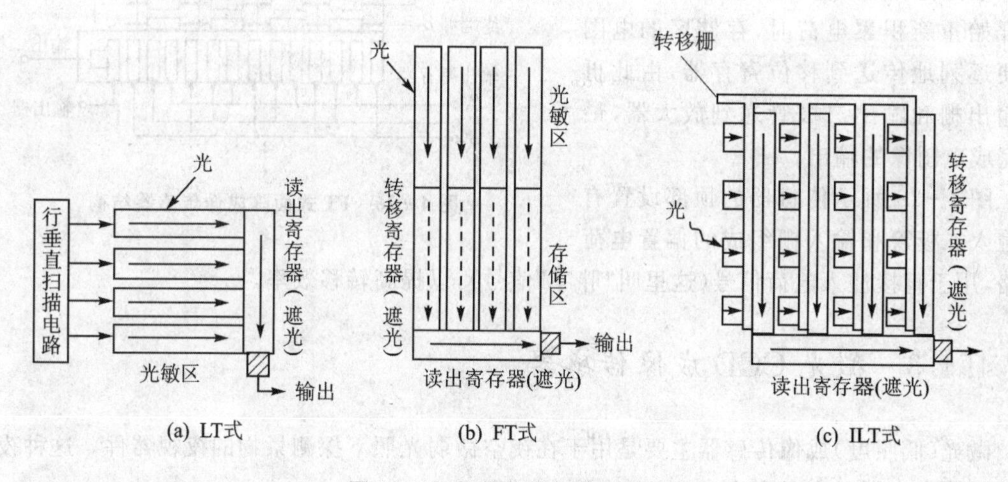

图 4－25　面阵成像传感器类型

行转移式(见图 4－25(a))由行垂直扫描电路、光敏区、读出寄存器组成。行转移式的选行时钟驱动电路较复杂，且在电荷转移过程中，光积分还在进行，故很难防止图像模糊，因而它不实用。

帧转移式(见图 4－25(b))由光敏区、存储区、读出寄存器组成。在光敏区光积分结束后，先将电荷包从光敏区快速转移到存储区，存储区表面有不透光的覆盖层；然后再从存储区一行一行地将电荷包通过读出寄存器转移到输出端。在读出期间，下一次光照又进行光积分，依次类推。这种方式的图像模糊程度比行转移式有所改善，时钟电路较简单。

行间转移式(见图 4-25(c))的光敏元彼此分开,各光敏元的电荷包通过转移栅转移到不照光的垂直方向的转移寄存器中,然后再依次从各行的转移寄存器传送到读出寄存器至输出端输出。行间转移式具有良好的图像抗混淆性能,图像模糊程度小,但不照光的转移区位于光敏区中间,光的收集效率低,也不适宜光从背面照射。

图 4-26 为 FT 式面阵成像传感器结构。它由光敏区(成像区)、输入寄存器、输出寄存器和存储区组成。存储区都是光屏蔽的。光敏区经过光积分,将积累电荷包快速转移到存储区。在光敏区开始重新积累电荷时,存储区的电图像便逐列地传送到移位寄存器,由此再经输出栅和输出二极管送到放大器,最后完成电图像的输出。

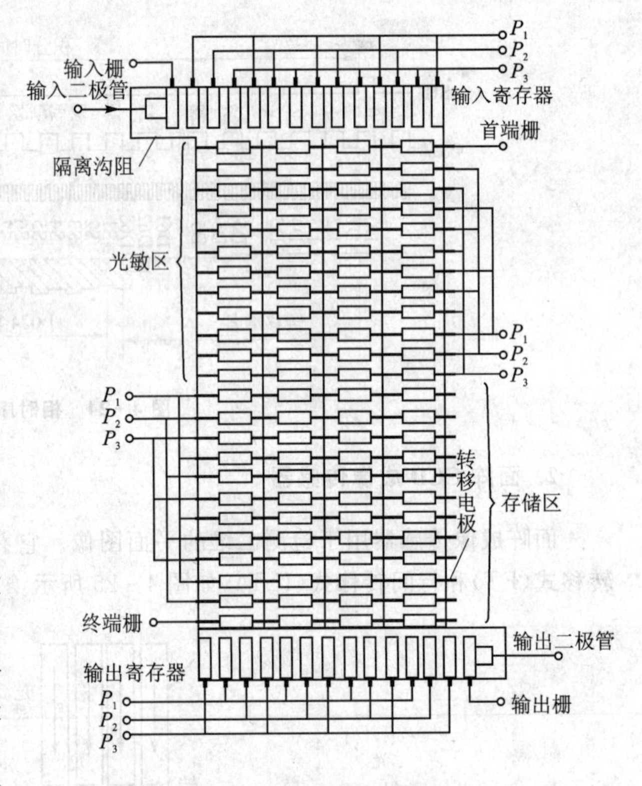

图 4-26 FT 式面阵成像传感器结构

图 4-26 所示传感器的顶部设置有由输入二极管和输入栅组成的偏置电荷电路,用于直接注入电荷信号(这里叫“胖零”信号),以提高转移效率。

4.4.3 微光 CCD 成像传感器

微光(低照度)成像传感器主要是用于在夜空微弱光照下探测景物的夜视器件。这种夜视器件对军事应用具有吸引力。

由于夜空的月光和星光辐射主要是可见光和近红外光,其波段正好在 Si-CCD 的响应范围之内,所以 Si-CCD 在室温下可摄取月光下的景物,低温下可摄取星光下的景物。表 4-3 给出了几种微弱光下景物照度的近似参考数据。

利用图像增强器和 CCD 耦合起来,可得到光电灵敏度很高的微光 CCD 成像传感器,在非冷却条件下便可在低照度下摄取景物光图像。图 4-27 给出了这种 CCD 图像增强器结构。它是一种真空管式的摄像管,光敏面采用在光纤端面上带有光阴极的结构,在另一端封装有背面照射 CCD,中间配置静电聚焦用的电极,把入射光在光纤光阴极面上成像,再从光阴极上发射光电子,并用数千伏的电压加速它,使增强了的光电子束像再次在 CCD 的背面上聚焦。

用这种方法，灵敏度可提高几千倍。这类微光成像传感器已发展到相当高的水平，并在夜视中应用。

表 4-3　几种微弱光的照度

微弱光	照度/lx	微弱光	照度/lx	微弱光	照度/lx
八等星	1.4×10^{-9}	半月晴朗	1×10^{-1}	黄　昏	1×10^{2}
无月有云	2×10^{-4}	全月晴朗	2×10^{-1}	阴　天	1×10^{3}
无月晴朗	1×10^{-3}	微　明	1	晴朗白天	1×10^{4}
$\frac{1}{4}$月晴朗	1×10^{-2}	黎　明	10	太阳直射	1×10^{5}

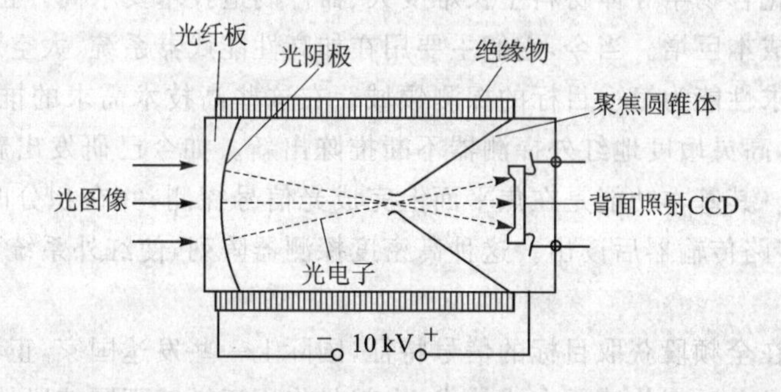

图 4-27　CCD 图像增强器结构

还有用不同的技术制作微光 CCD 的。如利用时间-延迟-积分(TDI)技术。它利用增加像素的数目来增加积累电荷数，以提高成像传感器对微光的灵敏度。所制成的 TDI-CCD 也有很好的微光性能，已经实用于微光成像系统。

4.5　红外传感器

红外辐射在电磁波谱中位于波长高于可见光谱的部分，其波长在 1 μm 到数 10 μm 之间(参见图 4-1)。能够对红外辐射敏感并转换成电信号输出的探测器称作红外探测器(传感器)。二维阵列的红外探测器叫做焦平面阵列。红外成像探测器对红外波谱中的三个波段最为敏感，它们是短波红外，波长为 1～3 μm；中波红外，波长为 3～5 μm；长波红外，波长为 8～14 μm。这 3 个波段的红外线在大气中传播的透射率高，也就是大气对红外线吸收比较少的波段，形象地称为“大气窗口”，已被开发利用。

红外辐射探测器主要分两类：热探测器和光子探测器。热探测器是指接收红外辐射后，自身温度发生变化，从而引起热敏元件的电学或力学性质发生变化，通过检测这种变化来感知红外光。因为这种热检测机理是依赖于吸收红外能量，故其响应时间要比光子探测器长，信噪比和探测灵敏度都比光子探测器低，热探测器性能也差些。但其响应波段范围宽，无波段要求。热探测器最大优点是在室温条件下工作，无须冷却条件。在很多军民两用场合得到广泛应用，如夜视、矿源探测以及消防和工业控制等。

红外光子探测器是指接收红外辐射后，利用半导体材料的光子效应，如光导效应和光电效应制成的探测器。不同材料的光子探测器，其响应波段范围有很大差别，即它们对波长有选择性。光子探测器响应快、比热探测器高出几个数量级，探测灵敏度高、比热探测器高出两个数量级，能检测到微弱的红外辐射。但大多数光子探测器必须在低温状态下工作才能显示出优良性能，如 77 K 甚至更低。这是因为在室温下热激发的电子-空穴对远多于红外线产生的电子-空穴时，使得红外成像几乎不可能实现。另外，光子探测器大都用化合物半导体材料制成，以获得优良性能。化合物半导体材料生长难度大、器件制造技术要求高。正是这些因素，使得光子探测器的制造成本巨增。当今，它们主要用在如高性能武器系统、太空观察设备和国防敏感技术等一些以追求性能为第一目标的探测领域。在这些高技术需求的推动下，红外光子探测器得到迅速发展，高灵敏度地红外探测器不断推陈出新。如今已研发出新颖的集成式红外焦平面阵列探测器。其基本功能是在焦平面上完成光信号探测，并在积分时间内转换成电信息，由电荷注入至多路传输器后读出。这种高密度探测器阵列，使红外系统可获得较高的图像分辨率和灵敏度。

为了更有效地在全频段获取目标的信号特征，国际上一些发达国家，正在研究和发展多频(光)谱探测器。这是一项多传感器合成技术，也就是将用于敏感不同波段的探测器相互结合，实现包括红外、可见光、紫外和 X 射线波段的探测，充分扩展目标可探测性范围，以免漏掉特定目标的识别。比如，在高速飞行导弹的探测中，就利用了紫外波段，因为高速飞行产生的冲击波提供了紫外辐射。所以除了研发有重要应用的红外探测技术外，还应关注多光谱技术的发展和应用。以便对特定目标的搜索。而本章以下将着重介绍红外探测器。

4.5.1 光导型红外探测器

基于光导效应制成光导型红外探测器的检测范围可从紫外区到远红外区。红外、远红外的高灵敏度探测器多属于这一类，可制成单元和多元阵列器件，根据不同需求，能在 4～300 K 的宽温度范围内工作(见表 4-2)。为了保证低温工作条件，探测器的结构设计至关重要，必须考虑到与制冷器的配合、密封和组件的合理选择。常温条件下工作的探测器结构设计比较简单，只要提供保护外壳，引出电极和透红外窗口即可，如图 4-28 所示。

图 4-29 为带半导体制冷器的探测器结构。这种结构形式的探测器，一般工作在 195～300 K 温度之间，制冷器的冷端直接安装探测器的敏感芯片，热端与外壳底座相连，并外加散热器。半导体制冷器和探测器敏感芯片均封装在真空腔中。

图 4－30 为低温杜瓦瓶结构，采用这类结构的探测器大多工作在 100 K 以下，以 77 K 工作温度为主。有些锗、硅掺杂的光导体器件常工作在 4～60 K 之间，这些探测器的敏感芯片都必须封装在高真空度的杜瓦瓶中。若探测器工作温度为 77 K，环境温度为 300 K，就必须采取绝热措施，以保证探测器正常工作，高真空杜瓦瓶结构是实现绝热的好办法。此外，透红外窗口还必须满足探测器工作波段的要求。图 4－31 为探测器杯状杜瓦瓶结构示意图。

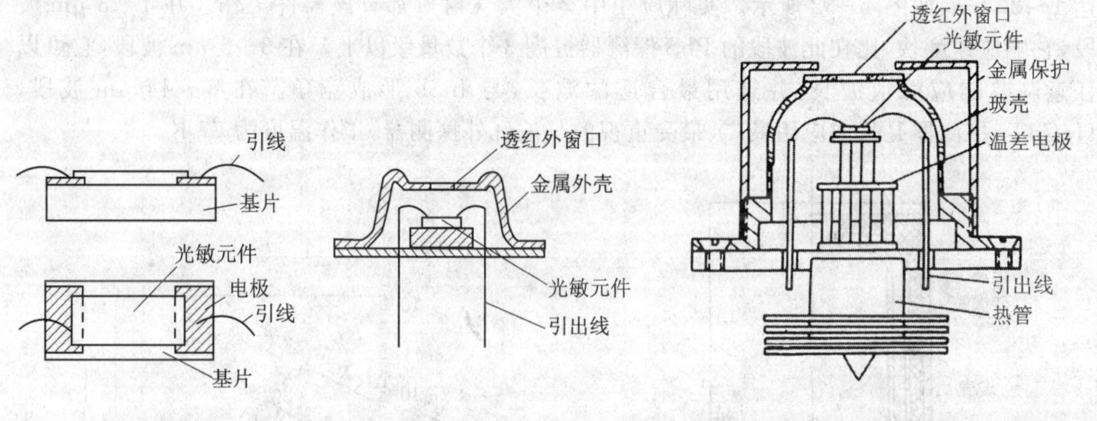

图 4－28　常温工作下探测器结构　　图 4－29　带半导体制冷器的探测器结构

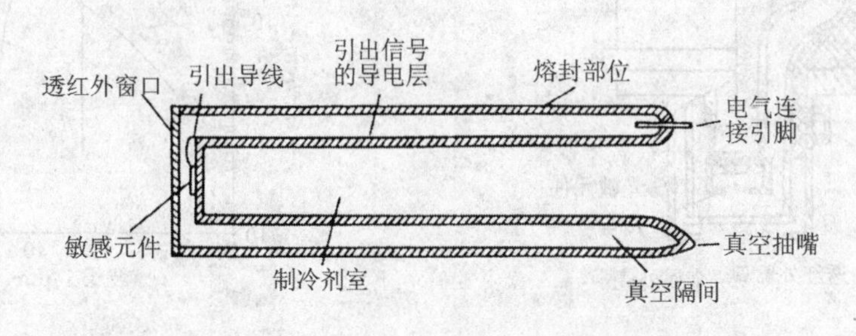

图 4－30　杜瓦瓶结构

常用的光导型红外探测器有硫化铅(PbS)、硒化铅(PbSe)、锑化铟(InSb)、碲镉汞($Hg_{1-x}Cd_xTe$)、锗掺汞(Ge:Hg)、硅掺镓(Si:Ga)等多种。PbS 是在 1～3 μm 波段应用最广的器件，一般为多晶膜结构，阻值适中，响应率高，可在常温下工作，波长上限为 2.5～3 μm。通过冷却可以扩大其使用波长范围。例如用干冰冷却(195 K)，波长可扩展到 3.3 μm，用液氮冷却(77 K)，波长可扩展到 3.7 μm 左右，探测率也超过常温时的值。但响应时间常数较大，电阻温度系数大是其主要缺点。

PbS 探测器在红外探测、制导、跟踪、预警、测温等领域被广泛使用。由于它工作在短波红外(1～3 μm)，故更适合高温目标探测。

InSb 为窄禁带(E_g)材料，被广泛用来制造性能良好的近红外探测器，工作温度为 77 K，目前在 3～5 μm 波段应用最广。它广泛用于热成像跟踪、探测和预警，用于制导可全方位攻击目标。

HgCdTe 材料是由碲化汞(HgTe)和碲化镉(CdTe)按一定比例合成为 $Hg_{1-x}Cd_xTe$ 三元合金。调整组分 x 值，即可改变材料的能带宽度，用它制成的 HgCdTe 探测器的响应波长可达 1～30 μm，如图 4-32 所示。实际应用中 3 个大气窗口都有该器件工作。在 1～3 μm 波段，它响应速度快，比在此波段的 PbS 探测器提高 3 个数量级以上。在 3～5 μm 波段，它可以任意调整响应峰值波长，并选用最合适的波长，与 InSb 形成竞争。在 8～14 μm 波段，HgCdTe 探测器是目前应用最广、最受重视的长波红外探测器，工作温度为 77 K。

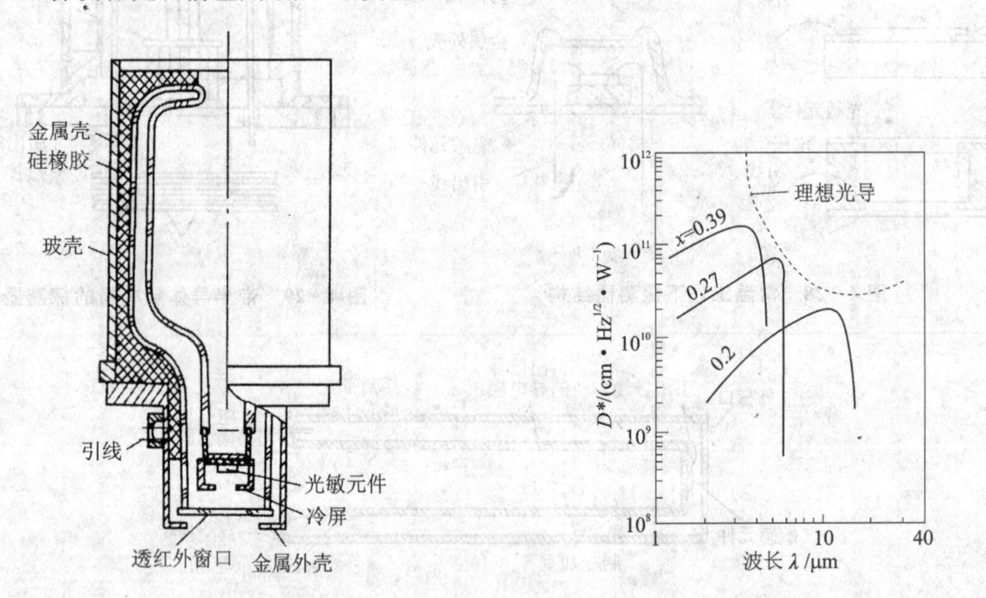

图 4-31 杯状杜瓦瓶结构

图 4-32 不同 x 值 $Hg_{1-x}Cd_xTe$ 探测器的光谱探测率

由 $Hg_{1-x}Cd_xTe$ 材料制成的光导型红外探测器比用其他材料制成的光导型探测器更符合对红外波段的探测要求。因而在激光雷达、激光制导、激光测距、光电对抗、热成像仪等领域被广泛应用。

硅掺杂(Si:X)光导红外探测器以硅材料为基体，掺入不同杂质，会有不同的响应波长(见图 4-33)。但它必须在低温下工作，可以和硅信号处理电路单片集成，因而受到重视。

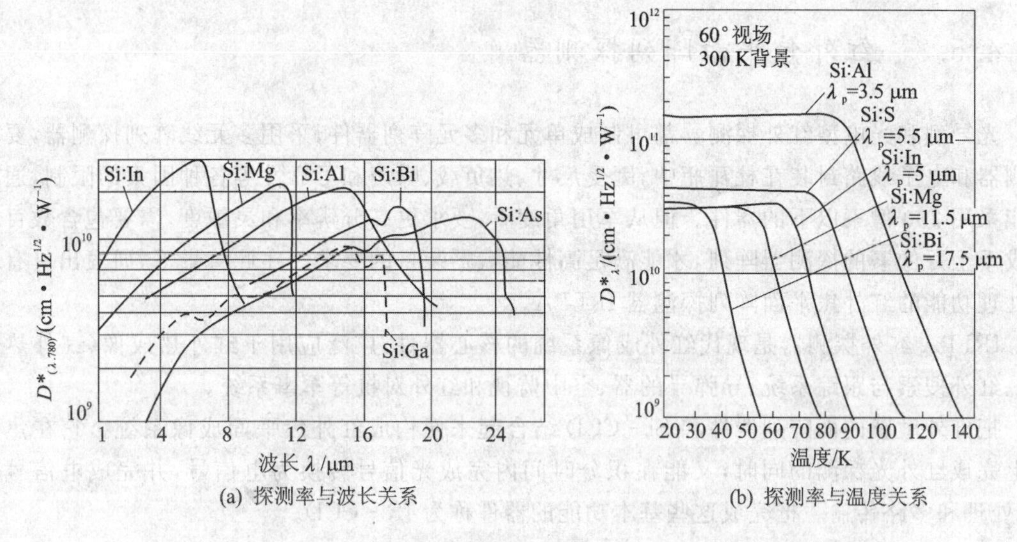

(a) 探测率与波长关系　　(b) 探测率与温度关系

图 4-33　硅掺杂器件探测率与波长和温度的关系(λ_p 为临界波长)

4.5.2　光电型红外探测器

光电型红外探测器是基于光电效应制成的，即在半导体材料中制备出 PN 结，利用 PN 结势垒把光能转换为电能，连接外电路即有电信号输出(见 4.2.3 小节)。

光电型红外探测器主要有 $Hg_{1-x}Cd_xTe$、InSb 和 PtSi(硅化铂)等。PV-HgCdTe 红外探测器和 PC-HgCdTe 一样，将化合物 CdTe 和 HgTe 合成为 $Hg_{1-x}Cd_xTe$ 三元合金，在 P 型 HgCdTe 中将 Hg 扩入，表面形成 N 型层，构成 PN 结，便可制作成 PV-HgCdTe 红外探测器，其结构见图 4-34。

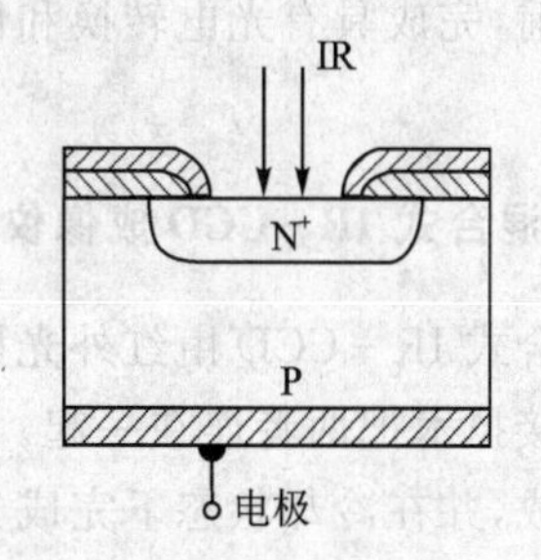

图 4-34　PV-HgCdTe 探测器结构示意图

目前制作的 PV-HgCdTe 探测器可分别工作在常温(300 K)和液氮温度(77 K)。工作在常温的响应波段为 1～3 μm，量子效率 η_0=0.4～0.6，电压响应率为 10^3 V · W^{-1}。工作在 77 K 的响应波段为 8～14 μm，峰值响应波长约为 10.6 μm，D^* 值达(1～6)×10^{10} cm · $\sqrt{Hz}$ · W^{-1}，量子效率 η_0=0.3～0.4，响应频率为 700 MHz～1 GHz。

4.5.3 红外焦平面阵列探测器

光导型和光电型红外探测器都可制成单元和多元阵列器件，采用多元线阵列探测器，要将探测器和电子线路封装在杜瓦瓶中，因受尺寸、热负载、噪声和可靠性等各种因素的限制，通常只能采用200像素以下的器件。但从军用角度看，要求更高分辨率和灵敏度，需要包含数百乃至成千上万像素的探测器阵列，才能满足高性能武器装备的要求。在此背景下，研发出具有信号处理功能的红外焦平面阵列探测器IRFPA。

IRFPA红外探测器是现代红外成像系统的核心器件，广泛应用于红外热成像(红外热像仪)、红外搜索与跟踪系统、导弹寻的器、空中监视和红外对抗等军事系统。

把红外敏感的面阵列器件和Si-CCD结合起来便构成红外焦平面成像系统。它在焦平面上完成红外光探测的同时，又能在积分时间内完成光信号转换为电信号，并完成电信号转移、处理和多路传输。把完成这些基本功能的器件称为IR-CCD。

IR-CCD的主要优点是：

① 全被动式工作，即无需配置辐射源，完全利用目标自身的红外辐射成像，不易被对方发觉和干扰。

② 可在黑夜或浓厚的烟幕、云雾中探测和识别目标，能昼夜24 h执行任务。

③ 灵敏度高，可供探测距离大于威胁距离，从而提高了系统的监测能力和安全性。

④ 可自动跟踪移动目标。

⑤ 识别伪装目标的能力强。

目前，完成具有光电转换和信号处理功能的IR-CCD的设计方案分为混合集成式和单片集成式。

1. 混合式IR-CCD成像仪

混合式IR-CCD由红外光探测部分、信号电荷转移和处理部分组成。两部分分别制备，再用连接技术把两者连在一起。红外探测部分由窄禁带半导体(如HgCdTe、InSb、InAs等)材料制成，并在冷却状态下完成光电转换功能，而信号电荷转移和处理部分则由Si-CCD完成，并在常温下完成信号处理和多路传输。图4-35给出两者基本结构连接的原理图。

图4-36为目前最流行的混合式IR-CCD结构。在红外探测器阵列芯片和Si-CCD信号处理芯片上分别预先作上铟柱，然后通过两边的铟柱将红外探测器芯片正面的每个光敏元与Si-CCD信号处理芯片对应地(一对一)对准配接起来，组成混合式IR-CCD。这种互连详示在图4-37上。

为了获得足够高的红外光像分辨率，必须用成千上万个像素构成红外面阵芯片。显然，像素的数目越多，红外探测器芯片与Si-CCD之间的互连难度就越大。

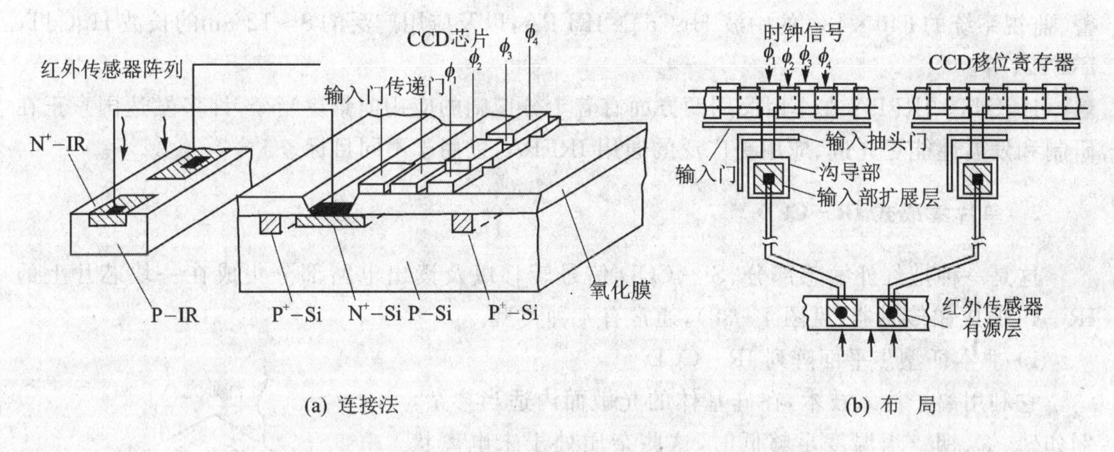

(a) 连接法　　(b) 布　局

图 4-35　混合式 IR-CCD 连接和布局

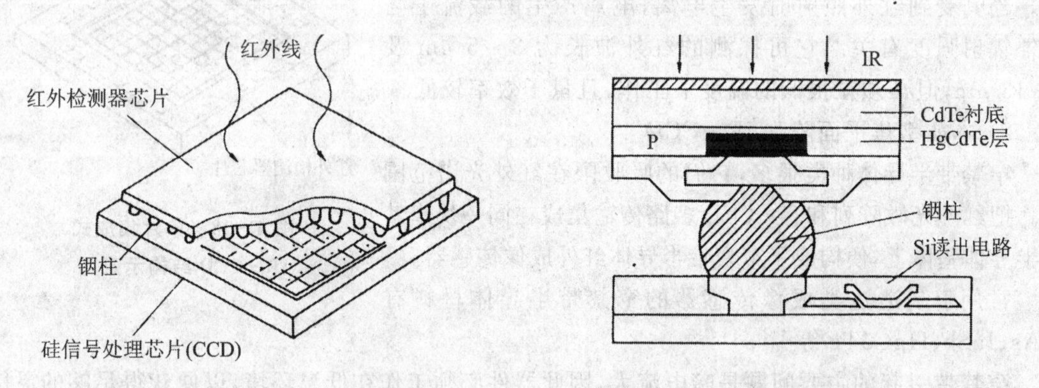

图 4-36　混合式 IR-CCD 结构

图 4-37　红外探测器阵列与 Si-CCD 信号处理芯片的铟柱互连

混合式 IR-CCD 另一个重要问题是红外敏感阵列和 Si-CCD 读出电路之间的电耦合，也就是如何把红外检测器阵列收集的信号电荷有效地传输到 Si-CCD 势阱中，并进行多路传输后读出。通常有两种电耦合输入电路：一种是把红外检测器阵列发出的电荷量注入 Si-CCD势阱中的直接注入型；另一种是把红外辐射光不直接变换为信号电荷，而是用来控制注入 Si-CCD 读出沟道的电荷量，它的电势由照度来控制，这样注入 Si-CCD 的电荷量便和照度值成一定的比例关系，称为间接注入型。间接注入电路较直接注入电路复杂，但能达到改善注入效率，提高响应频率和降低噪声的目的。

HgCdTe 材料是目前研制红外检测器阵列最重要的材料，研发 HgCdTe IRFPA 是当前的主攻方向。通常，HgCdTe IRFPA 是由 HgCdTe 光电型红外检测器阵列和硅信号处理芯片的读出电路通过铟柱互连组成混合式 IR-CCD 结构（见图 4-37）。典型实例有用于空间成像光谱仪的 1 024×1 024 的短波（1～2.5 μm）HgCdTe IRFPA，用于战术导弹寻的器和战略预警、监视系统的 640×480 的中波 HgCdTe IRFPA,以及应用广泛的 8～12 μm的长波 HgCdTe IRFPA 等。

HgCdTe IRFPA 在军用民用两方面有着十分广阔的应用前景。当今,许多发达国家正在研制和发展性能更先进、应用更广泛的通用 IRFPA,以用于不同目标。

2. 单片集成式 IR－CCD

这是一种把红外敏感部分、Si－CCD 信号转移以及读出电路部分集成在一块芯片上的 IR－CCD成像传感器(见图 4－38),通常有 4 种类型。

1) 非本征型焦平面阵列 IR－CCD

它利用离子注入技术,在硅基体的光敏面内适当掺杂,例如磷、镓、铟。当温度足够低时,这些杂质处于未电离状态。当其受到红外照射时发生电离,电离产生的载流子与红外辐射强度有关。它可探测的红外波长为 3～5 μm 及 8～13 μm,但必须在很低的温度下工作,且量子效率较低。

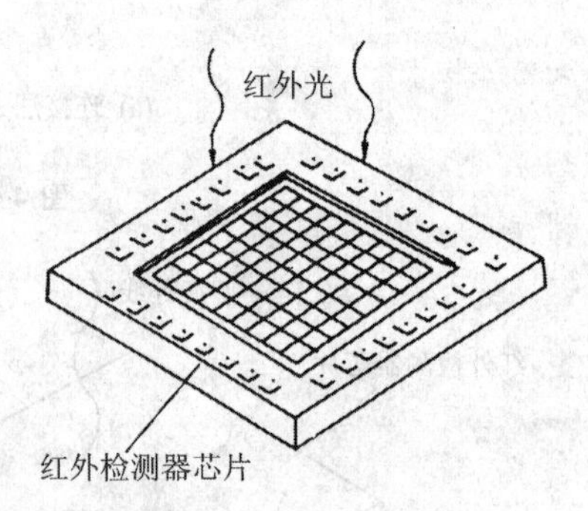

图 4－38　单片集成式 IR－CCD 结构示意图

2) 本征型焦平面阵列 IR－CCD

窄禁带半导体种类很多,它们的吸收限在红外光谱范围内。把红外光敏阵列和 Si－CCD 多路传输集成在同一块窄禁带半导体基体上,便构成了窄禁带半导体红外成像传感器。

常用于制造这类成像传感器的窄禁带半导体材料有 InAs、InSb、HgCdTe 等。

窄禁带引起的主要问题是暗电流大,因此器件必须工作在低温环境,以便获得足够的灵敏度和积分时间,但对低温的要求没有掺杂硅类那么严格。由于基体的材料是本征的,光吸收一般比较强,故可得到较高的量子效率和探测能力。

3) 硅肖特基势垒型 IR－CCD

这种类型的 IR－CCD 利用硅上面直接淀积金属制成肖特基势垒(由于金属与半导体的功函数不同,当它们接触时,电荷发生重新分布,形成空间电荷区,使半导体的能带弯曲。在出现阻挡层时,能带弯曲形成表面势垒,称为肖特基势垒)。对肖特基势垒加反向偏压,使硅表面层进入耗尽状态;然后去掉偏压,当红外辐射作用于金属电极表面时,被金属吸收并产生“热”电子,其中能量超过金属-硅势垒高度时,便注入硅表面,中和耗尽层内的电离化施主。这个过程使耗尽层缩小并使肖特基势垒降低,降低的量正比于光信号强度。在帧周期结束时,单元恢复到起始耗尽电平,这个复位电流便提供了图像的视频信号,通过 CCD 读出。

硅肖特基势垒型红外成像传感器,可利用大规模和超大规模集成电路工艺制造,故成本低。与混合式红外成像传感器比,它的均匀性好。由于它工作在多数载流子从硅化物注入硅基体的情况,故不会造成相邻光敏元间的串扰,且有自生的抗光晕能力(光晕是指被测光敏元向邻近光泄溢的现象)。

4) 异质结型 IR - CCD

为了降低暗电流,除低温条件外,应选用宽禁带材料;但为了得到宽带响应,又该采用窄禁带材料。为解决这一矛盾,可利用导质结结构,即通常 CCD 电荷转移沟道层采用宽禁带材料,而光吸收区则采用窄禁带材料。前者有利于抑制暗电流,后者满足光谱响应的要求。

综上所述,由于单片集成式 IR - CCD 体积小、封装密度高、可靠性好,最终将成为发展的主导方向,但目前还有若干工艺和有关技术问题尚待很好地解决。在此情况下,混合式更多地被用于制造优良的 IR - CCD 成像传感器。

思考题与习题

1. 论述发光二极管和激光二极管的物理机理,试说明它们共有的几个基本点和特殊点。

2. 论述硅光电二极管(PIN)和雪崩二极管(APD)探测过程的物理基础及在光电探测系统中的应用。

3. 举例说明光电导效应和光电伏效应两种红外传感器物理机理的主要区别及各自的特点。

4. 解读题图 4 - 1 给出的 Si - CCD 摄像器件的电荷存储和转移过程。

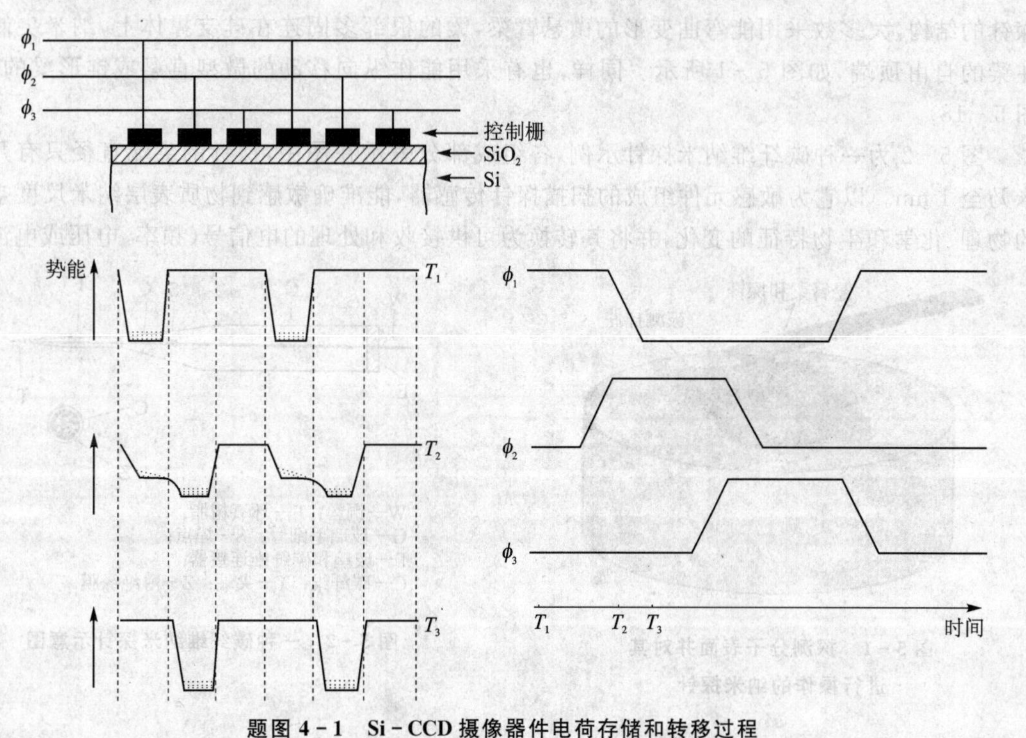

题图 4 - 1　Si - CCD 摄像器件电荷存储和转移过程

第5章 纳米传感器

5.1 概 述

纳米技术是在0.1～100 nm的尺度空间内研究和测控物质的分子和原子结构的一门科学技术。为此，必须设计和制造基于纳米材料和结构的纳米传感器才能实现上述目标。早期，对物质分子和原子结构的特性及其运动规律的探测是采用光学显微镜，从最原始的双透镜起，显微镜技术经历了漫长的发展过程，直至在半导体研究开发过程中，形成了进行微纳米加工的工艺技术，继而制成了以纳米尖为敏感头的功能器件——扫描探针显微镜（Scanning Probe Microscopes，SPMs）。至此，传统的显微镜演变成纳米探针显微镜。如今的扫描探针显微技术已发展成为用于包括生命科学研究在内的纳米尺度探测仪器的有力支撑，例如生物分子成像仪，该仪器中，纳米探针是最关键的核心部件。

制作纳米探针的材料有多种，如金属氧化物、碳纤维、碳纳米管、多孔硅和金刚石等。纳米探针的结构，大多数采用能弯曲变形的微悬臂梁，梁的根部多固连在硅支撑体上，纳米尖制作在梁的自由顶端，如图5-1所示。同样，也有采用能作纵向移动的微型直梁或锥形梁的（见图5-18）。

图5-2为一种碳纤维纳米探针示例，各组成部分表示在图中，探针的尖端直径只有几纳米乃至1 nm。以它为敏感元件组成的扫描探针传感器，能准确敏感到物质表层纳米尺度空间的物理、化学和生物特征的变化，并将其转换为可供接收和处理的电信号（频率、电压或电流）。

图5-1 探测分子表面并对其进行操作的纳米探针

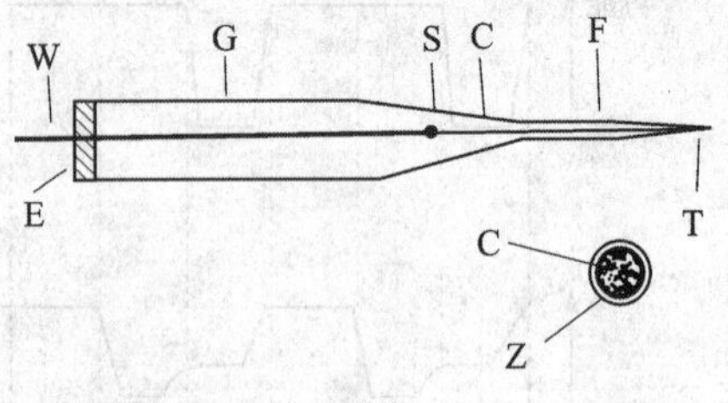

W—铜丝；E—环氧树脂；
G—玻璃毛细管；S—焊点；
F—玻璃和碳纤维连接器；
C—碳纤维；T—尖端；Z—薄绝缘膜。

图5-2 一种碳纤维纳米探针示意图

按扫描探针显微测试原理，代表性的有两类不同的工作模式：一是基于量子隧道效应的扫描隧道显微(Scanning Tunnel Microscopes，STMs)传感器；二是基于被探测物质表面与探针之间相互作用的原子力显微(Atomic Force Microscopes，AFMs)传感器。这两类模式的纳米传感器，可用于探测物质分子表面，并能够操作生成表面状态图像。

除扫描探针显微技术外，基于质量敏感原理，微悬臂梁同样可用做测量固结在梁自由端的微质量分析。使用交流激励，将悬臂梁激励在机械主频谐振、微质量负载变化，引起谐振频率变化，基于二者间的函数关系即可得知微质量的变化量。

微悬臂梁结构同样也能用于化学传感器，基于淀积在悬臂梁表面的敏感层与分析物相互作用，就会引起敏感层的物理化学特性(如质量、体积、光特性或电阻)的变化，同样也可利用机械谐振原理进行检测。

另外，基于巨磁阻或超磁阻效应制成的纳米磁场传感器，可以显著提高计算机磁盘驱动器的速度和容量。

上述提到的纳米化学传感器和纳米磁场传感器本章将不讨论其具体示例。

随着纳米技术的深入研究和日益广泛的应用，新的各具特征的纳米传感器将会不断出现，以满足各技术领域的需求。

5.2　电子隧道传感器的工作原理

对于总能量 E 低于势垒 U_0 的电子，按经典(牛顿)力学理论，它只能在 $x<0$ 的范围内运动，不可能进入 $x>0$ 的区域。如图 5-3 所示的势垒，势能 $U=U_0$ 的势垒区为纳米量级的宽度和厚度。总能量 $E<U_0$ 原来在 $x<0$ 区域的电子，牛顿力学认为，它不可能穿越 $U=U_0$ 的高势垒。但是量子力学(描述微观世界的基本原理)指出，在这种情况下，在 $x<0$ 区域，电子的波函数 $\psi(x)$ 的波动性此时会明显地表现出来，并能穿越薄薄的势垒区出现在势垒的另一侧。这种现象称为量子隧道效应(tunnel effect)，并已被许多实验所证实。例如，α 粒子从放射性核中释放出来就是隧道效应的结果。半导体器件利用电子的隧道效应可以获得某些特殊的性能。可见，实现量子隧道效应的关键是利用微纳米加工技术制成纳米功能器件，构成薄薄的势垒区，这样，当电子受激励时，将从低能级穿越高能级，实现量子的迁移。这表明：纳米功能器件把现实世界与量子世界结合起来了，其实用价值将不同凡响。

以一枚金属(如金、钨)纳米探针和被测样件表面构成的扫描隧道显微传感器为例，其工作原理就是基于量子隧道效应的，如图 5-4 所示。在样件表面有一表面势垒阻止内部电子向外运行，但是，由于隧道效应，表面内的电子能够穿过表面势垒，到达表面外形成一层电子云。这层电子云的密度随着与表面的距离增大而迅速减小，其纵向和横向分布由样件表面的微观结构决定。扫描隧道显微镜就是通过显示这层电子云的分布来观测样件表面微观结构的真实形貌的。

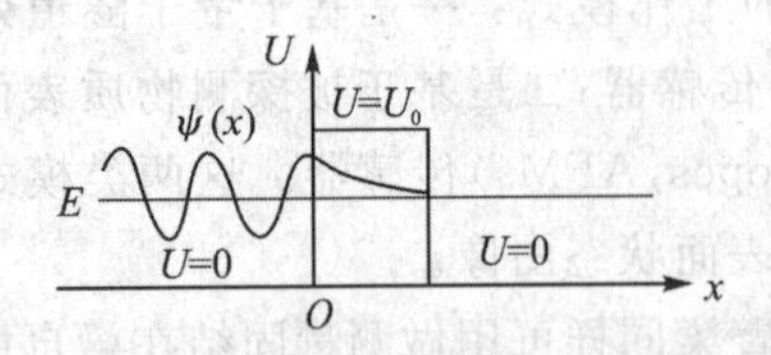

图 5-3 纳米量级宽度的势垒区

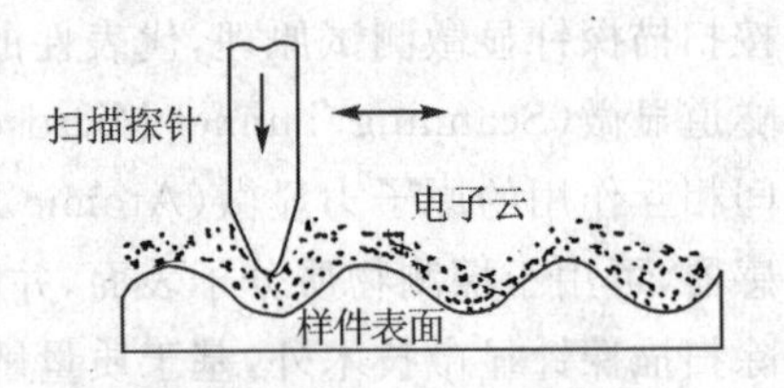

图 5-4 扫描隧道显微镜纳米探针与样件表面电子云示意图

测量时，先将纳米探针推向样件表面，直至两者的电子云略有重叠为止（两者间隙的典型值为1 nm）。这时在探针和样件间加上电压2 mV～2 V，在电场作用下，电子便会通过电子云形成隧道电流。隧道电流表达式为

$$I_t = V_B \exp(-\alpha_I \sqrt{\Phi} x_t) \tag{5.1}$$

式中：V_B 为探针尖端和样件表面电极之间的电压（200 mV 为典型值）；I_t 为隧道电流；Φ 为隧道势垒的有效高度或电极材料的有效功函数（0.5 eV 为典型值）；常数 $\alpha_I = 1.025\ \text{Å}^{-1} \cdot \text{eV}^{-0.5}$（10 Å=1 nm）；$x_t$ 为隧道势垒最短宽度，即隧道探针与样件电极之间最小空隙（1 nm 为典型值）。

由式(5-1)可见，隧道电流与探针和样件隧道之间的电压成比例；与探针和样件电极之间隧道空隙成指数函数关系，表明隧道电流对探针和样件电极间的空隙极其敏感。间隙增大0.1 nm，电流将减小一个数量级，灵敏度极高。对此隧道电流进行探测和处理，就可得知探针尖端与样件表面间的空隙变化，实现纳米范围的测量。这种基于隧道电流效应原理的传感器称为电子隧道纳米位移（或位置）传感器，简称电子隧道传感器。它对位置变化具有极高的灵敏度。

图 5-5 所示就是分别利用扫描隧道显微镜探测到的 Si(111)面 7×7 原子分布结构和 DNA 双股螺旋分子链结构的实例。

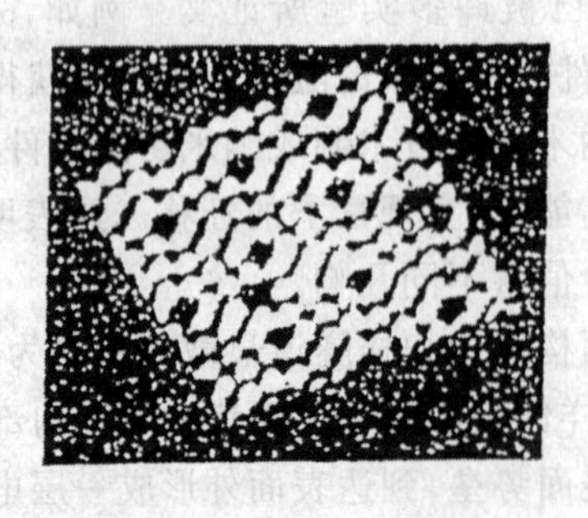

(a) Si(111)面7×7原子分布结构

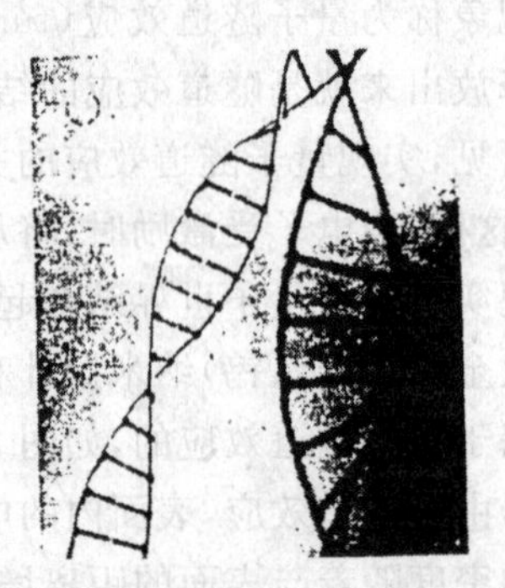

(b) DNA双股螺旋分子链结构

图 5-5 用 STM 探测到的物质表面微观结构

除扫描探针显微技术外，基于电子的量子效应原理还可以构造多种物理、化学和生物的传感器。由于量子效应原理的固有性质不随各种环境条件而变化，故由此制成的传感器得以实现超高灵敏度和精度。

5.3 隧道加速度传感器

基于电子隧道传感器，目前已成功设计和制造了高灵敏度隧道加速度传感器，使加速度传感器的分辨率从 μg 级跃为 ng 级。其关键技术就是采用了电子隧道传感器。比基于压阻效应和电容效应制成的加速度传感器，其灵敏度和分辨率足足高出几个数量级，而且尺寸更小，质量更轻。这种高灵敏度隧道加速度传感器，在导航、微重力、声学和地震等测量领域有广泛的需求。

5.3.1 结构和制造

图5-6为一种基于隧道效应的加速度微传感器原理结构，图5-6(a)是轴侧视图，图5-6(b)为横截面剖视图。传感器整体由悬臂纳米探针、衬底、敏感质量以及顶盖组成，它们分别在不同晶片上制作，然后装配、键合而成。

敏感质量的尺寸为7 mm×7.8 mm×0.2 mm，质量为30 mg，由厚200 μm的双面抛光的P-Si(100)晶片腐蚀而成；用一对并联片簧悬臂支承，片簧厚度为33.2 μm。敏感质量的制作步骤表示在图5-7上。图(a)，对硅晶片热氧化，并覆盖一层低应力的 Si_3N_4 膜；图(b)，光刻和在KOH溶液中腐蚀支承片簧的厚度和敏感质量的边界；图(c)，在敏感质量前沿端部处蒸金并形成一电极；图(d)，在KOH溶液中刻蚀出敏感质量并加以清洗处理。

隧道探针电极制作在低应力的 Si_3N_4 悬臂梁上，悬臂梁由2 μm厚的 Si_3N_4 膜刻蚀而成，表面被Cr/Pt/Au层覆盖。铬(Cr)层起黏附作用，铂(Pt)层用于防止Cr原子迁移到金电极表面。选择金(Au)作为电极是因为它的化学稳定性好，并具有较高的功函数。选用低应力 Si_3N_4 材料制作悬臂梁，为的是防止探针尖端万一受碰撞时损伤金电极。这里设计的 Si_3N_4 悬臂梁的谐振频率为40 kHz，远离敏感质量的工作频率(1 Hz～1 kHz)。

悬臂隧道探针的制作步骤如图5-8所示。图(a)，对P-Si(100)晶片用湿法扩散氧化；图(b)，光刻和在KOH溶液中刻蚀出硅尖；图(c)，在硅梁上淀积2 μm厚的低应力 Si_3N_4 层，形成 Si_3N_4 悬臂梁和针尖，用离子刻蚀界定出悬臂梁和压膜阻尼孔；图(d)，用Cr/Pt/Au对悬臂梁金属化，最终在KOH溶液中刻蚀出悬臂梁电极和压膜阻尼孔。

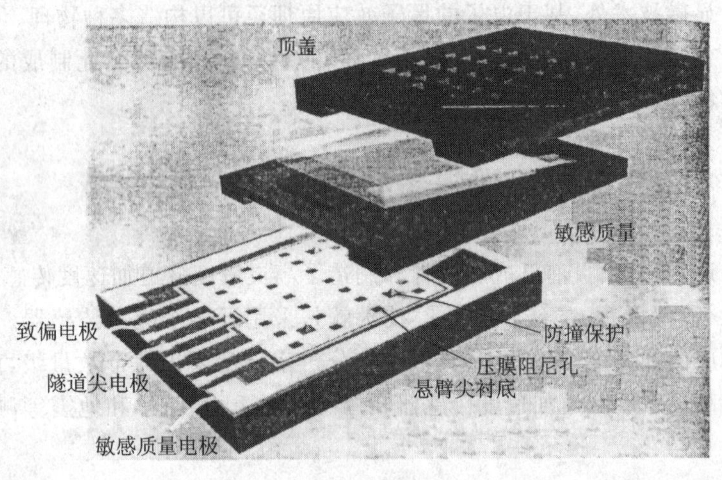

(a) 轴侧视图

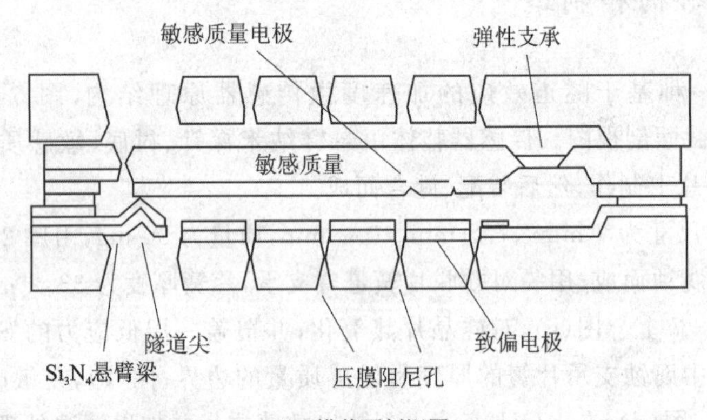

(b) 横截面剖视图

图 5-6　隧道加速度微传感器原理结构

隧道加速度传感器的敏感质量表面电极与探针尖端电极之间的隧道空隙标称值为 1 nm，隧道电流 I_t 显示的静态值为 1.4 nA。

当安装该加速度传感器的载体(如飞行器等)有垂直方向的加速度时，敏感质量将偏离平衡位置，隧道电流随之发生变化。由于隧道电流的变化量与敏感质量的位移是指数关系，所以隧道加速度传感器具有极高的灵敏度，能分辨 μg～ng 量级的加速度值，并且无需应用昂贵的高性能集成电路。

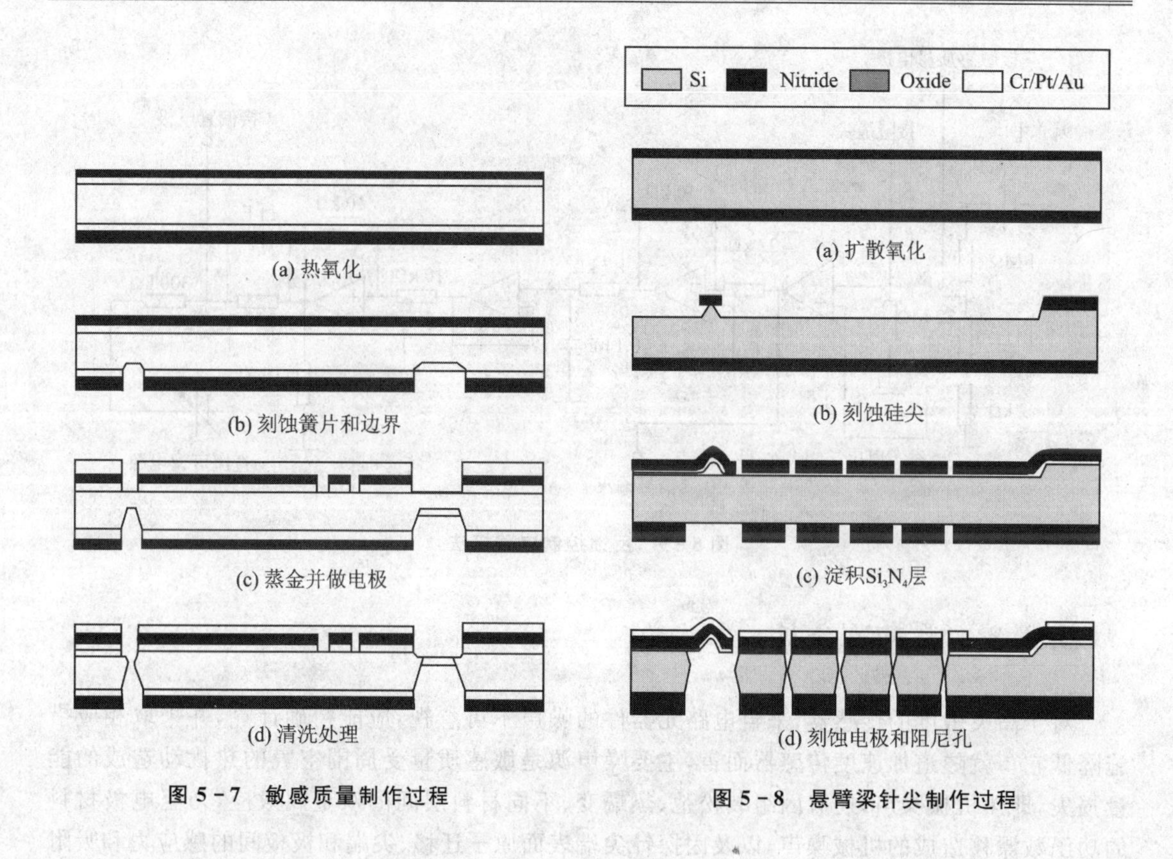

图 5-7　敏感质量制作过程

图 5-8　悬臂梁针尖制作过程

5.3.2　反馈控制电路

为了提高加速度测量的稳定性和测量精度以及展宽动态范围，本传感器采用 0 位力平衡反馈控制，即敏感加速度的质量块依靠其闭环反馈电路，始终保持在非常接近 0 位移位置上工作，也就是保持探针尖端电极与敏感质量电极间的空隙不变。一般情况下，在敏感质量的位移小于 0.1 nm 时，仍可通过调节反馈电路参数，确保获得可靠的输出。

图 5-9 是对该隧道加速度传感器设计的反馈控制电路。图中敏感质量电极、偏置电压＋15 V 以及 1 MΩ 电阻部分用于确保传感器输出一个稳定的隧道电流 I_t；参考电压部分用于平衡静态值，以保证 0 输入和 0 输出；设置的 22 MΩ 电阻，为的是将隧道电流转换为电压值；还设置了可调放大倍数的低噪声放大器，以免波形失真；低通滤波器用以滤掉高频噪声；跟随器部分用来隔离滤波电路，便于滤波电路的设计和计算；加速电路部分用以促使快速传递交流信号；300 kΩ 电阻用以提高传感器阻抗。控制电路形成的反馈信号施加在偏离 0 位移的电极上，产生静电力，使敏感质量恢复到 0 位移的位置上，实现再平衡。

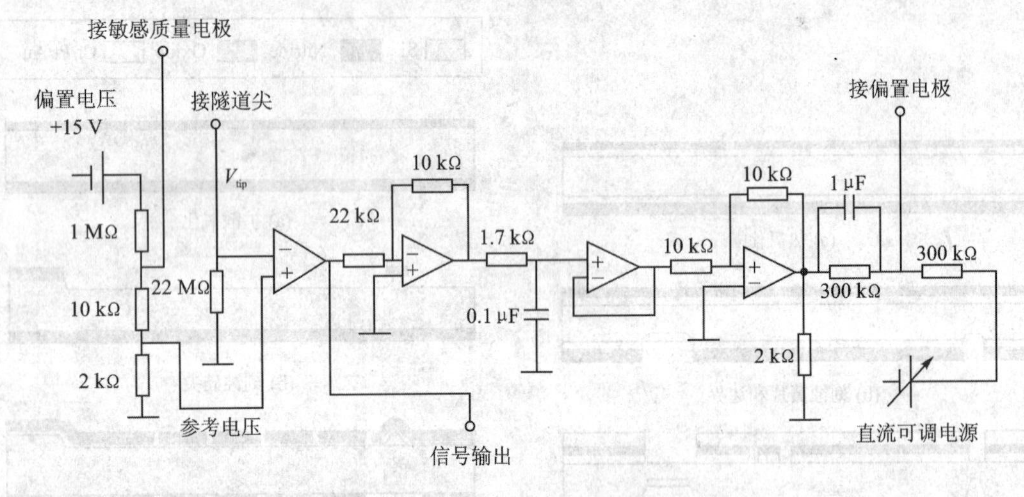

图 5-9　反馈控制电路接法

5.3.3　噪声源分析

对于高灵敏度的传感器，来自电路元器件的噪声不可忽视，应能精确计算，并采取相应措施降低它。就隧道加速度传感器而言，主要噪声源是敏感质量受周围空气的热扰动造成的能量损失，即热机械噪声；还有因组装松弛、热蠕变、不同材料层间的双金属效应，乃至电极材料的功函数漂移造成的机械噪声，以及因探针尖端表面原子迁移、尖端和极板间的感应力和吸附的游离原子杂质等造成的电子隧道噪声。这些可归属于 $1/f$ 噪声（f 为频率，又称闪烁噪声），该噪声产生的原因复杂，且是低频噪声的主要来源，频率越低，噪声越大。

分析表明，热机械噪声是限制隧道加速度计分辨率的主要因素，热机械噪声是可以计算的，依据热力学定律，每个能态在平衡状态下，其热能为 $k_{B}T/2$。就此系统而言，热机械噪声源产生的幅值，可以转化为等效加速度噪声，并且可由下式计算：

$$\bar{a}_{m}=\sqrt{\frac{4k_{B}T\omega_{r}}{m_{p}Q}} \tag{5.2}$$

式中：k_{B}、T、ω_{r}、Q 和 m_{p} 分别代表玻耳兹曼常数、温度、敏感质量的谐振频率、机械品质因数和敏感质量。

由式(5.2)可知，对于很小加速度信号的测量，若要得到大于噪声的加速度响应，则传感器的敏感质量必须具有低的谐振频率和低的阻尼。图 5-10 给出了热机械噪声和电子隧道噪声两者的综合结果，估计在 20 ng/$\sqrt{\text{Hz}}$以下。开环谐振频率为 100 Hz，频率范围从 5 Hz～1 kHz，机械品质因数 $Q>50$。

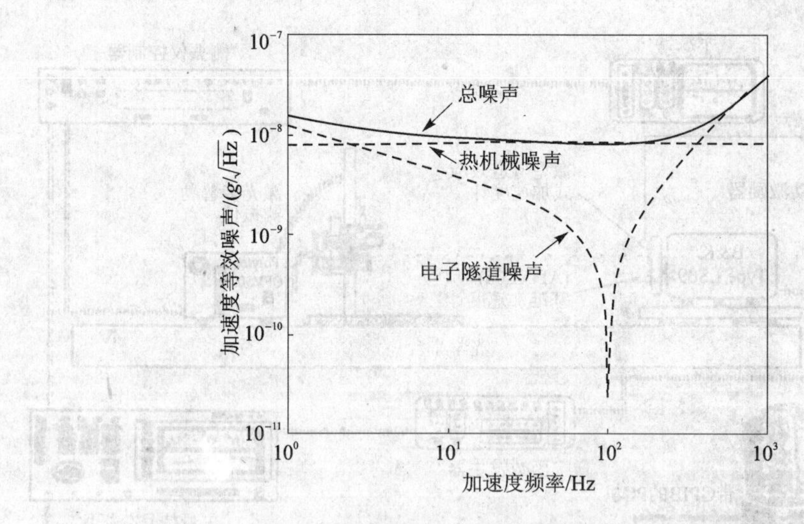

图 5-10　热机械噪声和电子隧道噪声综合图形

而本设计的隧道加速度计，谐振频率为 700 Hz，敏感质量块的质量为 30 mg，机械品质因数 $Q=1.5$，热机械噪声源预计为 0.13 $\mu g/\sqrt{\text{Hz}}$（130 $ng/\sqrt{\text{Hz}}$）。可见，热机械噪声源是我们设计隧道加速度计应首要考虑的因素。

5.3.4　隧道加速度计的特性测试

对于任何 0 位力平衡式加速度计均需测量敏感质量的谐振频率与致偏电压之间的关系。本加速度计采用的测试实验装置如图 5-11 所示。测得敏感质量的开环谐振频率为 700 Hz。而后在致偏电极上施加致偏电压，吸附敏感质量接近探针尖端位置。于此状态下，在致偏电压上添加交变信号 $V_{AC}\sin\omega t$，然后用激光测振仪测出敏感质量的振幅。总静电力与 $(V_{DC}+V_{AC}\sin\omega t)^2$ 成比例，即与 $V_{DC}^2+2V_{DC}V_{AC}\sin\omega t+V_{AC}^2\sin^2\omega t$ 成比例。由于 $V_{DC}\gg V_{AC}$，只有第 2 项对动态控制起主要作用，并且该项取决于 V_{DC} 值。图 5-12 所示为静电驱动与偏压 V_{DC} 之间的响应关系。由图 5-12 可估算（推断）在隧道位置的响应约为 260 Å/V。

为了验证隧道加速度计，现把传感器部分及反馈控制电路组装起来，如图 5-13 所示。图中参考电压用以确定隧道电流；正弦振荡波的频率应在隧道加速度计的带宽以内；反馈控制系统使敏感质量在 0 位平衡位置上振荡。然后用激光测振仪测量隧道尖端电压、致偏电压和敏感质量位置。同时将测量结果记录在矢量信号分析仪中，并输送至 PC 机显示。从激光测振仪那些测量值（测量报告）中获取敏感质量的实际运动与隧道尖或致偏电极之间的电信号关系。

隧道电流的理论方程表述在式（5.1）中。基于前面静电驱动器响应的测量结果（见

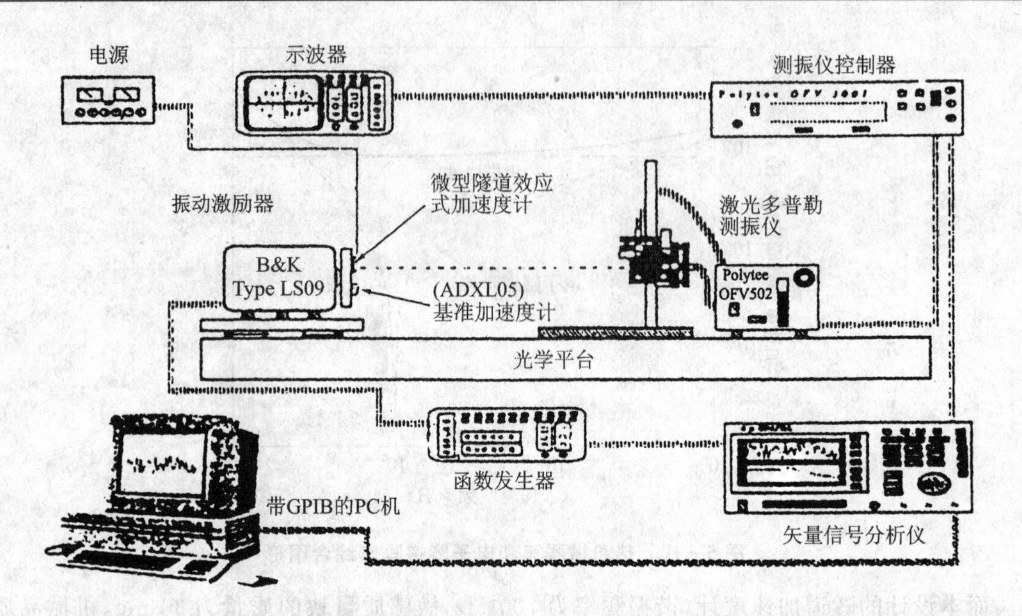

图 5－11　隧道加速度计特性测试实验装置

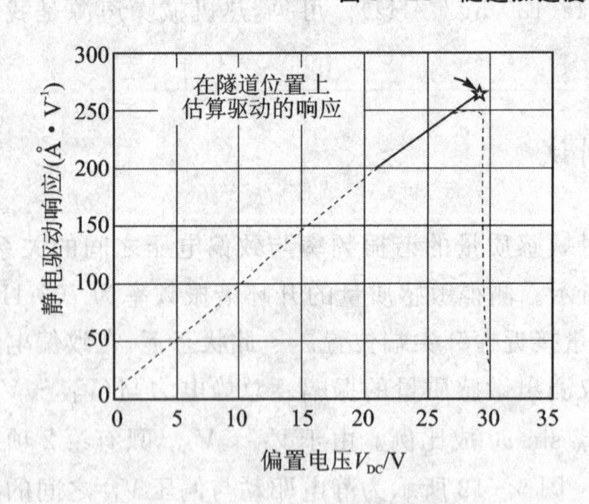

图 5－12　静电驱动和估算驱动在隧道位置附近的响应

图 5－11)，在隧道位置附近，隧道空隙和致偏电压之间的关系可按线性化处理，即

$$x_t = x_0 - KV_{DC} \tag{5.3}$$

式中：x_t、x_0、K 和 V_{DC}分别表示隧道空隙、标称隧道空隙、隧道位置附近估算的静电驱动响应(见图 5－12)和加在敏感质量上的致偏电压。

隧道电流可表示为

$$I_t = V_{tip}/R \tag{5.4}$$

式中：V_{tip}表示在图 5－13 中被测量的尖端电压；R 为隧道尖端电极和大地之间的电阻。

将式(5.3)代入式(5.1)，并取自然对数，就能把隧道电流的理论方程变换为

$$\ln I_t = K\alpha_1\sqrt{\Phi}V_{DC} + 常数 \tag{5.5}$$

被测出的隧道电流与致偏电极电压之间的关系绘制在半对数图 5－14 上，表明实测结果与隧道电流的理论值完全符合。

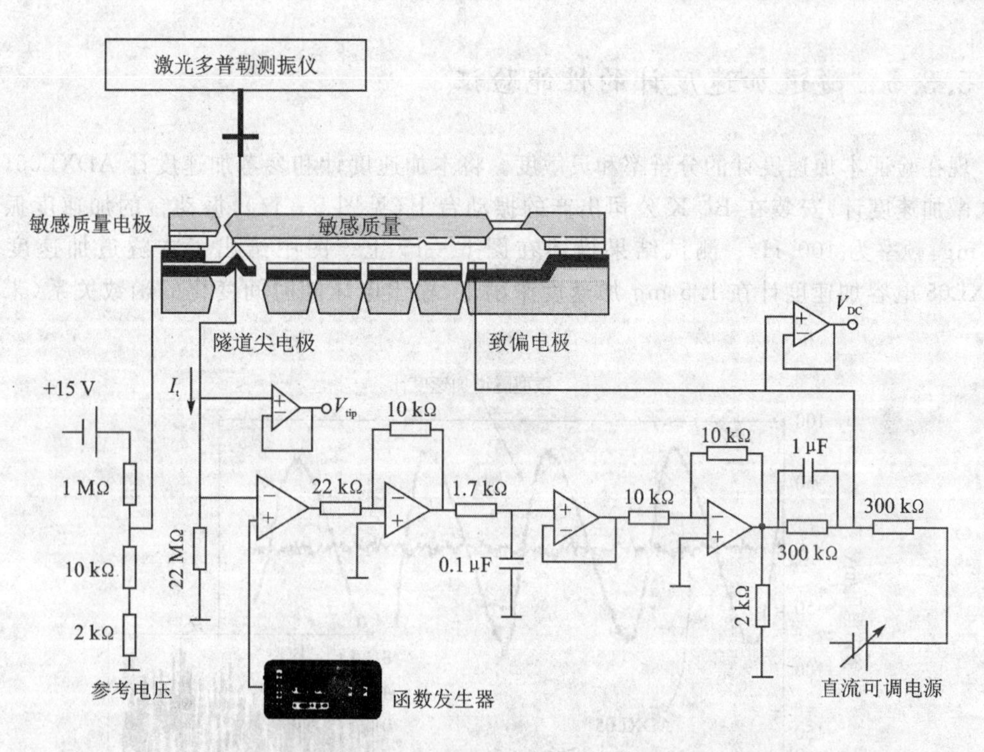

图 5-13　用于验证隧道性能的隧道加速度计与反馈控制电路装置

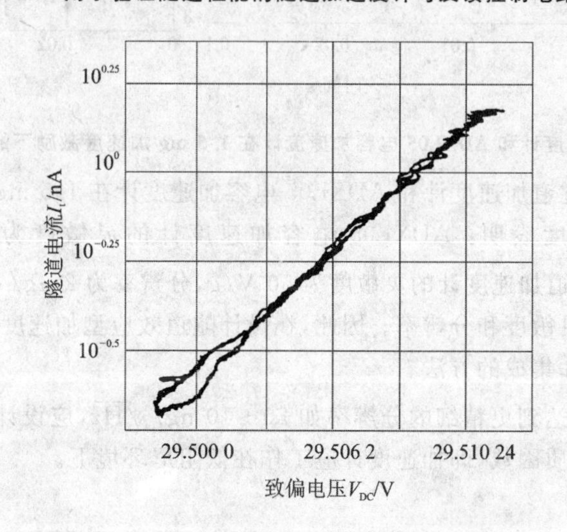

图 5-14　隧道电流的测量值与致偏电压之间的关系

5.3.5 隧道加速度计的性能验证

现在验证本加速度计的分辨率和灵敏度。将本加速度计和参考加速度计 ADXL05(硅电容式微加速度计)安装在 B&K 公司出产的振动台上(见图 5-11),振动台的加速度振幅为 1.5 mg,频率为 100 Hz。测试结果描述在图 5-15 上。图中给出了本隧道加速度计和 ADXL05 电容加速度计在 1.5 mg 加速度激励下,输出电压随时间变化的函数关系(未经滤波)。

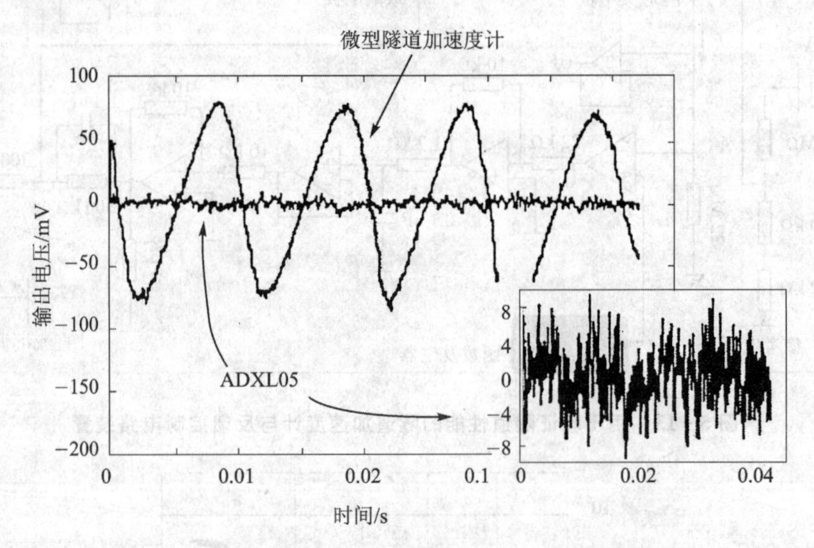

图 5-15 隧道加速度计和 ADXL05 电容加速度计在 1.5 mg 加速度激励下的输出电压测量结果

图 5-16 所示为隧道加速度计和 ADXL05 电容加速度计在 1.5 mg 加速度激励下的响应和噪声谱密度。谱密度表明:ADXL05 电容加速度计的灵敏度为 1 V/g,分辨率约为 0.5 m$g/\sqrt{\text{Hz}}$;而本隧道加速度计的灵敏度为 50 V/g,分辨率为 2 $\mu g/\sqrt{\text{Hz}}$。综上可知,隧道加速度计具有很高的灵敏度和分辨率。因此,在设计隧道效应型加速度计时,不须采用将接口电路与传感器实行单片集成的方法。

正如前面所述,要达到更精细的分辨率如 20～10 n$g/\sqrt{\text{Hz}}$,应设计低谐振频率的敏感质量,并且具有较高的品质因数,即加速度计应工作在低阻尼环境下。

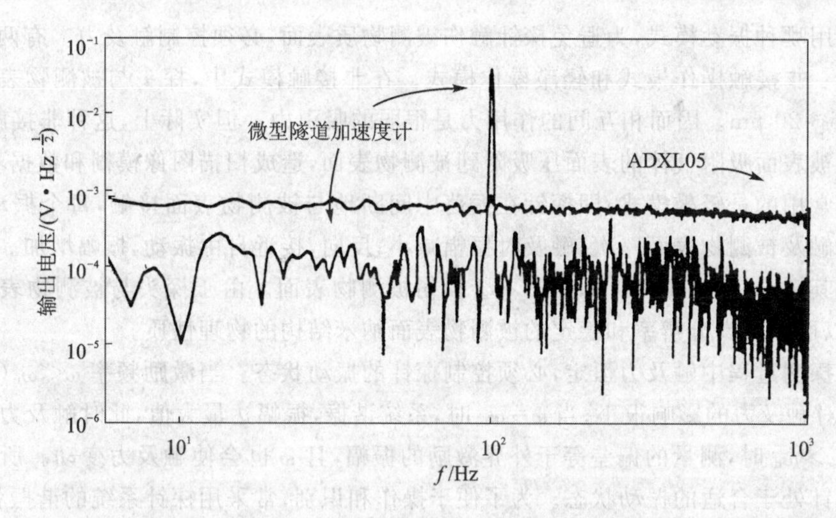

图 5 - 16　隧道加速度计和 ADXL05 电容加速度计在 1.5 mg 加速度激励下的响应和噪声谱密度

5.4　原子力纳米结构传感器检测原理

基于隧道电流效应的纳米位移传感器，只能实现对导体（如 Au、W、Al、Cu）和半导体（如 Si、GaAs）材料表面纳米结构的形貌，以及与电子行为有关的测量，不能对非导体（绝缘体）的测量，测量领域受到局限。原子力触及纳米尖传感器，除对导体、半导体实现测量外也能对绝缘体物质表面的纳米结构实现测量，所以应用更普遍。这种传感器是基于探测物质表面与探头之间相互作用的原子力（排斥力或吸引力）实现测量的，因此它是一种微力触及式纳米测量传感器。早期，这种触及传感器几乎都用弯曲振动的微悬臂探针，探针的自由端与被测物质表面相触及，固定端连接在弹性支架上。微悬臂探针的振动多采用压电陶瓷（PZT）薄膜驱动，如图 5 - 17 所示。近期，发展了纵向振动的纳米探针传感器。图 5 - 18 所示为一例。计算和实验表明，它与弯曲振动的探针相比能获得更高的灵敏度。

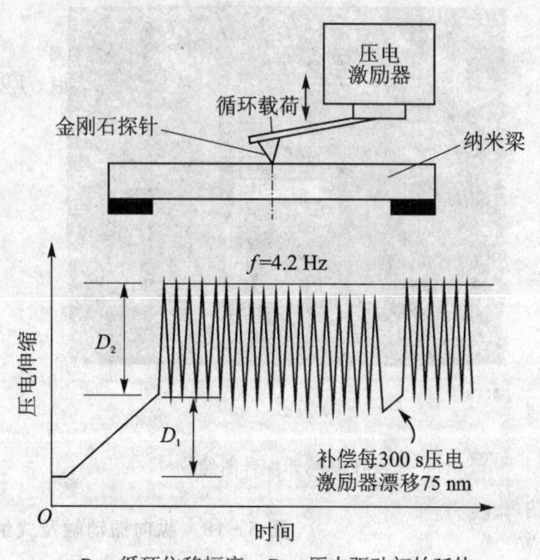

D_2—循环位移幅度；D_1—压电驱动初始延伸。

图 5 - 17　弯曲振动纳米探针传感器示意图

无论采用哪种振动模式,为避免探针触伤被测物质表面,必须控制触及力。有两种测量模式可供选择:非接触操作模式和轻敲操作模式。在非接触模式中,探头与被测物表面始终不接触,相距5～20 nm。因而相互间的作用力是很弱的吸引力。但实际上,这种非接触模式,探针头很容易被表面吸附气体的表面压吸附到被测物表面,造成扫描图像模糊和数据不稳,也难以操作。最常用的是轻敲模式,即探针在振荡中间断地与被测物表面接触,每个振动循环中,探针头轻轻触及被测物表面一次,触及时振幅减小;反向,接近自由振动,振幅增加。轻敲模式的触及力极其微小,约为10^{-12} N,几乎不会损伤被测物表面。由于探头与被测物表面有规律地接触,所以可获得高分辨率和稳定的被测物表面纳米结构的物理性质。

为了使探测过程中触及力恒定,必须控制探针的振动状态。当激励频率$\omega \ll \omega_n$(探针的固有频率),ω对触及力的影响很小;当$\omega=\omega_n$时,系统谐振,振幅达最大值,此时触及力也会达到很大值;当$\omega \gg \omega_n$时,测量的偏差等于外界激励的振幅,且ω也会使触及力变动。所以设计时必须选择探针处于合适的振动状态。为了便于操作和识别,常采用探针系统的谐振状态,同时采用限制器对其振幅加以限制,或通过调整探针头与被测物表面的间距来控制探针的振幅,或者把被测物体连接在弹性位移系统上,以确保极弱的触及力恒定。

本节重点讨论图5-18所示的纵向振动触及式纳米探针传感器。

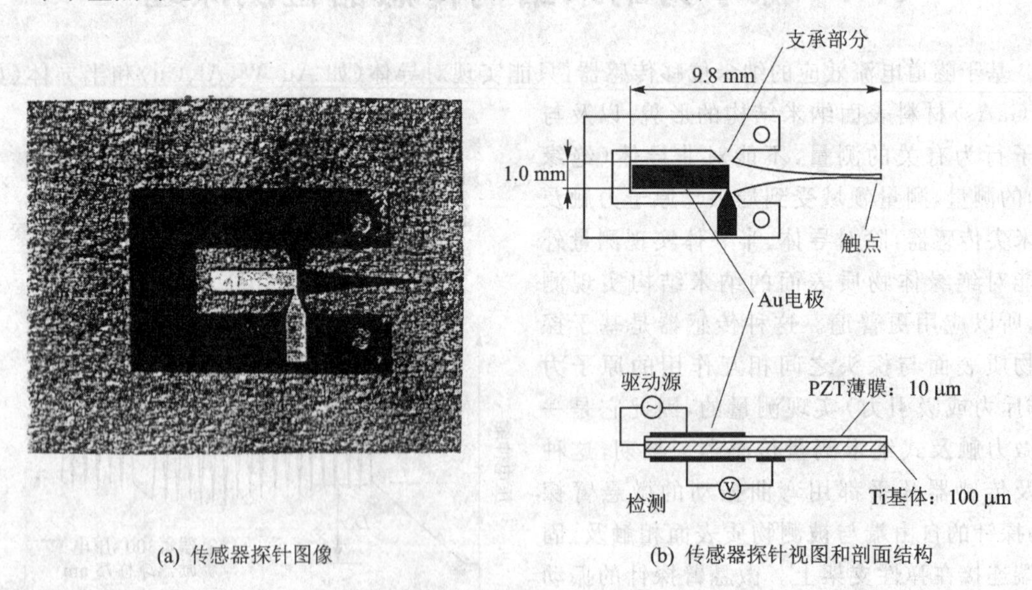

(a) 传感器探针图像　　(b) 传感器探针视图和剖面结构

图5-18　纵向振动触及式纳米探针传感器探针示意图

5.4.1　工作原理和结构

图5-19为一种纳米探针触及式传感器测量工件表面形貌原理示意图,它由纵向振动探

针和被测物表面组成。当探针触头触及被测物表面时，纵向振动的谐振频率产生偏移，连续检测探针触头所有触到被测物表面的次数，便能得到物质表面纳米结构的形貌。因为采用轻敲操作模式，探针与被测物间的接触力可以小到 $10^{-10} \sim 10^{-12}$ N，从而不会导致被测物表面受到损伤。

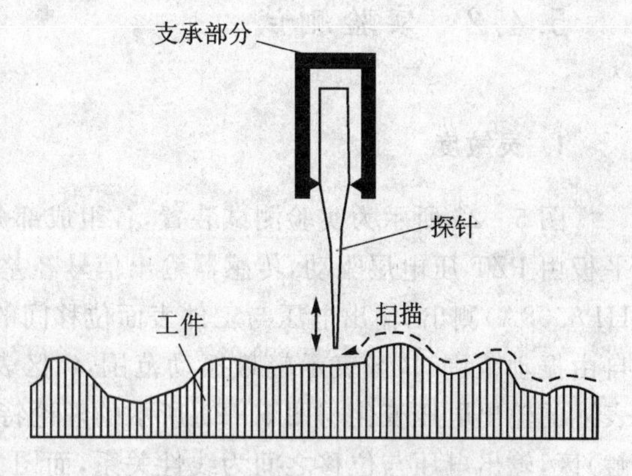

图 5-19　纳米探针触及式传感器测量工件表面形貌原理示意图

触及式探针的结构如图 5-18 所示，各部分尺寸说明在图上。探针外形呈指数曲线状，探针衬底材料选用 Ti 金属，厚度为 100 μm，Ti 金属两侧用热液法淀积上 PZT 薄膜，厚度为 10 μm，在 PZT 薄膜表面蒸镀上金层，作为探针的驱动和检测电极。纳米探头为小平面状，也可设计成圆弧形或球面形，应视被测物材料性质而定。

为了降低由于电源和检测信号线间的漏电干扰，选用放大倍数为 10 的差分放大器。另外，差分放大器还可降低 PZT 膜的高阻抗影响。

图 5-20 给出这种带有差分放大电路的纳米探针触及式传感器简图。当传感器探头有规律地触及被测物表面时，传感器输出电压的变化如图 5-21 所示。在循环接触区，我们能测得探针与被测物间的间隙偏差，在此区域，振幅受此间隙的限制。所以当探针触及被测物表面时，振幅以线性关系下降，振幅的降落对应着输出电压的变化。由图 5-21 循环接触区特性的斜率便可定义出传感器的灵敏度。即

$$S = \frac{\delta V}{\delta d} \tag{5.6}$$

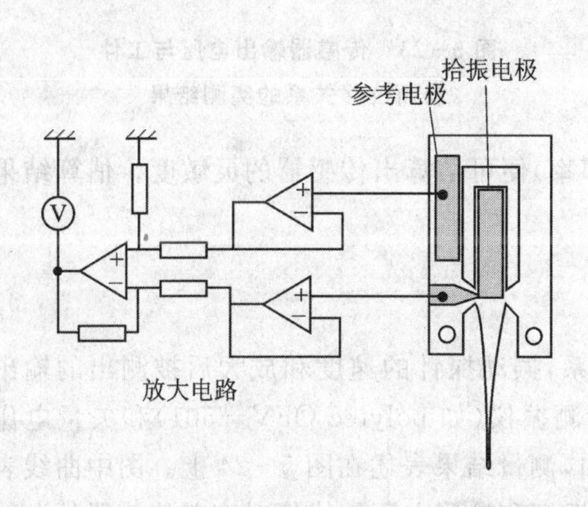

图 5-20　带差分放大电路的纳米探针传感器

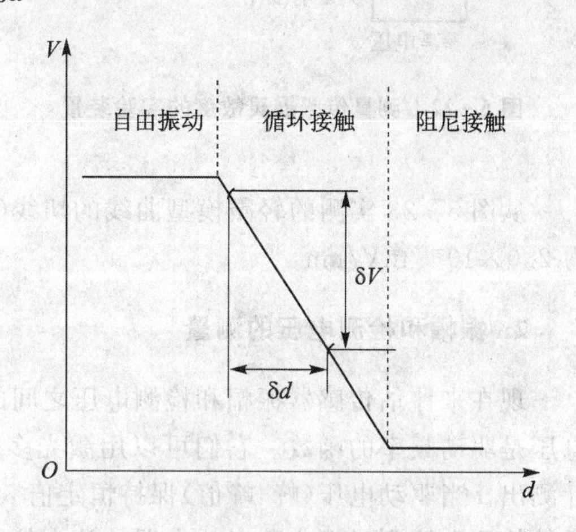

图 5-21　纳米位移 δd 和电压 δV 之间的关系

5.4.2 实验测试

1. 灵敏度

图 5－22 所示为实验测试装置，各组成部分均标明在图中。被测物体为铝材局部表面，铝平板由 PZT 压电层驱动，传感器输出信号经差分放大器放大后的输出电压由矢量电压计（如 HP8508A）测出，输出电压与工件表面位移间的变化关系表述在图 5－23 中。图中 A 区表示自由振动范围，B 区表示轻敲振动范围，C 区表示探针与工件表面接触范围。可见，图 5－23 表述的输出电压变化与图 5－21 所示的理论特性相类似。但在图 5－21 的轻敲振动（循环接触）区，输出电压与位移之间为线性关系，而图 5－23 的实测结果为非线性关系。这是因为实验中的被测物体具有一定弹性，而理论模型是按刚性体考虑的。

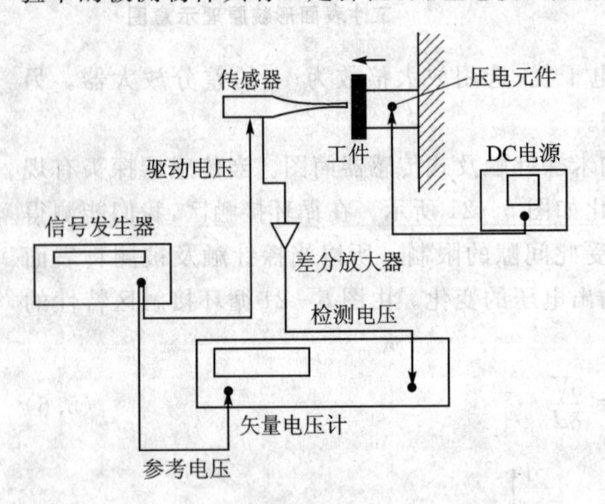

图 5－22 测量传感器灵敏度的实验装置

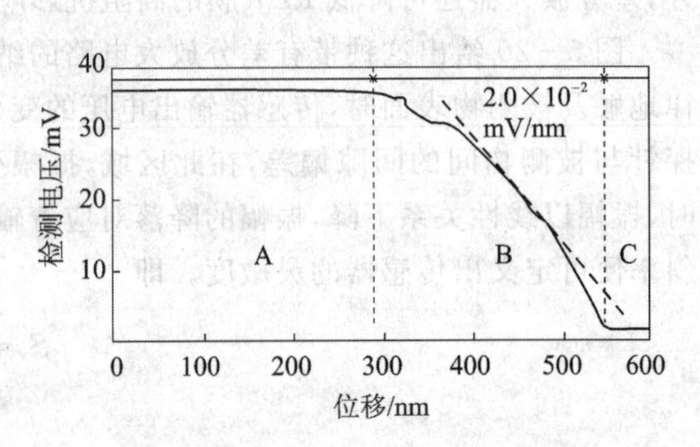

图 5－23 传感器输出电压与工件表面位移关系的实测结果

从图 5－23 实测的轻敲模型曲线的切线（即斜率）便可估算出传感器的灵敏度。估算结果为 2.0×10^{-2} mV/nm。

2. 振幅和检测电压的测量

现在来评估传感器振幅和检测电压之间的关系，振动探针的速度和放大后被测出的输出电压是驱动频率的函数。它们可以用激光多普勒测振仪（如 polytec OFV－501）和矢量电压计测出。当驱动电压（峰-峰值）保持恒定值 3 V 时，测量结果表述在图 5－24 上。图中曲线表示的检测电压测量值应除以放大器的放大倍数。振幅和检测电压的峰值对应着传感器的谐振频率(304.35 kHz)。在谐振频率点,振幅(峰值)和检测电压(均方根值)分别为 126 nm 和 3.36 mV。传感器的 Q 值为 705。从检测电压曲线可以看出,干扰电压已被降至很小,所以从检测电压峰值也能够断定出谐振频率。

综上所述,纵向振动的纳米触及式传感器是检测物质表面纳米结构及其物理性质的有效装置。最近,这种传感器在生物医学领域的应用颇受关注,被用来测量很小物质表面的局部性质,如某类组织中的单个细胞。对于测量具有弹性的有机物质,探针触头最好设计成球面形状,以确保与被测物表面为柔性接触测量。图 5-25 为这种传感器示例,各组成部分和检测原理均标在图中。球形触头直径仅有数十纳米。

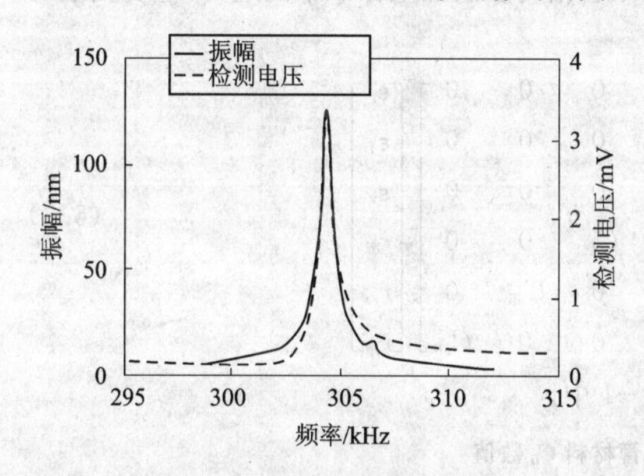

图 5-24 振幅和传感器检测电压测量值之间的关系

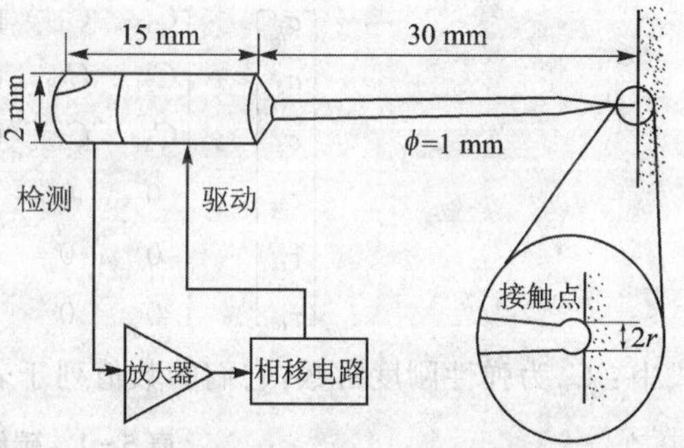

图 5-25 球面纳米探针触及式传感器的基本组成和检测原理

5.5 碳纳米管质量传感器

5.5.1 碳纳米管的物理性质

日本科学家饭岛澄男于 1991 年发现了碳纳米管,它是由碳原子组成的微小柱体,柱壁呈网状结构,如图 5-26 所示,并有单层和多层之分。它之所以被称为纳米管,是因为其体积以纳米计算。一般而言,一根碳纳米管的直径不大于几纳米(一根基本的碳纳米管直径只有 1.4 nm),但管的长度为其直径的数千倍以上。不断研究发现,这种细长的碳纳米管具有优良的机械性能和独特的电学、热学和光学特性。例如,它的弹性模量与金刚石大致相同,为 1 000 GPa;而其强度是金刚石的数十倍(屈服强度为 100 GPa);质量轻,密度为 1 330 kg/m^3,仅是不锈钢的 1/6;电阻应变灵敏系数为 800～1 000,而硅的为(～30～120),金属的只有 2～5。可见,碳纳米管是高强度、高弹性、低密度和高灵敏度的极佳结合。

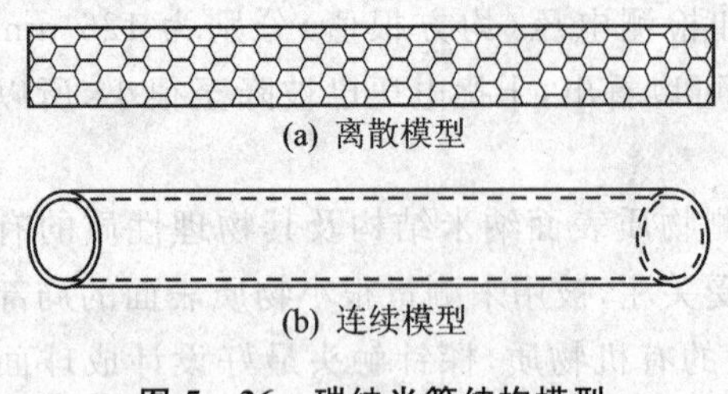

图 5-26 碳纳米管结构模型

沿碳纳米管长度方向，导电和导热的阻力极小，并且对光的感应也极其迅速，所以碳纳米管的潜在用途非常广泛。例如，可用来制作场发射和真空微电子装置、纳米传感器、纳米执行器、敏感物体表面单个原子结构或生物系统的纳米探头，以及制作极细导线、高强度电缆和快速导热通道等。

碳纳米管为各向异性材料。研究表明，碳纳米管结构在圆柱坐标系中的应力-应变关系可用下式表达：

$$\begin{bmatrix}\sigma_r\\ \sigma_\theta\\ \sigma_z\\ \tau_{\theta z}\\ \tau_{rz}\\ \tau_{r\theta}\end{bmatrix}=\begin{bmatrix}C_{11} & C_{12} & C_{13} & 0 & 0 & 0\\ C_{21} & C_{22} & C_{23} & 0 & 0 & 0\\ C_{31} & C_{32} & C_{33} & 0 & 0 & 0\\ 0 & 0 & 0 & C_{44} & 0 & 0\\ 0 & 0 & 0 & 0 & C_{55} & 0\\ 0 & 0 & 0 & 0 & 0 & C_{66}\end{bmatrix}\begin{bmatrix}\varepsilon_r\\ \varepsilon_\theta\\ \varepsilon_z\\ r_{\theta z}\\ r_{rz}\\ r_{r\theta}\end{bmatrix} \tag{5.7}$$

式中：C_{ij} 为弹性刚度常数，它们的数值列于表 5-1 中。

表 5-1 碳纳米管材料 C_{ij} 数值

$C_{ij}/(10^9\,\mathrm{N\cdot m^{-2}})$	C_{11}	C_{12}	C_{13}	C_{14}	C_{15}	C_{16}	C_{22}	C_{23}	C_{24}	C_{25}	C_{26}	C_{33}	C_{34}	C_{35}	C_{36}	C_{44}	C_{45}	C_{46}	C_{55}	C_{56}	C_{66}
数 值	1 060	15	180	0	0	0	36.5	15	0	0	0	1 060	0	0	0	2.25	0	0	220	0	2.25

5.5.2 谐振式碳纳米管质量传感器

1. 工作原理

图 5-27 所示为悬臂碳纳米管质量传感器原理示意图。纳米级粒子质量 m 连接在管的自由顶端。其中图(a)为离散模型，图(b)为连续模型。分析计算时，碳纳米管可视为圆柱梁或薄壁圆柱壳。其固有频率 f_n 基本表达式为

$$f_n=\frac{1}{2\pi}\sqrt{\frac{3EJ}{mL^3}}=\frac{1}{2\pi}\sqrt{\frac{k}{m}} \tag{5.8}$$

式中：E、J、L 分别表示梁的弹性模量、惯性矩和长度；$3EJ/L^3=k$ 称为梁的刚度（弹簧常数）。

分析式(5.8)可知，碳纳米管谐振器的刚度为常数，质量为变数。变质量将导致碳纳米管的谐振频率改变，检测谐振频率的变化量，即可得知对应的被测质量值。这就是谐振式碳纳米

管质量传感器的工作原理。

2. 碳纳米管弯曲振动分析

近年来，连续力学理论成功地应用于分析图 5－26 所示碳纳米管的动态（频率）响应问题。碳纳米管作为一种细长杆，在作垂直轴线方向振动时，其主要变形模式为弯曲变形，通常称为弯曲振动或横向振动。忽略剪切变形和截面绕中心轴转动的影响，称这种梁为欧拉梁。基于欧拉梁的碳纳米管，其微幅振动的偏微分方程式为

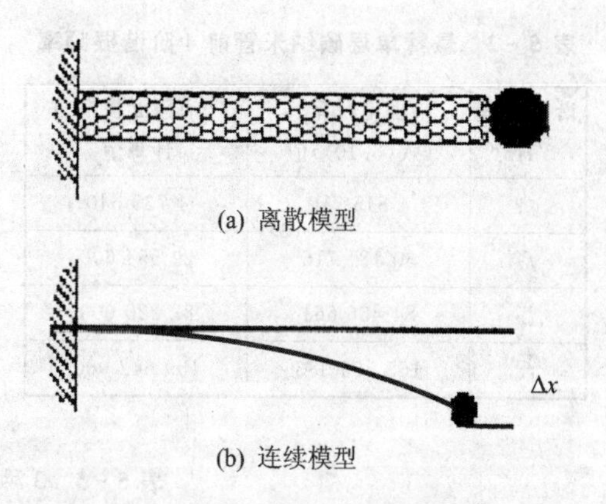

图 5－27　悬臂单层碳纳米管质量传感器模型

$$EJ\frac{\partial^4 y}{\partial x^4}+\rho_m A\frac{\partial^2 y}{\partial t^2}=0 \tag{5.9}$$

式中：ρ_m 和 A 分别代表碳纳米管梁的质量密度和横截面积；E、J 的物理意义同前。

当外加频率接近或等于悬臂碳纳米管梁的固有频率时，碳纳米管便产生谐振动。理论上讲，谐振频率取决于碳纳米管的外径、内径、长度和弯曲弹性模量。设式(5.9)的解为

$$y(x,t)=Y(x)\sin(\omega_n t+\varphi)$$

式中：$Y(x)$为振型函数。利用边界条件和初始条件，最后可求得悬臂碳纳米管的固有谐振频率为

$$f_i=\frac{\alpha_i^2}{8\pi l^2}\sqrt{\frac{(D_o^2+D_i^2)E}{\rho_m}} \tag{5.10}$$

式中：$\alpha_1=1.875$、$\alpha_2=4.694$、$\alpha_3=7.855$、$\alpha_4=10.996$，分别代表 1 阶、2 阶、3 阶和 4 阶谐振动系数，参数 D_o、D_i 和 l 分别代表碳纳米管的外径、内径和长度，可从碳纳米管的横向电磁波图像中获得；密度 ρ_m 和弯曲弹性模量 E 可由碳纳米管材料性质得知。利用这些数据便可从式(5.10)求得各阶谐振频率 $f_i(i=1,2,3,\cdots)$。

运用 ANSYS 软件（3 维固体力学有限元模型）对碳纳米管的频率特性进行了分析计算，得到与用上述连续力学方法相吻合的计算结果，将它们归纳于表 5－2 中。

图 5－28 为悬臂单层碳纳米管有限元放大模型。

表 5.3 列出 3 种尺寸碳纳米管的基频。从表 5－3 可知，有限元模拟结果与实验结果两者相差约 12％～13％。这起因于碳纳米管材料制造过程中形成的缺陷所致。一般而言，有限元模拟结果证实，它适合用于对碳纳米管进行深入研究。例如，对碳纳米管质量传感器的研究。

表 5-2 悬臂单层碳纳米管前 4 阶谐振频率

谐振频率 /Hz	理论计算 (式(5.10))值	有限元模拟 计算值
f_1	4 815 710	4 735 540
f_2	30 181 716	29 554 600
f_3	84 496 661	82 220 000
f_4	165 595 383	159 642 000

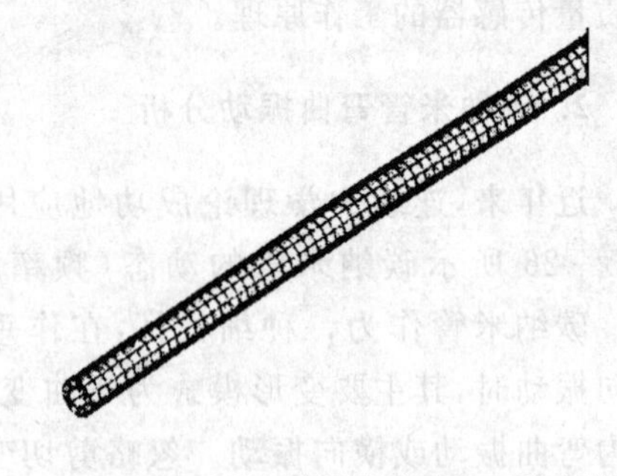

图 5-28 悬臂单层碳纳米管有限元放大模型

表 5-3 3 种尺寸碳纳米管基频

D_o/nm	D_i/nm	l/μm	E/GPa	理论计算/Hz	有限元模拟/Hz	实验值/Hz
32	17.8	5.55	28.4	768 420	749 318	658 000
49	26.1	4.65	28.6	1 665 502	1 645 260	1 420 000
63	26.8	5.75	20.3	1 131 638	1 121 150	968 000

3. (单层)碳纳米管质量传感器特性

现在,对悬臂碳纳米管质量传感器的特性用有限元法进行模拟计算。在碳纳米管自由顶端依次附接上不同纳米级粒子质量,碳纳米管外经 $D_o=66$ nm,内径 $D_i=17.6$ nm,管长 $l=5.5$ μm。对不同附加纳米级质量的计算结果归纳列于表 5-4。

表 5-4 不同附加质量下谐振悬臂式单层碳纳米管质量传感器的质量-谐振频率关系

附加质量/fg	理论计算(式(5.10))值/Hz	有限元模拟结果/Hz	灵敏度/(g/Hz)
20	2 017 274.93	2 025 396.28	7.13×10^{-21}
22	1 938 830.63	1 945 438.16	7.63×10^{-21}
24	1 868 879.03	1 874 251.81	8.12×10^{-21}
26	1 805 990.60	1 810 343.33	8.61×10^{-21}
28	1 749 051.48	1 752 552.38	9.10×10^{-21}
30	1 697 179.17	1 699 961.81	9.58×10^{-21}

结果表明:谐振悬臂式单层碳纳米管质量传感器的灵敏度高达 10^{-21} g/Hz,这是由碳纳米管自身固有性质决定的,传统敏感材料制成的传感器是不可能达到的。

思考题与习题

1. 从物理效应角度举例说明纳米微传感器为什么可以达到超高的灵敏度和精度。

2. 题图5-1(a)给出一隧道加速度计的敏感部分剖视图,压电悬臂梁是该加速度计的敏感质量,感受与其垂直方向的加速度;图(b)给出该加速度计的反馈电路。试详细分析并说明其工作过程和原理。

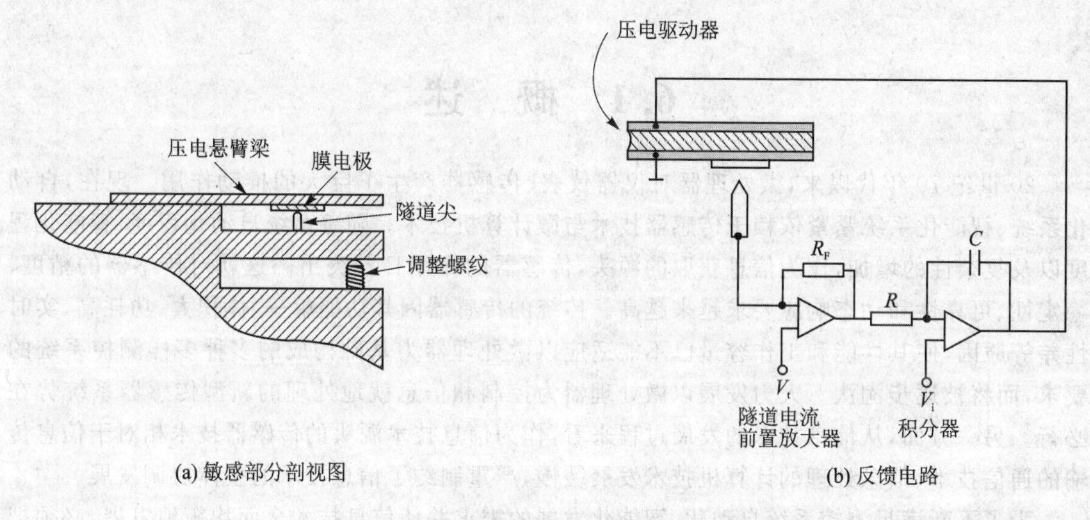

题图5-1　隧道加速度计

第6章　智能化传感器

6.1　概　述

20世纪70年代以来，微处理器对仪器仪表、传感器产生了巨大的推动作用。现在，自动化系统、智能化系统紧紧依赖于传感器技术与微计算机技术。随着系统自动化程度、智能化程度以及复杂性的增加，作为信息获取的源头，传感器的作用日益突出。这就对传感器的精度、稳定性、可靠性和动态响应要求越来越高。传统的传感器因其功能单一、体积大、功耗高、实时性差等原因，使其性能和工作容量已不能适应以微处理器为基础构成的多种多样测控系统的要求，而将被逐步淘汰。大力发展以微处理器为控制和信息就地处理的新型传感器系统势在必行。另一方面，从信息技术的发展过程来看，作为信息技术源头的传感器技术相对于信息传输的通信技术、信息处理的计算机技术发展缓慢，严重制约了信息技术的整体协调发展。

为了不断满足测控系统自动化、智能化发展的需求并使信息技术全面均衡地发展，必须把传感器技术发展到一个更高的层次上。于是，一种新型的、紧密而有机结合信息获取与信息处理功能的传感器技术应运而生，这就是传感器技术向智能化方向发展的大背景。

基于微处理器强大的信号处理功能，以稳定、可靠、快速获得原始信息为宗旨，逐渐形成了传感器技术朝智能化方向发展的大趋势。人们把这种与专用微处理器相结合而组成的、具有许多新功能的智能化传感器称为Smart Sensor。

智能化传感器与传统传感器不同，传统的传感器仅是在物理层次上进行分析和设计，其简图如图6-1所示。而智能化传感器不仅仅是一个简单的传感器，而且具有诊断和数字双向通信等新功能，如图6-2所示。

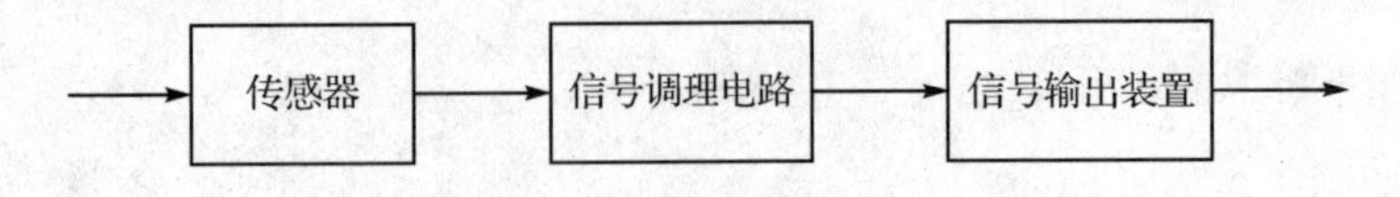

图6-1　传统传感器功能简图

通常认为，智能化传感器具有以下新功能：

① 自补偿功能。如非线性、温度误差、响应时间、噪声、交叉耦合干扰以及缓慢的时漂等的补偿。

② 自诊断功能。如在接通电源时进行自检，在工作中实现运行检查、诊断测试，以确定哪一组件有故障等。

③ 信息存储和记忆功能。

④ 基于总线制的双向通信功能。微处理器和基本传感器之间具有双向通信的功能，构成一闭环工作模式。这是智能化传感器关键的标志之一。不具备双向通信功能的，不能称为智能化传感器。

由于智能化传感器具有自补偿和自诊断功能，所以其精度、稳定性、重复性和可靠性都将得到提高和改善。

由于智能化传感器有存储和记忆功能，所以该传感器可以存储已有的各种信息，如工作日期、校正数据等。

由于智能化传感器具有双向通信功能，所以在控制室就可对基本传感器实施软件控制，还可以实现远程设定基本传感器的量程以及组合状态，使基本传感器成为一个受控的灵巧检测工具。而基本传感器又可通过数据总线把信息反馈给控制室。如果不是智能化传感器，重新设定量程等操作，必须到现场进行。从这个意义上讲，基本传感器又可称为现场传感器。

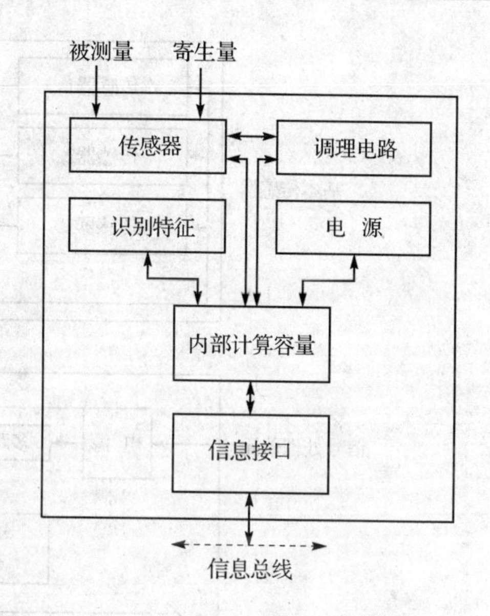

图 6-2　智能化传感器功能简图

6.2　智能化传感器的实现

6.2.1　基本结构组成

图 6-3 为智能化传感器的一种典型结构示意图。它包括基本传感器部分和信号处理单元两部分。它们可以集成在一起，形成一个整体封装在一个表壳内；也可以将信号处理单元远距离封装。采用整体封装式还是远距离封装式，应由使用场合和条件而定。在测量现场环境比较差的情况下，远距离封装式有利于电子元器件和微处理器的保护，也便于远程控制和操作。

基本传感器应完成以下 3 项基本任务：

① 用相应的传感器在现场测量需要的被测参数。

② 将传感器的识别特征存储在可编程的只读存储器中。

③ 将传感器计量的特性存在同一只读存储器中，以便校准计算。

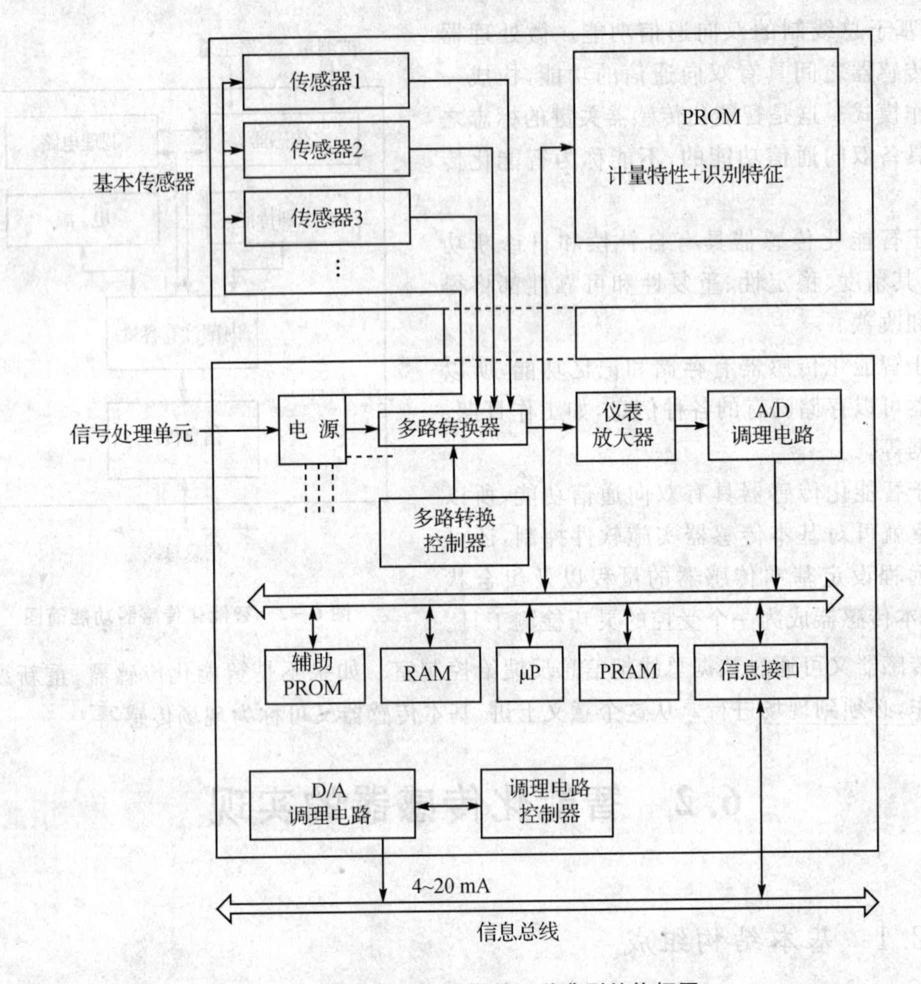

图 6-3 智能化传感器的一种典型结构框图

信号处理单元应完成下列 3 项基本任务：

① 为所有器件提供相应的电源，并进行管理。

② 用微处理器计算上述对应的只读存储器中的被测量，并校正传感器敏感的非被测量。

③ 通信网络以数字形式传输数据（如读数、状态、内检等）并接收指令或数据。

此外，智能化传感器也可以作为分布式处理系统的组成单元，受中央计算机控制，如图 6-4所示。图中每一个单元都代表一个智能化传感器，含有基本传感器、信号调理电路和一个微处理器；各单元的接口电路直接挂在分时数字总线上，以便与中央计算机通信。

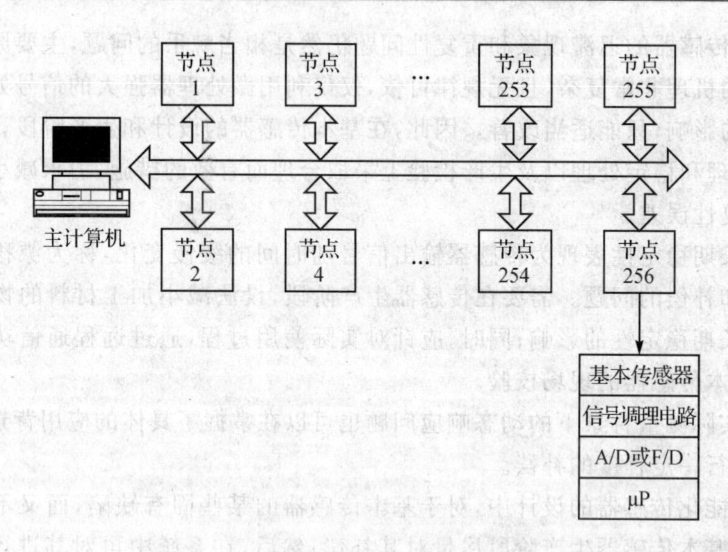

图 6-4　分布式系统中的智能化传感器示意图

6.2.2　基本传感器

基本传感器是构成智能化传感器的基础，本质上决定着智能化传感器的性能。因此，基本传感器的选用、设计至关重要。近年来，随着微机械加工工艺的逐步成熟，相继加工出许多实用的高性能微结构传感器，不仅有单参数测量的，而且还有多参数测量的。硅材料的许多物理效应适于制作多种敏感机理的微机构传感器。这不仅因为硅具有优良的物理性质，也因为它与硅集成电路工艺有很好的相容性。它与其他敏感材料相比，更便于制作多种集成传感器。

为了省去 A/D 和 D/A 转换，发展直接数字输出或准数字式的传感器，并与微处理器控制系统配套，这是理想的选择。硅谐振式传感器为准数字输出，无须 A/D 转换，可简便地与微处理器接口，构成智能化传感器。当今，微型谐振式传感器被认为是用于精密测量的一种有希望替换其他原理的新型传感器。

在以往的传感器设计生产中，最希望得到的是传感器输入、输出的线性特性；而在智能化传感器的设计思想中，不需要基本传感器是线性传感器，只要求其特性有好的重复性和稳定性。基本传感器的非线性特性可以很方便地利用微处理器进行补偿，只要把表示传感器特性的数据及参数存入微处理器的存储器中，即可利用存储器中这些数据进行非线性补偿。

这样一来，基本传感器的研究、设计和选用的自由度就增加了。像本书第 2 章介绍的集成式传感器、谐振式传感器与光电传感器等，它们的输入、输出特性都是非线性的，但有很好的重复性和稳定性，是智能化传感器的优选者。

但是，基本传感器的迟滞现象和重复性问题仍然是相当棘手的问题，主要原因是引起迟滞和重复性误差的机理非常复杂，且无规律可依，仅仅利用微处理器强大的信号处理功能还不能彻底消除它们的影响，只能适当改善。因此，在基本传感器的设计和生产阶段，应从结构设计、材料选用、热处理和稳定处理以及生产检验上采取合理而有效的措施，力求减小基本传感器的迟滞误差和重复性误差。

传感器的长期稳定性表现为传感器输出信号随时间的缓慢变化，称为漂移。这是另一个比较难以校正和补偿的问题。需要在传感器生产阶段，设法减小加工材料的物理缺陷和内在特性对传感器长期稳定性的影响；同时，应针对实际使用过程，通过远程通信功能和一定的控制功能，实现基本传感器的现场校验。

传感器在实际测量背景下的动态响应问题也可以在掌握了具体的应用背景的动态特性规律的基础上，进行一定程度的补偿。

总之，在智能化传感器的设计中，对于基本传感器的某些固有缺陷，而又不易在系统中进行补偿的，应在基本传感器生产阶段尽量对其补偿；然后，在系统中再对其进行改善。这是设计智能化传感器的主要思路。例如，在生产电阻型传感器时，适当地加入正或负温度系数电阻，就可以对其进行温度补偿。

6.2.3 常用的软件技术

基于微处理器强大的数据处理功能，智能化传感器中的软件技术可以实现许多硬件难以实现的功能。

智能化传感器一般具有实时性很强的功能，尤其是在动态测量时，常要求在几个微秒内完成数据的采样、处理、计算和输出。智能化传感器的一系列工作都是在软件(程序)支持下进行的。如功能的多少与强弱、使用方便与否、工作是否可靠以及基本传感器的性能等，都在很大程度上依赖于软件设计的质量。软件设计主要包括下列内容。

1. 标度变换

在被测信号转换成数字量后，往往还要转换成人们所熟悉的测量值，如压力、温度和流量等。这是因为被测对象的输入值不同，经 A/D 转换后得到一系列的数码，必须把它变换成带有量纲的数据后才能运算、显示和打印输出。这种变换叫标度变换。

2. 数字调零

在检测系统的输入电路中，一般都存在零点漂移、增益偏差和器件参数不稳定等现象，影响测量数据的准确性，必须对其进行自动校准。在实际应用中，常常采用各种程序来实现偏差校准，称为数字调零。

除数字调零外，还可在系统开机时或每隔一定时间，自动测量基准参数，实现自动校准。

3. 非线性补偿

在检测系统中，希望传感器具有线性特性，这样不但读数方便，而且使仪表在整个刻度范围内灵敏度一致，从而便于对系统进行分析处理。但是传感器的输入输出特性往往有一定的非线性，为此必须对其进行补偿和校正。

用微处理器进行非线性补偿常采用插值方法实现。首先用实验方法测出传感器的特性曲线，然后进行分段插值，只要插值点数取得合理且足够多，即可获得良好的线性度。

在某些检测系统中，有时参数的计算非常复杂，仍采用计算法会增加编写程序的工作量和占用计算时间。对于这些检测系统，采用查表的数据处理方法，经微处理器对非线性进行补偿更合适。

4. 温度补偿

环境温度的变化会给测量结果带来不可忽视的误差。在智能化传感器的检测系统中，要实现传感器的温度补偿，只要能建立起表达温度变化的数学模型(如多项式)，用插值或查表的数据处理方法，便可有效地实现温度补偿。

在实际应用中，由温度传感器在线测出传感器所处环境的温度，将测温传感器的输出经过放大和 A/D 转换送到微处理器处理，即可实现温度误差的校正。

5. 数字滤波

当传感器信号经过 A/D 转换输入微处理器时，经常混有如尖脉冲之类的随机噪声干扰，尤其是在传感器输出电压低的情况下，这种干扰不可忽视，必须予以削弱或滤除。对于周期性的工频(50 Hz)干扰信号，采用积分时间等于 20 ms 的整数倍的双积分 A/D 转换器，可以有效地消除其影响；对于随机干扰信号，利用软件数字滤波技术有助于解决这个问题。

采用数字滤波与补偿技术，除了可使传感器的精度比不补偿时获得较明显的提高，有效地抑止外界干扰对传感器静态测量过程的影响；同时对传感器动态特性的改善，进一步提高传感器的实时性也有重要的作用。

6.3 智能化传感器的典型应用

6.3.1 光电式智能化压力传感器

图 6-5 所示为一种光电式智能化压力传感器。该传感器使用了一个红外发光二极管和

两个光敏二极管，通过光学方法来测量压力敏感元件（膜片）的位移（参见图6-5(a)）。提供参考信号基准的光敏二极管和提供被测压力信号的光敏二极管制作在同一芯片上，因而受温度和老化的影响相同，可以消除温漂和老化带来的误差。

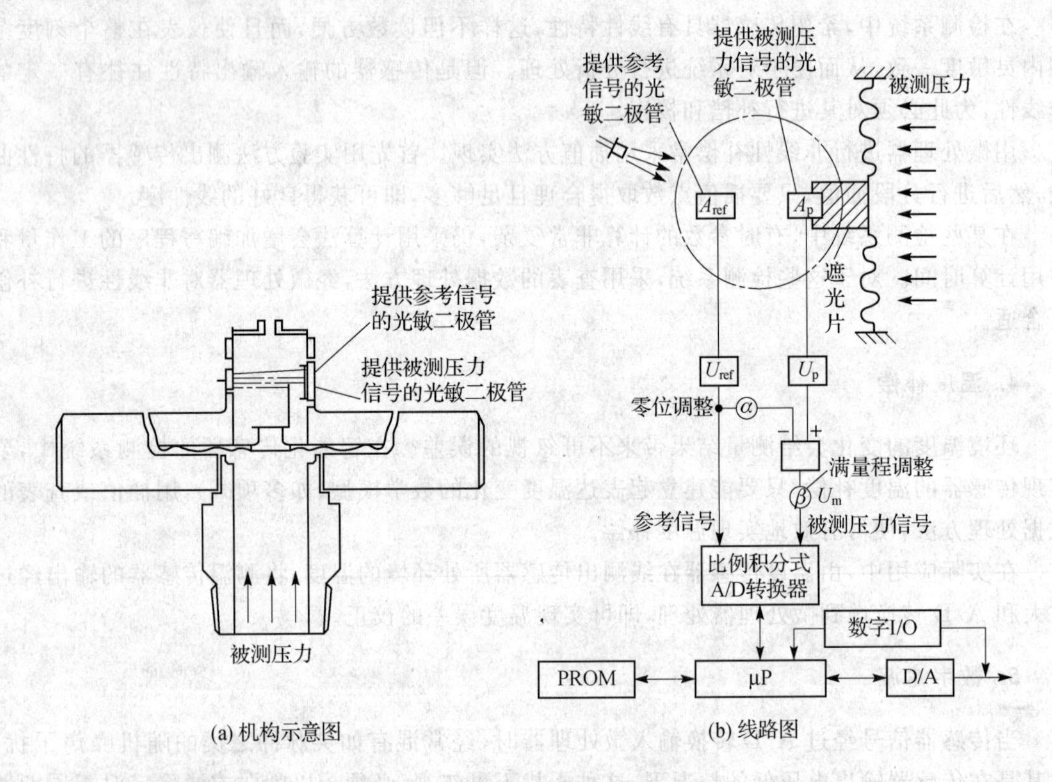

图6-5　光电式智能化压力传感器

两个二极管受同一光源（发光二极管）的照射，随着感压膜片的位移，固定在膜片硬中心上，起窗口作用的遮光板将遮隔一部分射向测量二极管的光；而起提供参考信号作用的二极管则连续检测光源的光强。两个电压信号 U_p 和 U_{ref} 分别由测量二极管和提供参考基准的二极管产生，它们分别为

$$\left.\begin{aligned} U_p &= CHA_p \\ U_{ref} &= CHA_{ref} \end{aligned}\right\} \tag{6.1}$$

式中：H、C 分别为光强度(cd)和二极管光敏系数($V/(cd \cdot m^2)$)；A_p、A_{ref} 分别为测量二极管和参考基准二极管的受光面积(m^2)。

用一个比例积分式A/D转换器来获得仅与二极管照射面积 A_p、A_{ref} 以及零位调整和满量程调整给定的转角 α、β 有关的数字输出，参见图6-5(b)。

至于二极管的非线性、膜片的非线性可由微处理器修正。在标定时，将这些非线性特性存入可编程只读存储器中进行编程，在测量时即可通过微处理器运算实现非线性补偿。

这就是智能化传感器的设计思路，不追求在基本传感器上获得线性特性，认可其重复性好的非线性，而后采用专用的可编程补偿方法获得良好的线性度。

该智能化传感器的综合精度在 0～120 kPa 的测量范围内可达到 0.05%，重复性为 0.005%，可输出模拟信号和数字信号。

6.3.2　智能化差压传感器

图 6-6 所示智能化差压传感器由基本传感器、微处理器和现场通信器组成。传感器采用硅压阻力敏元件。它是一个多功能器件，即在同一单晶硅芯片上扩散有可测差压、静压和温度的多功能传感器。该传感器输出的差压、静压和温度 3 个信号，经前置放大、A/D 转换，送入微处理器中。其中静压和温度信号用于对差压进行补偿，经过补偿处理后的差压数字信号再经 D/A 转成 4～20 mA 的标准信号输出；也可经由数字接口直接输出数字信号。

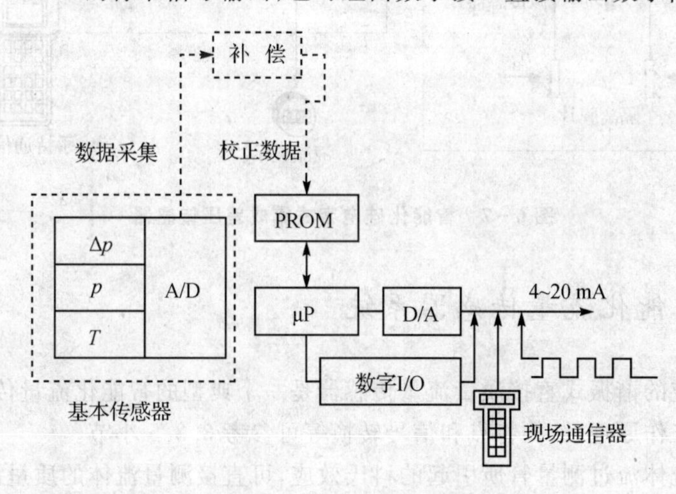

图 6-6　智能化差压传感器

该智能化传感器具有如下特点：

① 量程比高，可达到 400：1；

② 精度较高，在其满量程内精度优于 0.1%；

③ 具有远程诊断功能，如在控制室内就可以断定是哪一部分发生了故障；

④ 具有远程设置功能，在控制室内可以设定量程比，选择线性输出还是平方根输出，调整阻尼时间和零点设置等；

⑤ 在现场通信器上可调整智能化传感器的流程位置、编号和测压范围；

⑥ 具有数字补偿功能，可有效地对非线性特性、温度误差等进行补偿。

图 6－7 所示为智能化硅电容式集成差压传感器，由硅电容式微传感器单元和它的信号处理单元两部分组成。硅电容式微传感器的外形尺寸为 9 mm×9 mm×7 mm。传感器的感压硅膜片由硅微电子集成工艺技术（如等离子刻蚀等工艺）制成。其满量程偏移量仅有 4 μm。硅电容式微传感器的工作原理、结构特点和信号转换等可参考第 6 章。信号处理单元各部分的功能直接标示于图中，此处不再赘述。

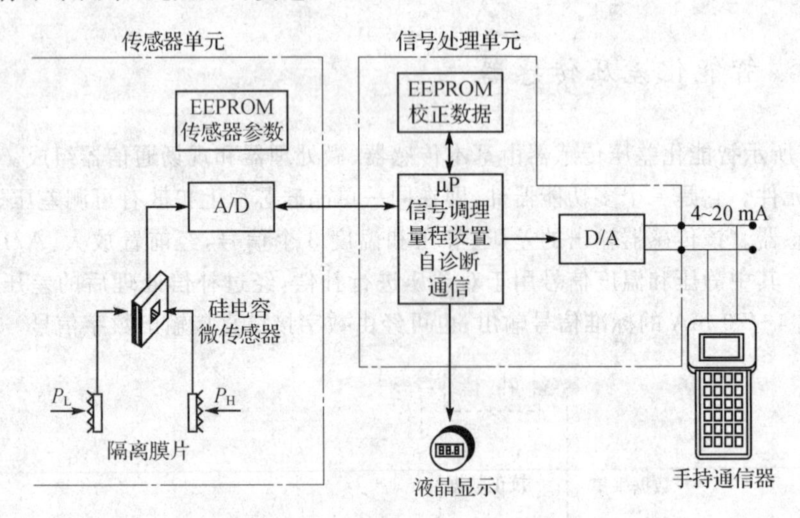

图 6－7　智能化硅电容式集成差压传感器

6.3.3　智能化流量传感器系统

基于科氏效应的谐振式直接质量流量传感器是一个典型的智能化流量传感器系统。有关该流量传感器的工作原理、结构特点和信号转换等可参考 3.3.5 小节。

该系统利用流体流过测量管所引起的科氏效应，可直接测量流体的质量流量，而且受流体的粘度、密度和压力等因素的影响较小，在一定范围内无须补偿。

利用流体流过测量管所引起的系统谐振频率的变化，可以直接测量流体的密度，而且受流体的粘度、压力、流速等因素的影响较小，在一定范围内无须补偿。

基于系统同时直接测得的流体的质量流量和密度，就可以实现对流体体积流量的同步解算。

基于系统同时直接测得的流体的质量流量和体积流量，就可以实现对流体质量数与体积数的累积计算，从而实现罐装的批控功能。

基于直接测得的流体的密度，就可以实现对两组分流体（如油和水）各自质量流量、体积流量的测量；同时也可以实现对两组分流体各自质量与体积的计算，给出两组分流体各自的质量比例和体积比例。这在原油生产过程中具有十分重要的应用价值。

图 6－8 所示为智能化流量传感器系统功能示意图。

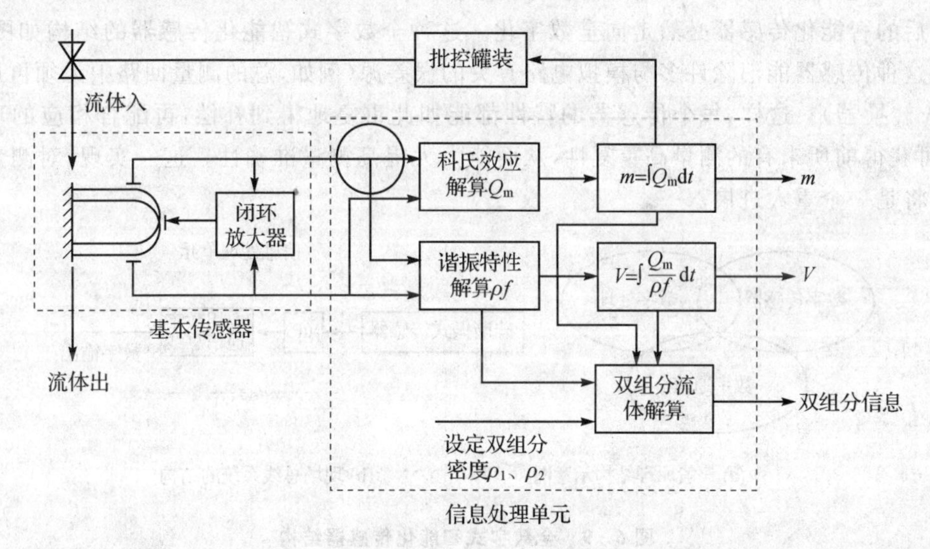

图 6－8　智能化流量传感器系统功能示意图

除了实现上述功能外，在流体的测量过程中，实时性要求也越来越高，而由于传感器自身的工作频率较低，如弯管结构在 60～110 Hz，直管结构在几百赫兹至 1 000 Hz，因此必须以一定的解算模型对流量测量过程进行在线动态校正，从而提高测量过程的实时性。

6.4　智能化传感器的发展前景

20 年前，美国 Honeywell 公司推出了第一个智能化传感器。它将硅微机械敏感技术与微处理器的计算、控制能力结合在一起，从而建立起一种新的传感器概念。这种新传感器（智能化传感器）是由一个或多个基本传感器、信号调理电路、微处理器和通信网络等功能单元组成的一种高性能传感器。这些功能单元块可以封装在同一表壳内，也可分别封装。目前智能化传感器多实用于压力、应力、应变、加速度和流量等测量的传感器中，并逐渐向化学、生物、磁和光学等各类传感器的应用上扩展。

近年来，伴随着微处理器技术的大力发展，DSP（Digital Signal Processor）技术、FPGA（Field Programmable Gate Array）技术、蓝牙（Bluetooth）技术等在测控技术领域都获得了成功的应用，从而为智能化传感器不断赋予新的内涵与功能。

智能化传感器中的微处理器控制系统本身都是数字式的，其通信规程目前仍不统一，有多种协议，应用比较多的是寻址远程传感器的数据线 HART(Highway Addressable Remote Transducer)协议、FF 基金会现场总线(Foundation Fieldbus)协议、LonWorks 总线协议、PROFIBUS 总线协议和 CAN 总线协议等。

今后的智能化传感器必然走向全数字化。这种全数字式智能化传感器的结构如图 6-9 所示。这种传感器能消除许多与模拟电路有关的误差源(例如，总的测量回路中无须再用A/D和 D/A 转换器)。这样，每个传感器的特性都能如此重复地得到补偿，再配合相应的环境补偿，就可获得前所未有的测量高重复性，从而能大大提高测量准确性。这一实现，对测量与控制技术将是一个重大进展。

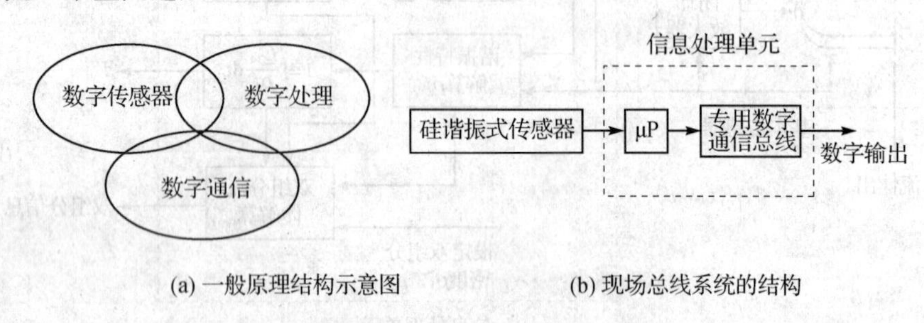

(a) 一般原理结构示意图　　(b) 现场总线系统的结构

图 6-9　全数字式智能化传感器结构

未来几年内，将有更多的传感器系统全部集成在一个芯片上(或多片模块上)，其中包括微传感器、微处理器和微执行器，构成一个闭环工作的微系统。将数字接口与更高一级的计算机控制系统相连，通过利用专家系统中得到的算法，可对基本微传感器部分提供更好的校正与补偿。这样的智能化传感器，功能会更多，精度和可靠性会更高，智能化的程度也将不断提高，优点会越来越明显。

智能化传感器代表着传感技术今后发展的大趋势，已是世界上仪器仪表界共同关注的研究内容。有理由相信，伴随着微机械加工工艺与微处理器技术的大力发展，智能化传感器必将不断地被赋予更新的内涵与功能，也必将推动测控技术的大力发展。

思考题与习题

1. 如何理解智能化传感器？有人认为应用微处理器的传感器就是智能化传感器，这个观点是否正确？为什么？

2. 从传感器作为信息技术的源头这一角度出发，来论述智能化传感器的核心是基本传感器。

3. 基于图 6-3 来说明软件技术在智能化传感器中的重要作用。

4. 在智能化传感器中，基本传感器的线性度不再是重要的性能指标。谈谈你对这一学术观点的理解。

5. 简要说明以硅谐振式微传感器为基本传感器的智能化传感器的优点。

6. 基于图 6－8 说明智能化流量传感器系统中体现的“智能”。

7. 为什么说智能化传感器代表着今后传感器发展的大趋势？至少阅读 8 篇以上近 3 年的有关文献，并写出不少于 1 200 字的短文加以论述。要求列出参考文献的作者及出处。

第 7 章　无线传感器网络

7.1 概　述

无线传感器网络（Wireless Sensor Network，WSN）属多学科高度交叉的新兴前沿研究领域，备受国内外关注。它综合了传感器、嵌入式计算、无线通信网络、分布式信息处理等技术，通过各类集成化的微型传感器协作，可使人们实时监测、感知和获取各种环境或监测对象的信息，具有微型化、集成化、网络化、多功能化等特点。无线传感器网络可随机自组织网络，并以多跳中继方式将所感知信息传送至用户终端。因此，无线传感器网络可在独立的环境下运行，也可通过网关与基于 Internet 的现有通信设备相连接。这样，远程用户可通过 Internet 获取无线传感器网络采集的现场信息。

20 世纪 70 年代就出现了将传统传感器采用点对点传输、连接传感控制器而构成的传感器网络，即第 1 代传感器网络。随着科学技术的进步，传感器网络同时具备了获取多种信息信号的综合处理能力，并通过与传感控制器的连接而构成了具有信息综合处理能力的传感器网络，即第 2 代传感器网络。第 3 代则发展成为基于现场总线的智能传感器网络。目前的无线传感器网络属于第 4 代传感器网络。无线传感器网络最初的研究重点是国防项目，1978 年，美国国防部高级研究计划局（Defense Advanced Research Projects Agency，DARPA）在卡耐基-梅隆大学成立了分布式传感器网络工作组，从而拉开了无线传感器网络研究的序幕。此后，DARPA 又联合美国自然科学基金委员会设立了多项有关无线传感器网络的研究项目。到了 20 世纪 90 年代中后期，WSN 引起了学术界、军界和工业界的广泛关注，发展了现代意义的无线传感器网络技术。其主要特点如下：

1. 传感器节点数目多、分布密度大，采用空间位置寻址

在一个无线传感器网络中，为保证网络的可用性和生存能力，可能会使用多达成千上万的节点，分布密度很大。而且，网络中一般不支持任意两个节点之间的点对点通信，每个节点也不存在唯一的标识。因此，在进行数据传输时需要采用空间位置寻址。

2. 动态拓扑网络结构，传感器节点具有自组织能力和数据融合能力

网络的拓扑结构是指从网络层角度来看的物理网络的逻辑视图。由于无线传感器网络中传感器节点随时可能会受诸如天气、地形等因素影响而发生故障，或者有新的传感器节点被添加到网络中，这些情况都将使无线传感器网络的拓扑结构发生变化。因此，无线传感器网络需

具有自组织、自配置的能力。由于传感器节点数目众多,很多节点会被配置采集相同类型的数据。这就要求一些节点具有数据融合能力,以减少数据传输中的能量消耗,延长网络寿命。

3. 网络带宽受限,且传感器节点的能量有限

传感器节点多分布于范围较广泛的现场环境,受无线信道的串扰、噪声、信号衰减与竞争等因素影响,传感器节点的实际带宽远低于理论上可提供的最大带宽。由于网络系统多工作在无人值守的状态,这些节点的能量主要由电池提供,但能量有限,而且在使用过程中更换节点电池也会受客观条件限制。因此,传感器节点的能量限制是整个无线传感器网络设计的瓶颈,将直接影响网络的工作寿命。

4. 网络扩展性不强,需改进路由协议

动态变化的网络拓扑结构使具有不同子网地址的传感器节点可能处于同一个无线自组织网络中,而子网技术所带来的扩展性无法应用于无线自组织网络环境。而且,单个传感器节点的计算与存储能力较低。因此,需要设计简单有效的路由协议,例如,可借助中间网络节点和射频覆盖范围之外的节点,通过多跳路由进行数据通信。

5. 安全性设计

无线信道、有限的能量、分布式控制都使无线传感器网络容易受到攻击。被动窃听、主动入侵、拒绝服务是攻击的常见方式。由于单个节点抵抗攻击的能力相对较低,攻击者很容易使用常见设备发动点对点的不对称攻击。因此,信道加密、抗干扰、用户认证等安全措施在无线传感器网络的设计中是非常重要的。

作为新一代的传感器网络,无线传感器网络在军事国防、空间探索、生物医疗、环境监测、油田建设、地质勘探、城市管理、危险区域远程控制等领域都具有重要的科研价值和非常广泛的应用前景,如图7-1所示。一些发达国家如美国,非常重视无线传感器网络的发展。1999年,美国著名的《商业周刊》将无线传感器网络列为21世纪最具影响的21项技术之一。2000年,美国国防部将传感器网络列为国防5个尖端领域之一。2003年,MIT技术评论在预测未来技术发展的报告中,将无线传感器网络列为改变世界的10大新技术之一。美国《商业周刊》又在其“未来技术专版”中指出,传感器网络是全球未来4大高新技术产业之一。同年,美国科学基金委员会制定了WSN研究计划,每年拨款3 400万美元资助无线传感器网络项目,其研究领域涉及能感知有毒化学物和生物攻击等的传感器节点、分布环境下传感器网络的特性,以及如何有效利用获得的数据进行分析决策等问题。2005年美国在对网络技术和系统的研究计划中提供多达4 000万美元的资助金额,主要用于开展下一代高可靠、安全可扩展的网络、可编程的无线网络及传感器系统网络特性的研究。此外,美国的交通部、能源部以及国家航空航天局相继启动了相关的研究项目。美国所有著名院校几乎都有研究小组在从事WSN相关技术的研究。加拿大、英国、德国、芬兰、日本和意大利等国家的研究机构也加入了 WSN 的研究。

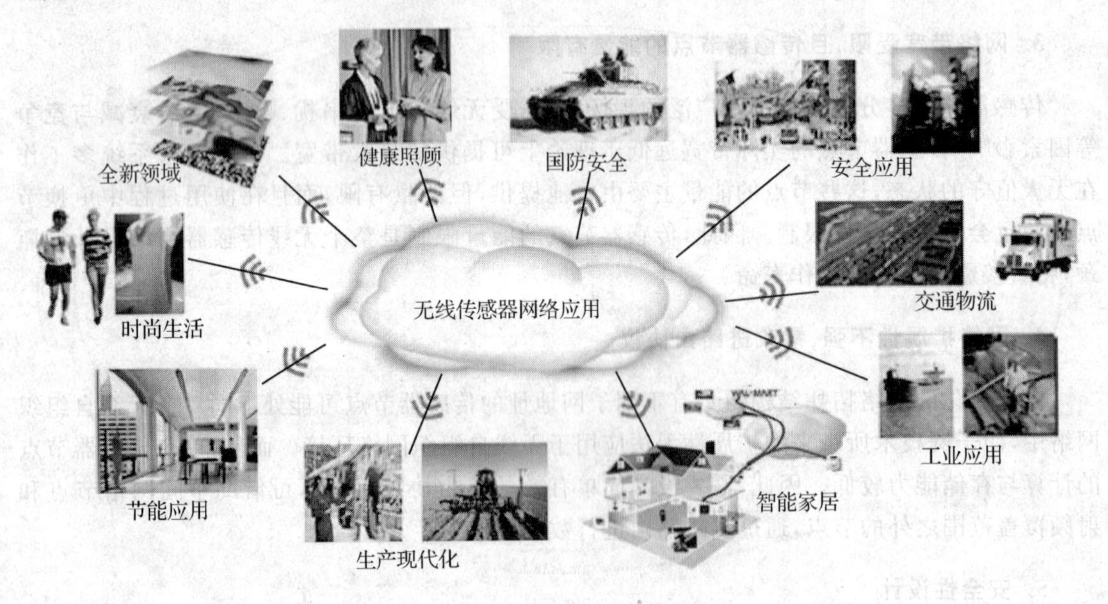

图 7-1 无线传感器网络的典型应用

我国现代意义的无线传感器网络及其应用研究几乎与其他发达国家同步。在 1999 年中国科学院《知识创新工程试点领域方向研究》的信息与自动化领域研究报告中，无线传感器网络被列为该领域的 5 大重大项目之一。2001 年，中国科学院依托上海微系统所成立微系统研究与发展中心，通过该中心在无线传感器网络方向开展了一些重大研究项目和方向性项目，初步建立了传感器网络系统研究平台，并在无线智能传感器网络通信技术、微型传感器、传感器节点、簇点和应用系统等方面取得了很大进展。2006 年 4 月，国家"十一五"规划和《国家中长期科学与技术发展规划纲要(2006—2020)》在支持的重点领域及其优先主题"信息产业及现代服务业"中列入了"传感器网络及智能信息处理"，并在前沿技术中重点支持"自组织传感器网络技术"。近年来，国家自然科学基金以多种形式支持 WSN 的研究。2005 年国家自然科学基金将网络传感器中的基础理论和关键技术列入计划，2006 年国家自然科学基金将水下移动传感器网络的关键技术列为重点研究项目。国家"863"计划也将 WSN 列为支持项目，资助金额达 2 000 万元，由中科院沈阳自动化研究所等单位承担。国家"973"计划对 WSN 也有资助，资助金额达 2 800 万元，由清华大学、上海交通大学等承担。其他部门如信息部、有些省市和企业均对 WSN 有所支持。在国家发改委下一代互联网示范工程中，WSN 的相关课题被部署。而且，在我国 2010 年远景规划和"十五"计划中，WSN 也都被列为重点发展产业之一。

总之，国内外许多高校和企业都掀起了无线传感器网络的研究热潮。在学术领域上，研究重点主要为无线传感器网络的通信协议、无线传感器网络管理、无线传感器网络数据管理和应用支撑服务等。无线传感器网络的广泛使用是一种必然趋势，它的出现必将会给人类社会带来极大的变革。

7.2 无线传感器和传感器网络

7.2.1 无线传感器网络架构和设计

半导体IC技术促进了智能传感器、微传感器及其配套软件的数字射频通信系统的快速发展，使无线传感器系统增加了特点，并扩展了应用领域。目前，现代无线传感器主要为嵌入式设备，或者为使用附加器件的模块化设备。在嵌入式传感器内，无线通信单元和传感器集成于同一个芯片内。在模块化设备中，用于无线数据传输的射频通信模块连接在传感器的外部。这两种情况都是基于由数字器件和I/O系统支持的数字IC技术。其中，IC传感器是无线通信设备中的核心部分，在很多应用场合，其内置有数字电路和射频收发器，可进行无线数据操作。一个完整的无线传感器系统主要集成传感单元、信号处理电路、射频通信电路、电池和外壳封装5部分。通过混合电路、微电子机械系统(Micro Electro Mechanical Systems，MEMS)工艺或混合信号专用集成电路(Application Specific Intergrated Circuits，ASIC)设计，可减小射频通信电路及传感器信号处理电路的尺寸。图7-2所示为德州仪器TI公司推出的业界首款集成USB控制器的1 GHz以下射频RF片上微型系统(型号为CC1111)。该微型系统结合了多种器件的优异性能，其中包括TI业界最佳的RF收发器CC1101、增强型8051微控制

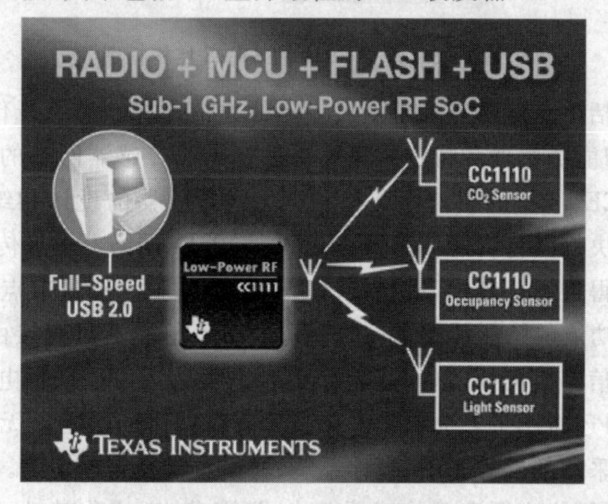

图7-2 TI公司推出的用于无线传感器网络的RF片上系统

器、8/16/32 KB 系统内可编程闪存以及全速 USB 控制器，在计算机 PC 与射频 RF 间建立了快捷的连接，能够显著提高低功耗无线传感器网络的性能。

图 7-3 给出了基于英飞凌智能传感器 SP30 设计的汽车轮胎压力监测系统（Tire Pressure Monitor System，TPMS）的结构框图。英飞凌面向 TPMS 应用的 SP30 传感器集成了硅微机械加工的压力与加速度传感器、温度传感器和一个电池电压监测器，提供四合一传感功能，并配有一个能完成测量、信号补偿与调整及 SPI 串行通信接口的 CMOS 大规模集成电路。其中，SP30 内置 8 位哈佛结构 RISC MCU 和 2D 通道的低频（LF）接口，消耗的电流仅 0.4 μA，无线射频发射器件采用英飞凌公司的 TDK5100F（434 MHz ASK/FSK 发射器）。该系统可直接接收 125kHz 的低频唤醒信号以控制发射模块对轮胎压力、温度、电池电压及加速度进行数据采集，并将数据以无线方式发射出去，实现无线传感器节点的功能。

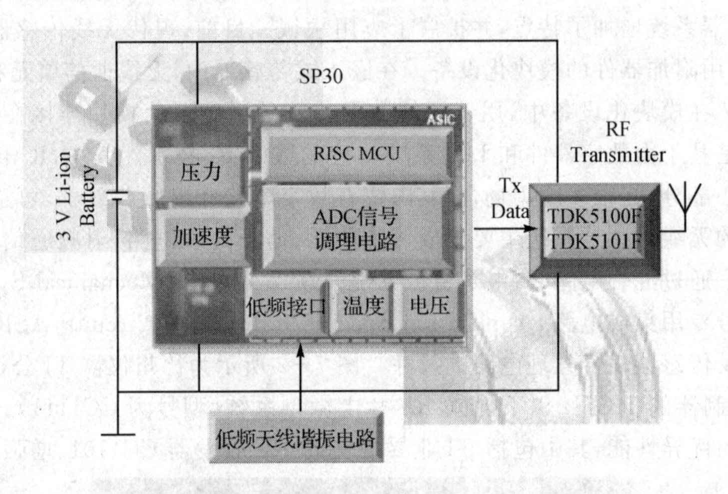

图 7-3　基于 SP30 的 TPMS 结构框图

无线通信网络包括单点对单点和单点对多点的通信方式。当无线传感器节点很多、分布密度很大时，需利用智能传感器和特定编程算法进行无线传感器网络的组网设计。在组网通信协议方面，诸如 IEEE 1451 的通信标准有利于无线传感器的设计和组网，同时很多运营商也正在推动合适的解决方案将智能传感器连接到 TCP/IP 网络。最近传感器接口技术在底层接口和高层接口上取得进展。其中，底层接口用于由基站和传感器节点组成的传感器簇的开发，它需要具有 Web 功能的智能传感器，这样利用 Web 传感器可直接由网络进行连接；高层接口用于各类无线通信网络拓扑，例如蓝牙、Adhoc 网络、ZigBee、低耗电无线技术和嵌入式操作系统，同时高层接口还减小了人为操作对无线传感器网络的影响。无线传感器网络在不同的应用环境及需求下采用的硬件平台、操作系统、通信协议是有差别的。

首先，无线传感器网络主要涉及传感器节点、汇聚节点（或称基站、网关节点、Sink 节点）和管理平台 3 种硬件平台。其中，传感器节点具有传统网络的终端和路由器功能，可对来自本地和其他节点的信息进行收集和数据处理，其结构如图7-4所示；汇聚节点用于实现两个通信网络之间的数据交换，发布管理节点的监测任务，并将此收集的数据转发至其他网络，其结构如图7-5所示；管理平台负责对整个无线传感器网络进行监测和管理，通常情况下为安装有网络管理软件的PC机或移动终端。目前，很多科研机构都开发有自己的硬件平台，代表性的硬件平台有克尔斯博、Intel、Chipcon、飞思卡尔、Microchip、Infineon及西谷曙光数字技术有限公司等，它们的区别主要是处理器、无线通信方式和传感器的配置不同。在选择和设计硬件平台时，首先对无线传感器网络所应用的环境、参数要求、功能需求、成本等进行整体分析；然后，基于上述分析结果，使用现有的传感器节点或自行设计传感器节点。在进行自行设计传感器节点时，需重点考虑传感器单元、CPU处理单元、无线通信单元和电源管理单元。这种方式可使设计的参数更容易满足现场需要，但存在开发周期较长和风险大的问题。

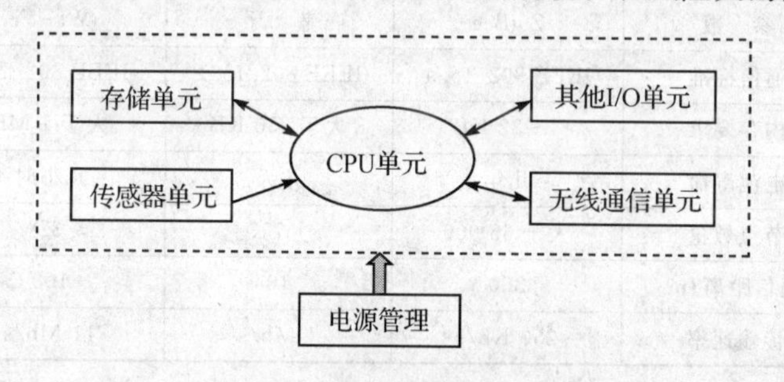

图7-4 传感器节点的结构框图

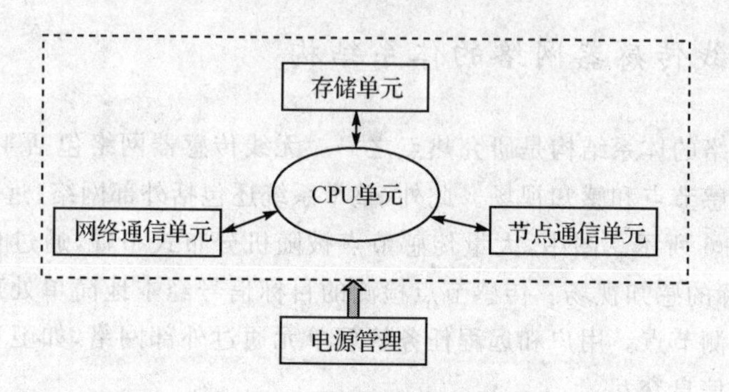

图7-5 汇聚节点的结构框图

其次，无线传感器网络中涉及的硬件大致可分为智能尘埃和微处理器两种，而操作系统作为用户与硬件之间的桥梁，负责硬件资源的管理和应用程序的控制。无线传感器网络是一个典型的嵌入式应用，其中，嵌入式实时操作系统(Real-Time Operating System，RTOS)是核心软件。微处理器可使用传统的嵌入式操作系统，如μC/OS-II、Linux、Windows CE等。智能尘埃属于小型嵌入式系统，可使用的硬件资源有限，需要高效有限的内存管理和处理器，这时传统的嵌入式操作系统将不能满足要求，可使用Tiny OS、Mantis OS、Magnet OS或SOS

等专门针对无线传感器网络特点而开发的操作系统。

最后,通信协议是无线传感器网络实现通信的基础。无线传感器网络通信协议的设计目的是实现无线传感器网络通信机制与上层应用分离,为传感器节点提供自组织的无线通信功能。在网络的无线通信设计中,可采用表 7-1 所列的标准通信协议,如 ZigBee、蓝牙、Wi-Fi 等短距离无线通信协议,或采用自定义的通信协议。自定义通信协议可以有针对性地解决工业现场的实际问题,但若节点数量大且功能复杂,则编制周期会较长,且复杂。具体选用哪种通信标准,需结合系统需求和现场实际确定。目前,多采用 ZigBee 协议进行无线传感器网络设计。

表 7-1　不同短距离无线通信协议的比较

参　数	ZigBee	蓝　牙	Wi-Fi
通信标准	IEEE 802.15.4	IEEE 802.15.1	IEEE 802.11b
内存要求	4～32 KB	大于 250 KB	大于 1 MB
电池寿命	几年	几天	几小时
节点数量	大于 65 000	7	32
通信距离/m	300	10	100
传输速率	250 Kb/s	1 Mb/s	11 Mb/s

7.2.2　无线传感器网络的体系结构

无线传感器网络的体系结构是研究热点之一。无线传感器网络包括 4 类基本实体对象:目标、观测节点、传感节点和感知视场。此外,整个系统还包括外部网络、远程任务管理单元和用户终端,如图 7-6 所示。图中,大量传感节点被随机分布式布置,通过自组织方式配置网络,协同形成对目标的感知视场。传感节点检测的目标信号经本地简单处理后通过邻近传感节点多跳传输到观测节点。用户和远程任务管理单元通过外部网络,如卫星通信网络或互联网与观测节点进行信息交互。

图 7-7 给出了无线传感器网络应用系统架构。在该架构中,无线传感器网络中间件和平台软件由无线传感器网络和应用支撑技术层、无线传感器网络基础设施和基于无线传感器网络应用程序层的一部分共性功能以及管理和信息安全的一部分构成。这些无线传感器网络中间件和平台软件体系结构主要涉及网络适配层、基础软件层、应用开发层和应用业务适配层 4 个层次。其中,网络适配层和基础软件层组成无线传感器网络节点嵌入式软件(布置在无线传感器网络节点中)的体系结构,应用开发层和基础软件层组成无线传感器网络应用支撑结构,用于支持应用业务的开发与实现。由于网络中间件构成无线传感器网络平台软件的公共基

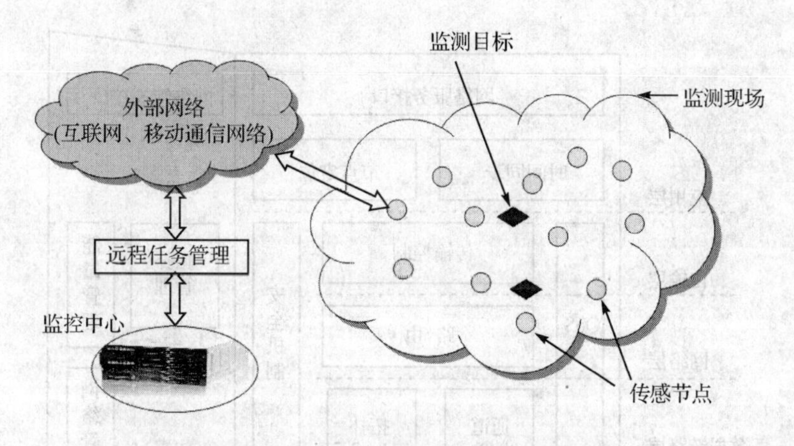

图 7-6　无线传感器网络体系结构框图

础,从而提供了高度的灵活性、模块性和可移植性。

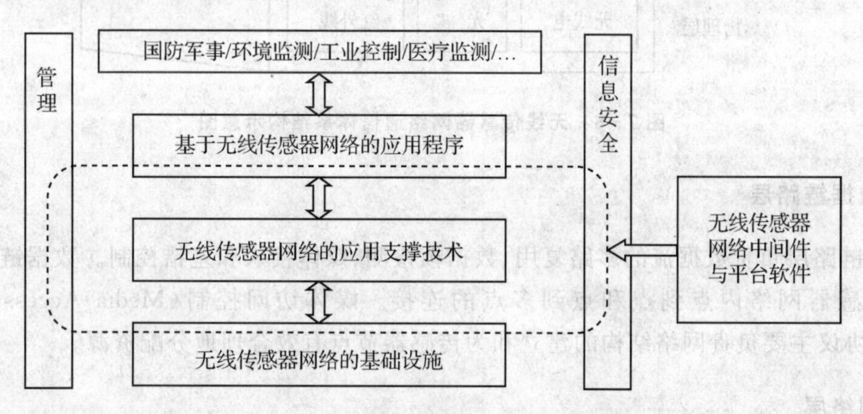

图 7-7　无线传感器网络应用系统架构

传感器网络需要根据用户对网络的需求设计适应自身特点的网络体系结构,为网络协议和算法的标准化提供统一的技术规范,使其能够满足用户的需求。图 7-8 给出了无线传感器网络体系结构的示意图,即横向的通信协议层和纵向的传感器网络管理面。通信协议层可划分为物理层、数据链路层、网络层、传输层、应用层,而网络管理面可划分为能耗管理面、移动性管理面以及任务管理面。管理面主要用于协调不同层次的功能以在能耗管理、移动性管理和任务管理方面获得综合最优设计。

1. 物理层

无线传感器网络的传输介质可以为无线电、红外线或光波,但主要使用无线电。

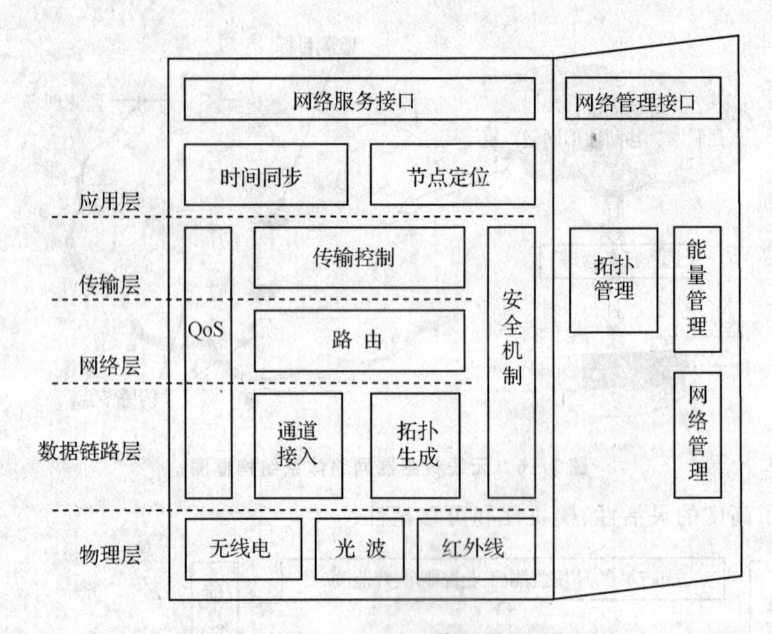

图 7－8 无线传感器网络通信体系结构示意图

2. 数据链路层

数据链路层负责数据流的多路复用、数据帧检测、媒体接入和差错控制。数据链路层保证了无线传感器网络内点到点和点到多点的连接。媒体访问控制（Media Access Control，MAC)层协议主要负责网络结构的建立和为传感器节点有效合理地分配资源。

3. 网络层

传感器网络节点高密度地分布在待测环境内或其周围，在传感器网络发送节点和接收节点之间需要特殊的多跳无线路由协议。无线传感器网络的路由算法在设计时需要特别考虑功率消耗问题。因此，传感器网络的网络层设计是以数据为中心，具体某个节点的观测数据并不是特别重要。

4. 传输层

虽然无线传感器网络的计算资源和存储资源有限，但通常数据传输量不是很大。由于Internet的 TCP/IP 协议是基于全局地址的端到端传输协议，其基于属性命名的设计对于传感器网络的扩展性的作用不大。因此，UDP 协议更适合作为无线传感器网络的传输层协议。

总的来说，无线传感器网络的体系结构受实际应用影响，灵活性、容错性、高密度及快速布置是体系结构设计的重要因素。

7.2.3　无线集成网络传感器

无线集成网络传感器(Wireless Integrated Network System,WINS)为嵌入式传感器、控制器和处理器提供分布式网络和 Internet 接入。WINS 从 1993 年开始由加利福尼亚大学和洛杉矶大学研发,3 年后推出了第一代 WINS 设备和软件。随后,国防高级研究项目署资助的低功率无线集成微传感器(Low Power Wireless Integrated Microsensor,LWIM)工程验证了多跳、自组织无线通信网络的灵活性。同时,第一代网络也验证了微功率级无线传感器节点和网络运行算法的灵活性。目前,WINS 的基本网络结构和辅助电子元器件与无线传感器网络并无很大区别。

与无线传感器网络和无线移动传感器系统相比,WINS 技术应用较早。WINS 最初主要应用于运输、生产、医疗、环境监视、安全系统和城市交通控制等领域以简化监视和控制。通过结合传感器技术、信号处理技术、低功耗技术和无线通信技术,WINS 主要用于低功率、低速率、短距离双工通信。在一些基于 WINS 结构的系统中,传感器需要持续检测事件。所有的元件、传感器、数据转换器、缓存等都工作在微功耗级。在完成事件检测之后,微控制器向信号处理器发布命令;然后,节点工作协议决定是否向远程用户或相邻 WINS 节点报警;由 WINS 节点提供确认事件的属性。由于 WINS 在本地通过短距离、低速率通信设备与众多传感器节点联系;因此,分离节点在网络结构中被采用以进行多跳通信。在 WINS 的密集区域,这种多跳结构允许节点间的链路通信,从而增强窄带通信能力,并可在密集节点布局时降低功耗。

当前,大多数传感器节点采用电池供电方式,制约 WINS 节点的主要因素是费用和功率要求。这样,采用低功耗传感器接口、CMOS 微功率元器件及信号处理电路可延长 WINS 节点的工作时间。传统的 WINS 射频系统设计是基于集成芯片和板级元件的组合,这种接口可驱动 50 Ω 电阻负载,但有源元件和无源元件的集合将导致阻抗值增大,降低功率消耗。为此,各构成系统内部或构成系统之间的阻抗由每个节点引进的高 Q 值感应器控制,使窄带、高输出阻抗的金属氧化物半导体电路能从低频段转换到相应频带宽度的高频段。而且,为提高 WINS 在强背景噪声情况下的检测范围,传感器灵敏度必须被优化。

近年来,WINS 的嵌入式无线通信和网络协议是研究热点之一。嵌入式无线通信网络通常工作在免许可的 902～928 MHz 频段,频点为 2.4 GHz,包括扩频通信、信号编码和多址接入。WINS 系统工作在低功率、低抽样频率和受限的背景环境感知度的条件下,通过无线网桥与传统有线通信网络设备相连,WINS 网络支持多跳通信。紧凑的几何分布和较低成本使无线集成传感器的配置和分布费用较低,仅占传统有线传感器系统的一小部分。目前,WINS 已有成型的自组织、多跳频分多址(Frequency Division Multiple Access,FDMA)和时分多址(Time Division Multiple Access,TDMA)网络协议模型。在一个芯片上实现微功率 WINS 系统的技术能够构建新的、嵌入式的传感与计算平台。而且,智能无线传感器和数字信号处理技术将进一步推进 WINS 的更大规模应用。

7.2.4 无线传感器网络的安全技术

无线传感器网络是一种大规模的分布式网络，通常被布置在无人值守、条件恶劣的环境中，除具有一般无线网络所面临的信息泄露、信息篡改、拒绝服务、重放攻击等威胁外，还面临传感器节点易被攻击者物理操作的威胁。攻击者一旦捕获了部分节点，就可以向节点中注入大量虚假路由报文或篡改后的路由报文，可能将攻击节点伪装成基站，制造循环路由，实施 DoS 攻击，进而控制部分网络。为此，在 WSN 的网络安全设计中需考虑以下内容：

① 节点的物理安全性。节点无法完全保证物理上不可破坏，只能增加破坏的难度，以及对物理上可接触到的数据的保护。例如，提高传感器节点的物理强度，或者采用物理入侵检测，以及发现攻击则自毁。

② 真实性、完整性、可用性。需要保证通信双方的真实性以防止恶意节点冒充合法节点达到攻击目的，同时要保证各种网络服务的可用性。

③ 安全功能的低能耗性。由于常用的加解密和认证算法通常需要较大的计算量，在将其应用至 WSN 时需权衡资源消耗和可能达到的安全强度。因此，安全合适且占用资源尽量小的算法更适合。

④ 节点间协作性。WSN 网络中的许多应用都需要节点间的相互协作，但节点的协作与节点的低功耗在一定程度上是相互影响的。因此，对节点间的协作通信协议设计提出了要求。

⑤ 网络自组织性。单点失败或恶意节点的不合作行为，使得拓扑发生变化从而导致路由错误，因而需要 WSN 具有自组织性以避免这种情况。

⑥ 网络攻击及时应对。WSN 应能及时发现无线网络上存在的潜在攻击行为，并采取措施以尽快消除该行为对网络带来的影响。

针对无线传感器网络安全的潜在问题，研究人员在密钥管理、安全路由、节点鉴权、数据融合和安全体系等方面采取了一些措施。

1. 密钥管理

密钥管理负责产生和维护加密和鉴别过程中所需的密钥，而加密和鉴别能够为网络提供机密性、完整性、认证等基本的安全服务。相对于其他安全技术，加密技术在传统网络安全领域已相当成熟，但在资源有限的无线传感器网络中，任何一种加密算法都面临如何在有限的内存空间内完成加密运算，同时尽量减小功耗和运算时间的问题。当前的密钥管理方案可分为密钥预分配方案和密钥动态分配方案两类。

1）密钥预分配方案

密钥预分配方案根据预分配单个主密钥协议和预分配全部节点共享密钥协议演变而来。

预分配单个主密钥协议使网络所有节点共享同一个主密钥,具有最佳的有效性、易用性、空间效率和计算复杂度,但是只要一个节点被捕获,攻击者就立刻获得全局密钥。预分配全部节点共享密钥协议使网络中每一对节点之间都分配一对共享密钥,它具有很好的安全性,但需要占用极大的存储空间且几乎不具有可扩展性。

2）密钥动态分配方案

与密钥预分配方案相比,密钥动态分配方案并不多见,2006 年 M. Younis 提出的基于位置信息的密钥动态管理方案 SHELL 是较有代表性的一个。在该方案中,节点根据其地理位置被划分为若干簇,每个簇由一个簇头节点来控制。簇内节点的管理密钥一般由其他簇的簇头节点生成并负责维护。密钥生成时,簇头节点生成所在簇的信息矩阵,并将部分信息发送至负责生成密钥的节点,在密钥生成后再通过原簇头节点向簇内广播。与一般的密钥预分配方案相比,SHELL 方案明显增强了抗串谋攻击的能力,但负责密钥生成的节点受损数量越多,网络机密信息暴露的可能性就越大。

2. 安全路由

无线传感器网络中一般不存在专职的路由器,每一个节点都可能承担路由器的功能,这和无线自组织网络是相似的。对于任何路由协议,路由失败都将导致网路的数据传输能力下降,严重时会造成网络瘫痪,但现有的路由算法,如 SPIN、DD、LEACH 均未考虑安全因素,这样即使在简单的路由攻击下网络也难以正常运行。当前实现安全路由的基本手段包括利用密钥系统建立起来的安全通信环境来交换路由信息,以及利用冗余路由传递数据包。由于实现安全路由的核心问题在于拒绝内部攻击者的路由欺骗,因此,有研究者将 SPINS(Security Protocols for Sensor Networks)协议用于建立无线自组网络的安全路由,这种方法可用于无线传感器网络,但在这类方法中,路由的安全性取决于密钥系统的安全性。J. Deng 等人提出了对网络入侵具有抵抗力的路由协议 INSENS。在这个路由协议中,针对可能出现的内部攻击者,综合利用冗余路由及认证机制化解入侵危害。虽然通过多条相互独立的路由传输数据包可避开入侵节点,但由于冗余路由的有效性是以假设网络中只存在少量入侵节点为前提的,并且仅能解决选择性转发和篡改数据等问题,因此,仍存在相当大的局限性。特别是现有无线传感器网络路由协议一般只从能量的角度出发,较少考虑安全问题。今后研究的一个重要方向是提供备用路径的多径路由协议方式以抵御节点捕获攻击。

3. 节点鉴权

由于传感器节点所处环境的开放性,当传感器节点以某种方式进行组网或通信时,须进行鉴权以确保进入网络内的节点都为有效节点。根据参与鉴权的网络实体不同,鉴权协议可以分为传感器网络内部实体之间鉴权、传感器网络对用户的鉴权和传感器网络广播鉴权。目前主要的节点鉴权方案大多是基于 μTESLA 协议的改进方案。

4. 数据融合

数据融合是近年来无线传感器网络研究领域的一个热点。通过在网络内融合多个传感器节点采集的原始数据，可达到减少通信次数、降低通信能耗的目的，从而延长网络生存时间。目前，在无线传感器网络内可采用安全融合算法提供数据融合的安全性，但这种方法也有局限性，即融合节点并不能总获得多个有效的冗余数据，而且对于不同的应用效果也不同。

实际上，在应用时融合节点一旦受到攻击，将对网络造成严重危害。2003 年 B. Przydatek 等人提出了一个安全数据融合方案，这种方案使网络的每一个节点都与融合节点共享一个密钥，并基于交互式证明协议确认融合结果的正确性。目前数据融合安全的研究成果还不多，这项技术将成为未来研究的重要方向之一。

5. 安全体系

为了满足无线传感器网络特有的安全特征，希望提出一种完全适用于该网络的包括鉴权协议、密钥管理协议在内的安全体系。其中，2002 年 A. Perrig 等人提出的 SPINS 协议是具有代表性的一个。

SPINS 是一个典型的多密钥协议，它提供了两个安全模块：SNEP 和 μTESIA。SNEP 通过全局共享密钥提供数据机密性、双向数据鉴别、数据完整性和时效性等安全保障。μTESLA 首先通过单向函数生成一个密钥链，广播节点在不同的时隙中选择不同的密钥计算报文鉴别码，再延迟一段时间公布该鉴别密钥。接收节点使用和广播节点相同的单向函数，它只需和广播者实现时间同步就能连续鉴别广播包。由于 μTESLA 算法只认定基站是可信的，故仅适用于从基站到普通节点的广播数据包鉴别，普通节点之间的广播包鉴别必须通过基站中转。在多跳网络中将有大量节点涉及鉴别密钥和报文鉴别码的中继过程，这将会导致安全方面的问题，同时也会带来大量的无线传感器网络难以承受的通信开销。因此，融合鉴权协议、密钥管理协议、安全路由协议等方面在内的无线传感器网络通用安全体系将有助于无线传感器网络的深入研究。

7.3 分布式传感器网络技术

7.3.1 分布式传感器网络的特点

在多传感器信息融合系统中，经常采用集中式和分布式两种结构。在集中式数据融合结构中，传感器信息被直接送至数据融合中心进行处理，具有信息损失小的优点，但数据互联复杂、可靠性差、计算和通信资源要求也高。而在分布式融合结构中，每个传感器都可独立地处理其自身信息，之后将各决策结果送至数据融合中心，再进行融合。随着通信技术、嵌入式计算技术和传感器技术的飞速发展和日益成熟，具有感知能力、计算能力和通信能力的微型传感器开始应用。由这些微型传感器构成的分布式无线传感器网络(Distributed Sensor Network，DSN)成为近年来一个重要的研究领域。20 世纪 80 年代 R. Wesson 等最早开始了分布式传感器网络的研究，主要是对分布式传感器网络结构的研究。目前，国外各科研机构投入巨资，设立启动了许多关于 DSN 的研究计划，主要有 PicoRadio、WINS、Smart Dust、μAMPS、SCADDS 等。

DSN 的基本要素由传感器、感知对象和观察者构成，是传感器之间、传感器与监测中心之间的通信方式，如图 7－9 所示。DSN 中的部分或全部节点可以移动，相应的拓扑结构也会随着节点的移动而不断地动态变化。节点之间的距离很短，一般采用多跳(multi-hop)、对等(peer to peer)的无线通信方式。

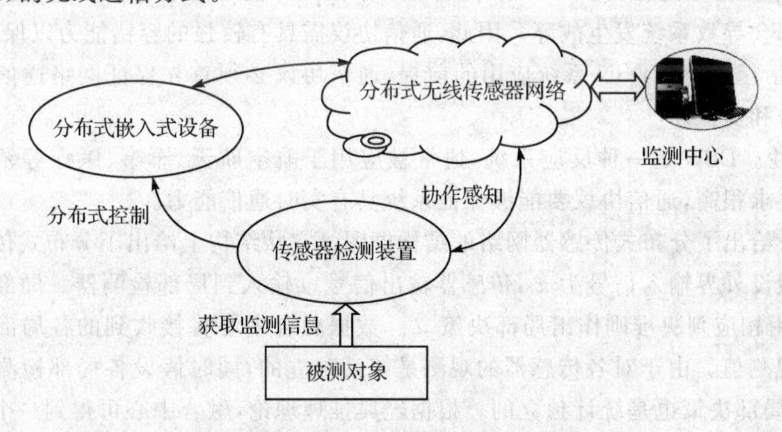

图 7－9　分布式传感器网络的功能框图

目前常见的无线网络包括移动通信网、无线局域网、蓝牙网络、AdHoc 网络等，与这些网络相比，DSN 具有以下特点：

① 硬件资源有限。受价格、体积和功耗的限制，节点计算能力、存储空间远低于普通的计算机。因此，节点操作系统中的协议层不能设计太复杂。

② 电池容量有限。网络节点由电池供电，电池容量不是很大，而且在一些特殊应用场合，电池充电或更换不方便或不允许。因此，节能在分布式传感器网络设计中非常关键。

③ 自组织。网络的布设和展开无需依赖于任何预设的网络设施，节点通过分层协议和分布式算法协调各自的行为，节点开机后可快速、自动地组成一个独立的网络。

④ 多跳路由。网络中节点通信距离有限，一般在几百米范围内，节点只能与其相邻的节点直接通信。若与其射频覆盖范围之外的节点进行通信，需要通过中间节点进行路由。在 DSN 中，多跳路由是由普通网络节点完成的，没有专门的路由设备。因此，每个节点既可能是信息的发布者，也可能是信息的中转者。

⑤ 动态拓扑。DSN是一个动态的网络，其内的节点可自由移动。例如，某一个节点可因为电池能量耗尽或其他故障而退出网络运行，而另一个节点也可能由于某些原因被新增至网络中。这些操作都会使网络的拓扑结构发生变化，因此，网络应具有动态拓扑组织功能。

⑥ 节点数量众多、分布密集。为对某区域进行检测，通常会在该区域密集布置大量传感器节点，利用节点之间的相对连接性来保证系统的容错性和抗毁性。

分布式传感器网络的上述特点对通信协议提出了如下新的设计要求：

① 低耗节能。在DSN中每个节点只携带有限的不可更换的电源，且硬件资源非常有限，导致计算和存储能力很弱，需要以低功耗、节能为主要目标设计合适的协议算法。

② 可扩展。DSN系统规模很大，且节点配置会发生动态变化，要求通信协议须具有很强的可扩展性，以保证通信质量。

③ 环境适应性与健壮性。DSN系统通常工作在无人值守的条件下，环境变化、人为破坏及能量受限都会导致系统发生故障。因此，通信协议需具有较强的容错能力以保证系统稳定。

④ 安全性。安全是DSN系统应用的前提，通信协议必须首先保证网络通信的安全性以防止网络攻击和受控。

⑤ 实时性。DSN是一种反应系统，通常被应用于航空航天、军事、医疗等领域。这些场合对实时性要求很高，通信协议要能够保证系统具有实时通信能力。

图7-10给出了分布式传感器网络的结构框图。它从结构上给出了分布式传感器网络的组成部分。假设外界输入信号为x_i，传感器输出信号y_i输入到局部检测器。局部检测器根据y_i的结果，采用相应判决准则作出局部决策u_i。数据融合中心将接收到的各局部检测器的决策u_i作为其观测值。由于对各传感器的观测是统计独立的，同时假设各局部检测器之间没有数据交互，则局部决策也是统计独立的。根据经典推理理论，融合中心可得到一个基于多传感器决策的联合概率密度函数，然后按一定的准则作出最后决策u。即一个分布式多传感器系统包括一系列传感器节点和相应的处理单元，以及连接不同处理单元的通信网络。每个处理单元连接一个或多个传感器，每个处理单元以及与之相连的传感器被称为簇。数据从传感器传送至与之相连的处理单元，在处理单元处进行数据集成。最后，处理单元相互融合以获得对环境的最佳评价。

2003年H. Qi等提出了一种基于移动代理的分布式传感器网络（Mobile Agent-based Distributed Sensor Network，MADSN）。MADSN采用新的计算策略，数据停留在节点当地，而集成处理代码在数据节点之间传输。MADSN具有以下优点：

① 网络带宽需求降低。无需在网络上传递大量原始数据，仅需要代理传递少量数据。该特性对于实时应用场合及通过窄带宽进行无线通信的场合尤其重要。

② 可预测性改善。网络性能不受传感器数量增加的影响。

③ 可扩展性增强。移动代理可被编程以进行任务自适应的融合处理，从而使系统的能力得到扩展。

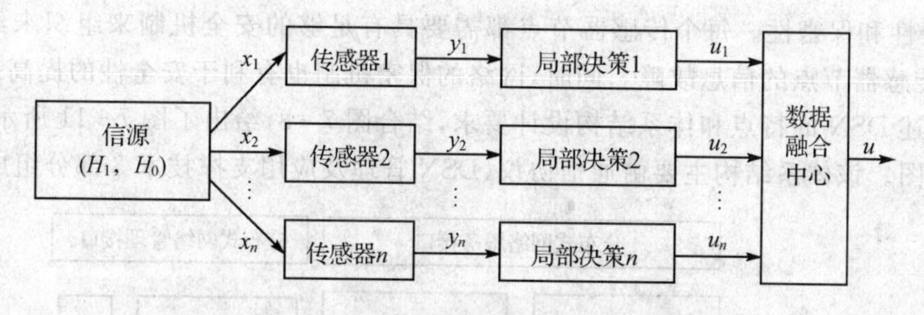

图 7-10　分布式传感器网络的功能框图

④ 稳定性提高。移动代理可以在网络连通时进行数据传送，在网络重建时返回结果。因此，MADSN 的性能不受网络不可靠性的影响。

表 7-2 比较了 DSN 和 MADSN 之间的区别。虽然由于安全原因，移动代理在分布式计算中的作用仍在研究中，但其应用实例证明了基于移动代理的分布式传感器网络的优势。

表 7-2　DSN 和 MADSN 的特点

特　性	DSN	MADSN	特　性	DSN	MADSN
网络传输类型	原始数据	计算策略	扩展性	否	是
占用带宽	大	小	网络可靠性影响	大	小
能否升级	否	是	容错性	是	否

7.3.2　分布式传感器网络的体系结构

DSN 属于无线传感器网络范畴，主要由若干个功能相同或不同的无线传感器节点组成。它的基本组成单位是节点，这些节点集成了传感器、微处理器、无线接口和电源 4 个模块。分布式传感器网络的体系结构设计会受实际应用和传感器网络自身特性的影响。为此，DSN 的体系结构须满足如下要求：

① 小物理尺寸。缩减物理尺寸是设计中需要考虑的关键问题之一，其目的是在提供高效处理器、存储器、无线通信和其他组件的前提下保持合理尺寸。

② 低功耗。传感器网络的能力、寿命和性能均与能耗有关。传感器节点在不更换电池的情况下能够长时间工作是重要的设计要求之一。

③ 协同操作。为实现网络的最佳性能，在通道传输处理模式下，传感器数据必须能够同时从传感器中采集、处理、压缩，然后送到网络中。这样，需要将处理器分割成不同的单元，由各个单元负责完成不同的任务。

④ 运行稳定。传感器节点通常被应用于各种恶劣环境（例如，石油勘探、军事监测或生物体内），系统必须对故障和错误具有一定的容错性，具备自检查、自校准和自我修复能力。

⑤ 安全性和保密性。每个传感器节点都需要具有足够的安全机制来组织未经授权的访问、攻击和传感器节点的信息故障。同时,网络的保密机制也有利于安全性的提高。

根据上述DSN的特点和体系结构设计要求,结合图7-8,给出了图7-11所示的DSN的体系结构框图。该体系结构主要由通信协议、DSN管理及应用支撑技术3部分组成。

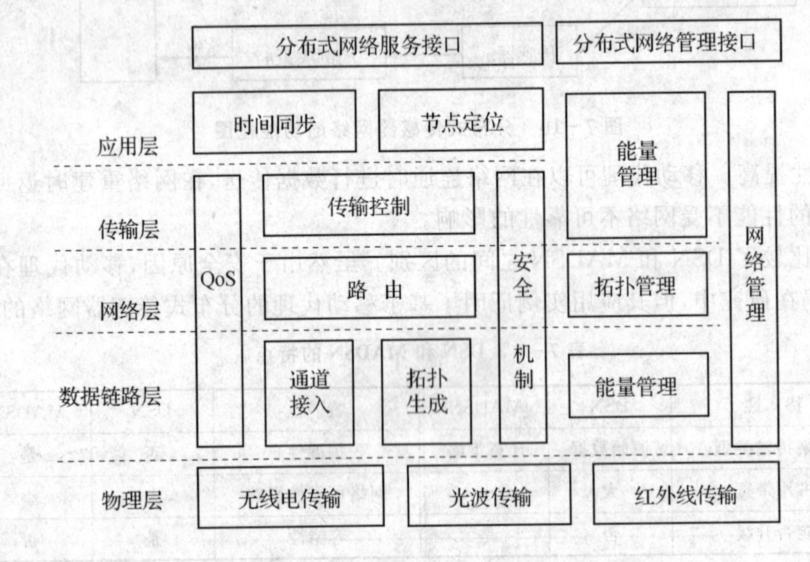

图7-11 分布式传感器网络的体系结构框图

1. 通信协议

通信协议主要包括以下几方面:

① 物理层协议:物理层负责数据的调制、发送与接收。物理层传输方式包括DSN采用的传输媒介、频段及调制方式。其中,DSN可采用的传输媒介主要有无线电、红外线、光波等。

② 数据链路层协议:数据链路层负责数据成帧、帧检测、媒介访问和差错控制。

③ 网络层协议:网络层主要负责数据的路由转发。DSN的通信模型和数据传输需求与传统的有线或无线网络相比存在很大的不同,具体体现在以数据为中心和面向特定的应用。新型的DSN路由协议必须具有协议简单、以数据为中心的融合能力和具有可扩展性。

④ 传输层协议:传输层负责数据流的传输控制,从而确保实现可靠稳定的数据传输。

2. DSN 管理

DSN管理主要包括以下几方面:

① 能量管理:能量管理模块负责控制节点的能量使用。在DSN中,电池是各个节点的主要供电方式。为延长网络的存活时间,必须合理有效地利用能源。

② 拓扑管理：拓扑管理模块负责保持网络连通和数据有效传输。由于传感器节点被密集地布置于监控区域，为节约能源，延长DSN的生存时间，部分节点将按照某种规则进入休眠状态。即在保持网络连通和数据有效传输的前提下，协调DSN中各节点的工作状态。

③ 网络管理：网络管理模块负责网络维护、诊断，并向用户提供网络管理服务接口，通常包括数据收集、数据处理、数据分析和故障处理等功能。

④ 服务质量(Quality of Service，QoS)支持与网络安全机制：QoS是指为应用程序提供足够的资源，使它们以用户可以接受的性能指标工作。其中，数据链路层、网络层和传输层可根据用户的需求提供QoS支持。

总之，DSN多用于军事、商业领域，网络安全是重要的研究内容。由于DSN中传感器节点被随机布置，且网络拓扑的动态性和不稳定的信道都使传统的安全机制无法适用。因此需要设计新型的网络安全机制。

3. 应用支撑技术

DSN的应用支撑技术包括时间同步、节点定位，以及向用户提供协同应用服务接口。

① 时间同步在节点的协同操作中是非常重要的。在DSN中单个节点的能力有限，通常需要大量的传感器相互配合。这些协同工作的传感器节点需要全局同步的时钟支持。

② 节点定位是指确定每个传感器节点在DSN系统中的相对位置或绝对地理坐标。节点定位功能在诸如军事侦察、火灾监测、灾区救助等应用中起着至关重要的作用。

③ 分布式协同应用服务接口可屏蔽DSN中网络规模动态变化、拓扑结构动态变化、无线信道质量较差等因素对网络应用的影响。

7.4 多传感器信息融合技术

7.4.1 多传感器信息融合技术的发展

在多传感器系统中，信息形式表现为多样性，相互之间的关系也变得复杂，且要求信息处理具有实时性、准确性和可靠性。在这种情况下，多传感器信息融合技术应运而生。多传感器信息融合(Multi - Sensor Information Fusion，MSIF)也被称为多传感器数据融合(Multi - Sensor Data Fusion，MSDF)，简称信息融合。它是将不同传感器对某一环境特征描述的信息，综合成统一的特征表达信息及信息处理的过程。由于信息融合的应用领域广泛，很难给出一个统一的定义。实验室联合会(Joint Directors of Laboratories，JDL)在1991年把信息融合定义为“对自动检测、互联、关联、估计和联合的多源信息进行多级、多层次的处理”。D. L. Hall和J. Llinas在1997年给出定义“利用多个传感器的联合数据以及关联数据库提供的相关信息来得到比单个传感器更准确更详细的推论”。目前,国外对信息融合给出了相对确切的定义,即利用计算机技术对按时序获得的若干传感器的观测信息在一定准则下加以自动分析、综合以完成所需的决策和估计任务而进行的信息处理过程。基于这个定义可知,多传感器系统是信息融合的硬件基础,多源信息是信息融合的加工对象,协调优化和综合处理是信息融合的核心。

多传感器信息融合是人类或其他逻辑系统中常见的基本功能。人类将身体上的各种功能器官(如眼、耳、鼻、四肢)所探测的信息(如景物、声音、气味和触觉)与先验知识进行综合,以便对其周围的环境和正在发生的事件作出估计。由于人类感官具有不同的度量特征,因而可以测出不同空间范围内的各种物理现象。但这一处理过程是复杂的,也是自适应的,它将各种信息(图像、声音、气味和物理形状或描述)转化为对环境的有价值的解释及用于解释这些组合信息的知识库。图 7-12 以人为例给出了多传感器信息融合的原理。

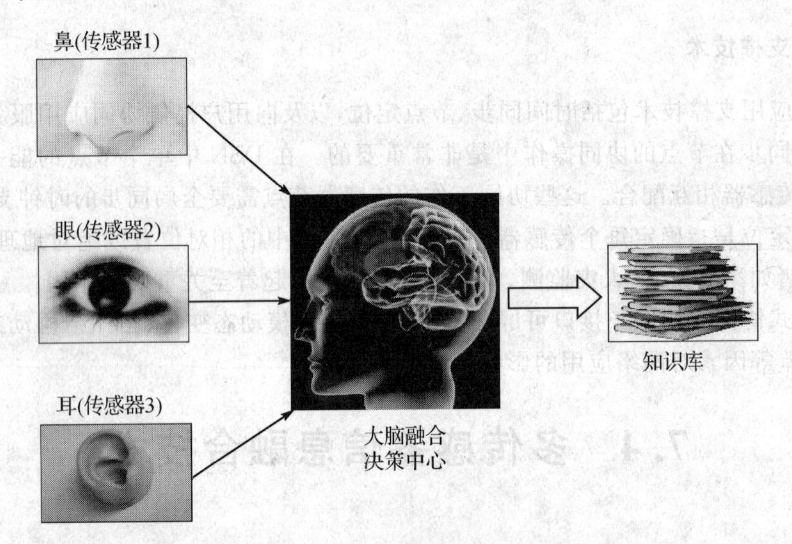

图 7-12 多传感器信息融合的原理

20 世纪 70 年代,美国康涅狄格大学国际著名系统科学家 Y. Bar-Shalom 教授提出了概率数据互联滤波器的概念,这是信息融合的原形。随后,美国研究机构在国防部的资助下,开展了声呐信号理解系统的研究,利用计算机技术对多个独立的连续声呐信号进行融合,从而可自动检测出敌方潜艇的位置,推动了信息融合理论和方法的发展。进入 80 年代后,美国三军相继开始了采用数据融合技术的战略和战术监视系统的开发。1986 年美国国防部成立数据融合工作组联合指导实验室(The Joint Directors of Laboratories Data Fusion Working Group),建立了 JDL 模型,该模型得到了广泛的认同。1988 年,美国国会军事委员会将信息融合技术列为其国防至关重要的 21 项关键技术之一,且列为最优先发展的 A 类标准。80 年代末期,已有一些数据融合系统研制成功,这些系统着重于对现有军用传感器的数据进行有效的融合处理，被称为第 1 代数据融合系统，其类型从大型战略海洋监视系统到各种小型的战术系统。同时，各发达国家已经致力于为数据融合设计混合的传感器和处理器，被称为第 2 代融合系统。到 1991 年，美国已有 54 个信息融合系统被应用于军用电子系统中，通过对来自一组类型各异的传感器数据的融合处理，来增强指挥官对战场态势感知的能力。在海湾战争结束后，美国国防部从实际战争中体会到了数据融合技术的巨大潜力，更加重视信息自动综合处理技术的研究，在通信指挥控制情报系统（Communication、Command、Control and Intelligence Systems，C^3I）中增加计算机，建立以数据融合中心为核心的指挥、控制、通信、计算机和情报一体化系统（Command、Control、Communication、Computer and Intelligence Systems，C^4I）。例如，美、英等国研究的军用数据融合系统有 TCAC（军用系统分析）、INCA（多平台多传感器跟踪信息相关处理系统）、PAAS（全源分析系统）、DAGR（辅助空中作战命令分析系统）、TATR（空中目标确定和截击武器选择专家系统）、AMSUI（自动多传感器部队识别系统）、TRWDS（目标获取和武器输送系统）。20 世纪 90 年代开发的数据融合系统有 ASAS（全源信息分析系统）、LENSCE（战术陆军和空军指挥自动情报保障系统）、ENSCS（敌军态势分析系统）等。目前已开发应用的海军数据融合系统有 TOP（海军战争状态分析显示系统）、OSIF（海面信息融合专家系统）、NCCS（海军指挥控制系统）、IKBS（舰艇编队多传感器信息融合系统）以及英国的 ZKBS（舰载多传感器融合系统）。

国际上对信息融合技术的学术研究也在不断深入，这一领域的研究内容和成果不断出现在各种学术会议和文献资料中。从 20 世纪 80 年代末，美国每年由美国国防部联合指导实验室 C^3I 技术委员会和国际光学工程学会 SPIE 分别赞助召开两个关于信息融合领域的会议。1998 年国际信息融合协会（International Society of Information Fusion，ISIF）成立，同年由 NASA 研究中心、美国陆军研究部、IEEE 信号处理学会、IEEE 控制系统学会等发起，开始每年召开一届信息融合国际会议（International Conference on Information Fusion）。

在国内，20 世纪 90 年代初多传感器信息融合技术研究才逐渐形成高潮。在政府、国防和各种基金部门的资助下，国内一批高校和研究所开始从事相关技术的研究工作，取得了一些理论成果。1995 年，由国防科工委组织，二十多位代表在长沙召开了第一次数据融合研讨会，会议认为，我国多传感器数据融合的研究还处于初级阶段。但是，多传感器数据融合的研究已经引起了国家有关部门的高度重视，并列入了“863 计划”，不过与国际先进水平相比，或与国家需求相比，目前还存在很大差距。国内新一代多传感器应用系统的研究和现代高科技的高速发展都对数据融合的基础研究和应用研究提出了更多更新的挑战。

7.4.2　多传感器信息融合的结构形式

图 7-13 为多传感器信息融合的过程，主要包括多传感器信息获取、数据预处理、数据融合中心和融合结果输出等环节，其中，在数据融合中心进行特征提取和数据融合计算。根据传

感器和融合中心信息流的关系，信息融合的结构可分为串联型、并联型、串并混联型和网络型4种形式。

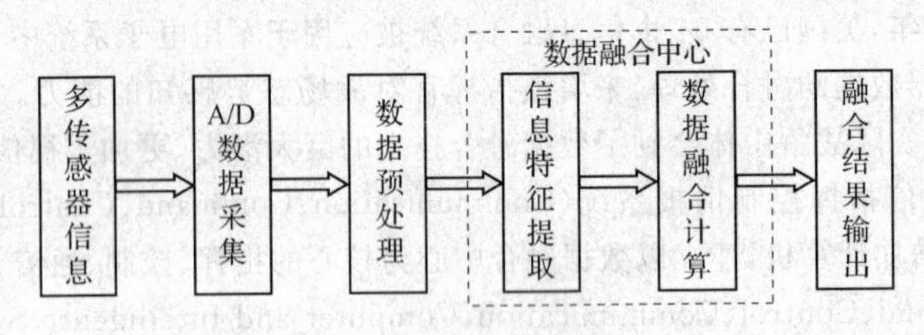

图 7-13 多传感器信息融合的过程

图 7-14 给出了串联型多传感器信息融合的示意图。它是先将两个传感器数据进行一次融合，之后将融合结果与下一个传感器数据再进行融合，依次进行下去，直至所有传感器数据都完成融合为止。由于在串联型多传感器融合中每个单一传感器均有数据输入和数据输出，各传感器的处理同前一级传感器输出的信息形式有一定关系。因此，在串联融合时，前级传感器的输出会对后一级传感器的输出产生较大的影响。

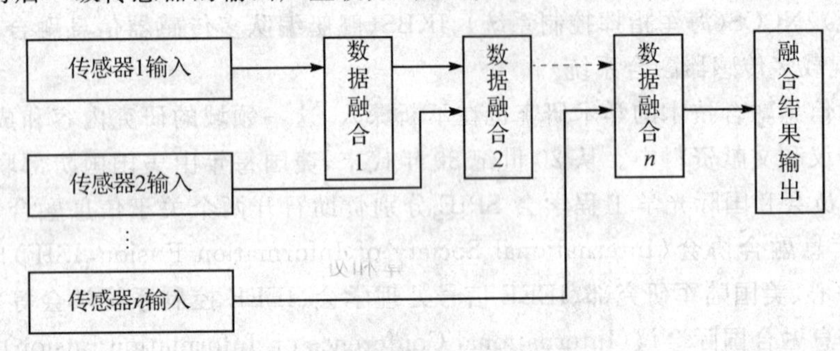

图 7-14 串联型多传感器融合系统的结构

图 7-15 给出了并联型多传感器信息融合的示意图。它是将所有传感器数据都统一汇总输入至同一个数据融合中心。传感器数据可以是来自不同传感器的同一时刻或不同时刻的数据，也可以是来自同一传感器的不同时刻的信息，以及同一时刻同一层次或不同层次的信息。因此，并联型比较适合解决时空多传感器信息融合的问题。数据融合中心对上述不同类型的数据按相应方法进行综合处理，最后输出融合结果。该结构形式中各传感器的输出相互不影响。

图 7-16 给出了一种串并混联型多传感器数据融合的示意图。该结构是串联和并联两种形式的不同组合，可以先串联再并联，也可以先并联再串联。该结构对传感器输入信息的要求与并联型相同。

根据信息融合处理方式的不同，人们又将信息融合划分为集中式、分布式和混合式 3 种。其中，集中式是指各传感器获取的信息未经任何处理，直接传送到信息融合中心，进行组合和

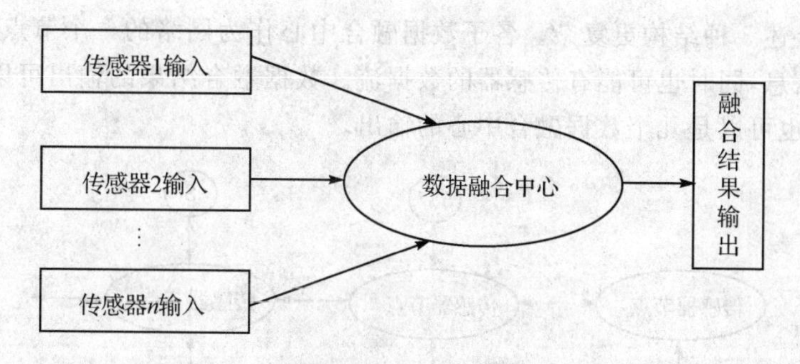

图 7－15　并联型多传感器融合系统的结构

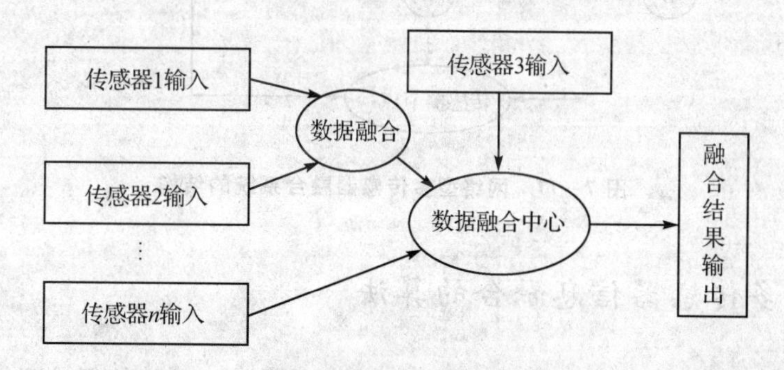

图 7－16　串并混联型多传感器融合系统的结构

推理，完成最终融合处理。这种结构的优点是信息处理损失较小，缺点是对通信网络带宽要求较高。分布式是指在各传感器处完成一定量的计算和处理任务之后，将压缩后的传感器数据传送到融合中心，在融合中心将接收到的多维信息进行组合和推理，最终完成融合。这种结构适合于远距离配置的多传感器系统，不需要过大的通信带宽，但有一定的信息损失。混合式结合了集中式和分布式的特点，既可将处理后的传感器数据送到融合中心，也可将未经处理的传感器数据送到融合中心。该结构可根据不同情况灵活设计多传感器的信息融合处理系统，但稳定性较差。表 7－3 分析了上述 3 种数据融合结构的特点，分布式因具有成本低、可靠性高、生成能力强等优点而应用较多。

表 7－3　不同数据融合结构的特点

融合结构	信息损失	通信带宽	融合处理	融合控制	可扩充性
分布式	大	窄	容易	复杂	好
集中式	小	宽	复杂	简单	差
混合式	中	中	一般	一般	一般

图 7－17 给出了网络型多传感器数据融合的示意图，图中符号 S 表示传感器信息输入。

该融合结构比上述3种结构更复杂。各子数据融合中心作为网络的一个节点，其输入既有其他节点的输出信息，同时也可能有传感器的数据流。数据融合结果的输出可以是一个数据融合中心的输出，也可以是几个数据融合中心的输出。

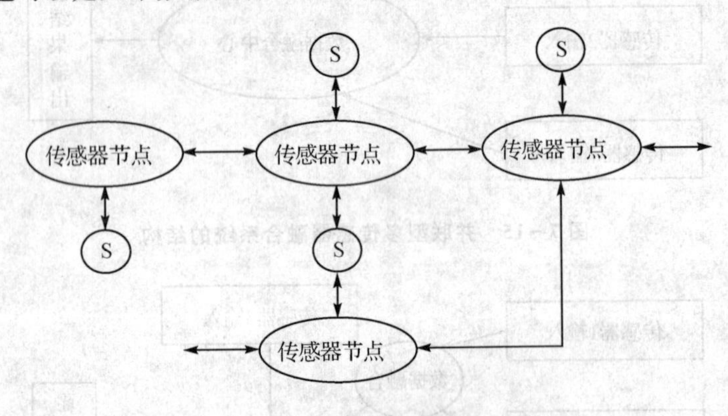

图 7-17 网络型多传感器融合系统的结构

7.4.3 多传感器信息融合的算法

多传感器融合的算法主要可以分为基于物理模型的算法、基于特征推理技术的算法和基于知识的算法3大类。其中，基于推理技术的算法又可以分为基于参数的方法和基于信息论的方法，如图7-18所示。

基于物理模型的数据融合算法主要是通过匹配实际观测数据与各物理模型或预先存储的目标信号来实现。中间所用技术涉及仿真、估计及句法的方法，具体的估计方法有卡尔曼滤波、极大似然估计和最小方差逼近方法。

基于特征推理技术的算法主要是通过将数据映射到识别空间来实现的。这些数据包括物体的统计信息或物体的特征数据等。该算法可被细分为基于参数的方法和基于信息论的方法。

1. 基于参数的方法

基于参数的方法直接将参数数据映射到识别空间中，主要包括经典推理、贝叶斯推理和D-S证据理论等方法。

经典推理法是在给出目标存在的假设条件下，表示所观测到的数据与标识相关的概率。经典推理法使用抽样分布，并且能提供判定误差概率的一个度量值，但其主要缺点是很难得到用于分类物体或事件的观测量的概率密度函数，且一次仅能估计两个假设，多变量数据的复杂性增大，无法直接应用先验似然函数这个先验知识，需要一个先验密度函数的有效度，否则不

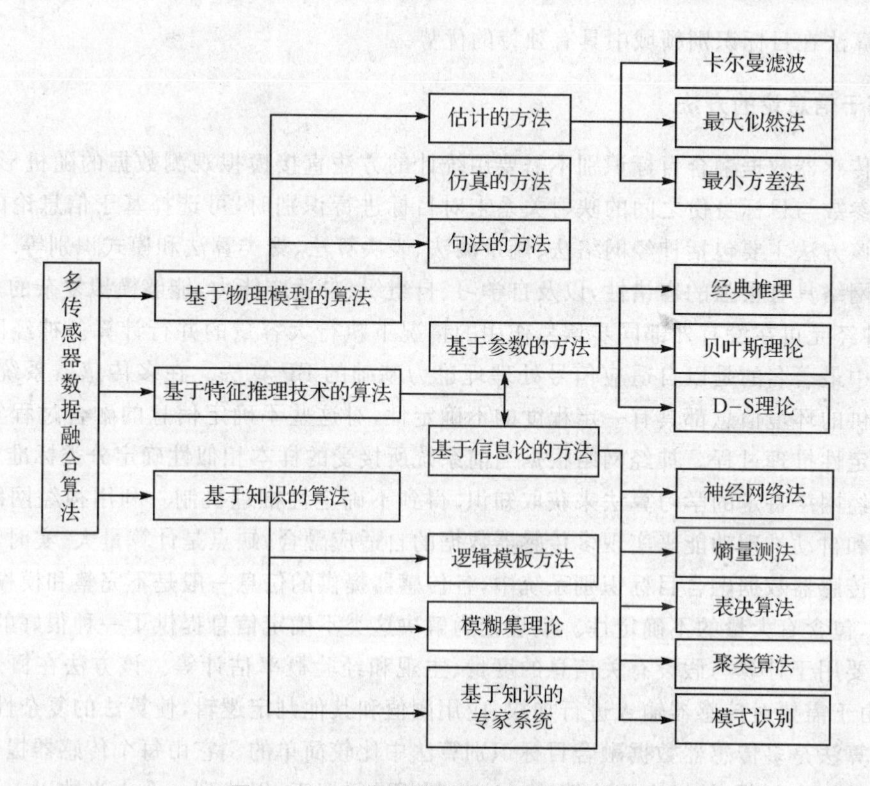

图 7-18　多传感器信息融合算法的分类

能直接使用先验估计。

贝叶斯理论是英国人 Thomas Bayes 于 1763 年发表的，其基本观点是把未知参数看作一个有一定概率分布的随机变量。该推理算法需要先验概率，但在很多实际情况中这种先验信息是很难获得或不精确的，而且，当潜在具有多个假设事件并且是多个事件条件依赖时，计算将变得非常复杂。若各假设事件要求互斥，则不能处理广义的不确定问题。因此，贝叶斯算法尚存在很大的局限性。

D-S 理论是一种广义的贝叶斯推理方法，最早是由美国数学家 A. P. Dempster 于 1967 年提出的，1976 年 Shafer 对这一理论进行了推广。该理论算法在进行多传感器数据融合时由各传感器获得信息，并由此产生对某些命题的度量，构成该理论中的证据。这种方法具有较强的理论基础，不仅能处理随机性导致的不确定性，还能处理模糊性导致的不确定性，可通过证据积累来缩小假设集，增强系统的置信度，不需要先验概率和条件概率密度，且能处理相关证据的组合问题，从而弥补贝叶斯理论的缺陷。但它的缺点是：其组合规则无法处理证据冲突；无法分辨证据所在子集的大小；以及证据推理的组合条件十分严格，要求证据之间是条件独立的且辨识框架能够识别证据的相互作用。总的来说，D-S 算法中是使证据与子集相关，而不是与单个元素相关，这样可缩小问题的范围，减轻处理的复杂程度。作为一种非精确推理算法，D-S算法在目标识别领域中具有独特的优势。

2. 基于信息论的方法

当多传感器数据融合目标识别不需要用统计的方法直接模拟观测数据的随机形式，而是根据观测参数与目标身份之间的映射关系来对目标进行识别时，可选择基于信息论的融合识别算法。该方法主要包括神经网络法、熵量测法、表决算法、聚类算法和模式识别等.

神经网络具有很强的容错性，以及自学习、自组织、自适应能力，能够模拟复杂的非线性映射，所有神经元可在没有外部同步信号作用的情况下执行大容量的并行计算。神经网络目标识别算法中最著名的是以自适应信号处理理论为基础的BP算法。在多传感器系统中，各信息源所提供的环境信息都具有一定程度的不确定性，对这些不确定信息的融合过程实际上是一个不确定性推理过程。神经网络根据当前系统所接受的样本相似性确定分类标准，同时，可以采用神经网络特定的学习算法来获取知识，得到不确定性推理机制。利用神经网络的信号处理能力和自动推理功能来实现多传感器数据的自适应融合，缺点是计算量大、实时性较差。

在多传感器数据融合目标识别系统中，各传感器提供的信息一般是不完整和模糊的，甚至是矛盾的，包含有大量的不确定性。熵理论为解决这类不确定信息提供了一种很好的方法，这种方式主要用于计算与假设有关信息的度量、主观和经验概率估计等。该方法在概念上是简单的，但由于需要对传感器输入进行加权、应用阈值和其他判定逻辑，使算法的复杂性增加。

表决算法是多传感器数据融合目标识别算法中比较简单的。它由每个传感器提供对被测对象状态的一个判断，然后由表决算法对这些判断进行搜索，以找到一个由半数以上传感器支持的判断(或采取其他简单的判定规则)，并宣布表决结果；也可采用加权方法、门限技术等判定方法。在没有可利用的准确先验统计数据时，该算法是十分有用的，特别适于实时融合。

聚类算法是一种启发性算法，用来将数据组合为自然组或者聚类。所有的聚类算法都需要定义一个相似性度量或者关联度量，以提供一个表示接近程度的数值，从而可开发算法以对特征空间中的自然聚集组进行搜索。聚类分析能发掘出数据中的新关系，以导出识别范例，因而是一个有价值的工具。但缺点是该算法的启发性质使得数据排列方式、相似性参数的选择、聚类算法的选择等都对聚类有影响。目前，已经提出的聚类算法主要有分裂法、分层设计法以及基于网格的方法等。

模式识别主要用来解决数据描述与分类问题，主要为基于统计理论(或决策理论)、基于句法规则(或结构学)和人工神经网络方法等。该方法通常用于高分辨率、多像素图像技术中。

基于知识的算法主要包括逻辑模板方法、模糊集理论和基于知识的专家系统等。

1. 逻辑模板方法

逻辑模板法实质上是一种匹配识别的方法。它将系统的一个预先确定的模式与观测数据进行匹配，确定条件是否满足，从而进行推理。预先确定的模式中可包含逻辑条件、模糊概念、观测数据以及用来定义一个模式的逻辑关系中的不确定性等。

2. 模糊集理论

模糊集理论是将不精确知识或不确定边界的定义引入数学运算的一种算法。它可以将系统状态变量映射成控制量、分类或其他类型的输出数据。运用模糊关联记忆，能够对命题是否属于某一集合赋予一个 0(表示确定不属于)到 1(表示确定属于)之间的隶属度。当外界噪声干扰导致识别系统工作在不稳定状态时，模糊集理论中丰富的融合算子和决策规则可为目标融合处理提供必要的手段。利用模糊逻辑可将多传感器数据融合过程中的不确定性直接表示在推理过程中。通常情况下，模糊逻辑可与其他的信息融合方法结合使用，如基于模糊逻辑和扩展的卡尔曼滤波的信息融合，基于模糊神经网络的多传感器融合等。

3. 基于知识的专家系统

基于知识的专家系统是将规则或专家知识相结合，以自动实现对目标的识别，而知识是对某些客观对象的认识，并通过计算机语言来表述对客观对象属性的认识。当人工推理不能进行时，专家系统可运用专家知识进行自动推理。通常基于计算机的专家系统由一个包括基本事实、算法和启发式规则等组成的知识库、一个包含动态数据的大型全局数据库、一个推理机制，以及人机交互界面构成。专家系统法的成功与否在很大程度上取决于建立的先验知识库。该方法适用于根据目标物体的组成及相互关系进行识别的场合，但当目标物体特别复杂时，该方法可能会失效。

7.4.4 多传感器信息融合的新技术

近年来，随着信息融合技术的发展，一些新方法不断地应用于多传感器数据融合中，如小波变换、神经网络、粗糙集理论和支持向量机等。

1. 小波变换

小波变换是一种新的时频分析方法，它在多信息融合中主要用于图像融合，即将多个不同模式的图像传感器得到的同一场景的多幅图像，或同一传感器在不同时刻得到的同一场景的多幅图像，合成为一幅图像的过程。经图像融合技术得到的合成图像可以更全面、精确地描述所研究的对象。

2. 神经网络

神经网络是在现代神经生物学和认知科学的研究成果基础上提出的一种新技术。它具有大规模并行处理、连续时间动力学和网络全局作用等特点。利用人工神经网络的高速并行运算能力，可在信息融合的建模过程中消除由于模型不符或参数选择不当带来的问题。由于神经网络的种类、结构和算法很多，使神经网络的研究成为多传感器信息融合技术的研究热点。

3. 粗糙集理论

粗糙集理论(Rough Sets Theory，RST)是由 Z. Pawlak 及其合作者在 20 世纪 80 年代初提出的一种新的处理模糊性和不确定性数据的新型数学工具。其主要思想是在保持信息系统分类能力不变的前提下，通过知识约简，导出问题的决策或分类规则。它的一个重要特点是具有很强的定性分析能力，即不需要预先给定某些特征或属性的数量描述，如模糊集理论中的隶属度或隶属函数等，而是直接从给定的描述集合出发，找出该问题的内在规律。由于粗糙集理论具有对不完整数据进行分析、推理并发现数据间内在关系，从而提取有用特征和简化信息处理的能力，因此，利用粗糙集理论对多传感器信息进行融合取得了越来越多的研究成果。

4. 支持向量机理论

支持向量机(Support Vector Machine，SVM)最初是由 AT&T Bell 实验室的 V. Vapnik 提出的一种新兴的基于统计学习理论的学习机。它是目前机器学习领域的一个研究热点，并且已在多传感器信息融合中得到应用。相对于神经网络的启发式学习方式和需要大量前期训练过程，SVM 具有更严格的理论和数学基础，不存在局部最小问题。由于小样本学习具有很强的泛化能力，不太依赖样本的数量和质量的特点，该方法适用于解决小样本、高维特征空间和不确定条件下的多传感器信息融合问题，可提高融合结果的准确性、可靠性，以及输入数据信息的利用效率和融合方法的灵活性。图 7－19 给出了利用 SVM 进行多源信息融合的一种模型框图。由于支持向量机的理论和实践研究尚不成熟，该信息融合方法还有待进一步完善。

总之，随着人工智能技术的发展，以模糊理论、神经网络、证据理论、支持向量机为代表的多传感器信息融合新技术将在实际应用中越来越广泛。而且微传感器技术、数字信号处理技术、无线网络通信、人工智能等的快速发展也对信息融合技术提出了新的发展方向。

(1) 发展数据融合的基础理论

数据融合理论的发展与融合技术的数学算法密切相关。虽然近年来国内外数据融合技术的研究非常广泛，并且已取得了很多成功的经验，但目前数据融合还缺乏系统的理论基础，尚未形成一套完整的理论体系及完整有效的解决方法。因此，发展和完善数据融合的基础理论是非常重要的。例如，将现代统计推断方法大量引入信息融合算法的研究，以及将人工智能、小波分析技术和自适应神经网络技术引入不同类型信息融合的研究等。

(2) 异类传感器信息融合技术的研究

由于异类多传感器信息融合技术具有时间不同步或空间不同步、数据率不一致以及测量

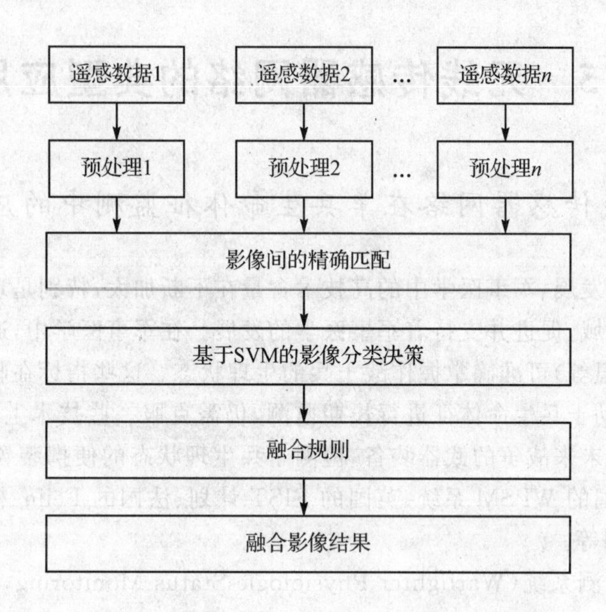

图 7-19　基于 SVM 的遥感影像融合模型框图

维数不匹配等特点，具有很大的不确定性。因此，在融合处理之前需要对异质信息进行信息统一表述、信息转换及去异质性的预处理。在融合过程中，还需要在公共的融合空间对多维信息分别进行定标、时空匹配和时空相关，以使信息融合系统在公共空间进行融合时得到高精度、高质量的融合结果。

(3) 优化并行融合算法，建立数据库和知识库

为满足多传感器系统的实时性测量要求，优化并行融合算法，以及为形成优化的数据信息高速存储机制、并行检索和推理机制，建立适于信息融合系统的数据库与知识库是融合系统过程中的一项关键任务。但考虑到数据量通常非常大，需深入研究和探讨用于空间数据库的知识发现机制和处理方法。

(4) 高性能信息融合系统的研究

虽然信息融合技术已应用于军事和民事领域，但其中反映的技术水平较低，应进一步开展结合信息获取、融合、传感器管理和控制一体化的多传感器信息融合系统的研究。多传感器信息融合的一项重要研究内容是复杂多传感器系统的性能测试及可靠性评估，但目前尚未有统一的、公认的准则和方法，不同的融合目的有不同的融合评估准则和方法。为使测试具有可检测性和可比性，应建立一个统一的信息融合测试平台和评估体系。

7.5 无线传感器网络的典型应用

7.5.1 无线传感器网络在单兵生命体征监测中的应用

随着现代战争的发展,军事医学中的高技术含量在不断加大,特别是现代电子技术被应用到军事医学的各个领域,促进并支持着军事医学的发展。在军事医学中,通过监测士兵的生命体征(脉搏、血压、体温等)可准确掌握作战士兵的生理状态。这些指标在临床上监测已非常成熟,但在战场上对运动士兵生命体征进行长期监测,仍需克服一些技术上的难点。近年来,各国都在大力研制适应未来战争的武器装备,检测士兵生理状态的便携装置也成为研究的重点之一,典型实例有美国的 WPSM 系统、英国的 FIST 计划、法国的 Félin 未来战士项目和澳大利亚的 Land125 计划等。

单兵生命体征监测系统(Warfighter Physiologic Status Monitoring,WPSM)是美军未来部队勇士(Future Force Warrior,FFW)装备中的一部分。未来部队勇士装备是美军近几年为适应未来作战的特点,运用最新科技设计的轻便、综合的步兵战斗装备系统。WPSM 系统是一套包含生理的和医学的传感器装备,它负责收集和监测包括人体的体温、脉搏、血压、呼吸、承受压力的情况、睡眠情况、身体的姿势、所能承受的工作强度等生命体征信号,同时当士兵受伤或者极度疲劳时,还能将士兵的身体状况上报给指挥官和医务兵。

图 7-20 为 WPSM 系统的结构示意图,其主要包括药丸式温度计、呼吸探测器、生命信号探测器、睡眠质量探测器、GPS 定位系统和生命信息中心。WPSM 系统应用生理信息融合技术,结合士兵的状态等因素建立了适应不同环境的不同的分析模型,以适应各种不同的战场环境。生命信息中心与全身所有的传感器组成传感器网络,接收全身各传感器发送的生命信号并进行处理,同时监测环境温度。所有的传感器都通过无线局域网与 Hub 连接,整个系统通过唯一的识别码与其他系统进行区分,具有良好的抗干扰性。整个无线网络的传输频段为 40 MHz,所有的传感器都由电池供电,出厂时均预设了唯一的 ID 编号和随机数表。各传感器与 Hub 分时段进行数据传输。在网络建立时,传感器向 Hub 发送器传输列表(包括它的 ID 和随机数表)和时钟信息,Hub 存储这些信息并保持与传感器时钟同步,随后 Hub 进入休眠状态。Hub 根据传输列表定时唤醒,与相应的传感器进行数据传输。通过与各传感器分时通信可避免各传感器与 Hub 之间的通信冲突,也节省了 Hub 和传感器的能量消耗。

WPSM 系统通过有效的数据管理建立了一套高效的无线传感器网络,该网络能够灵活应对各种不同的作战环境,准确采集和分析士兵的各种生命体征,对士兵的身体状态具有很好的监控作用。美军计划的整个未来部队勇士装备将于 2010 年部分装备部队进行短期使用,于 2020 年完成整个 FFW 系统。2020 未来勇士系统将继续 2010 未来部队勇士系统概念,新系统包括武器、从头到脚的单兵防护装备、便携式计算机网络、士兵消耗所需电源，增强士兵性能装备。图7-21为美军未来勇士系统作战服。

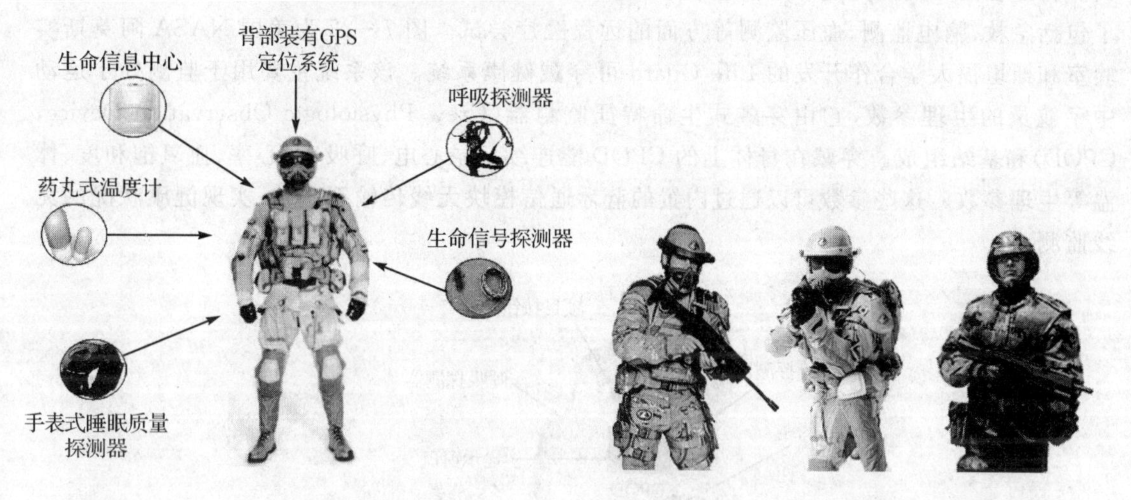

图7-20 WPSM系统的结构示意图

图7-21 美军未来勇士系统作战服

7.5.2 无线传感器网络在健康监护中的应用

随着经济和社会的发展，现代社会中人的生存压力日益增大，使得高血压、心脏病等慢性病有年轻化发展的趋势，且人数也在逐年增加。因此，对患有慢性病的病人进行院外监测，获取实际生活中的生理和心理变化参数对评估家庭治疗效果具有重要意义。而且，社会的老龄化现状也迫切需要这种技术。随着传感器技术、MEMS技术和嵌入式系统的发展，出现了可直接嵌入到人的衣服和各种随身设备中的可穿戴健康传感器，并且通过布置在人体上的微型无线传感器网络节点，可采集人体日常的心电、血压、体温和活动参数，经无线网关发送给远程的社区医生或医院。这样被监护者在家中就可通过远程医生来评估自己的健康状况。

穿戴式技术是近年来出现的一种新应用，其关键技术涉及多个学科的交叉领域，包括微型生物传感器、微弱生物医学信号检测与处理、生物系统的建模与控制、生物微电子机械系统、无线数据传输及数据保密等。该技术可广泛应用于临床监护、家庭保健、睡眠分析、应急救护、航空航天、特殊人群监护、心理评价、体育训练等方面。通过智能区域网(Intelligent Body Area Networks，IBAN)、家庭信息网(Home Information Networks，HIN)、蜂窝网(GPRS/3G)、公共电话交换网(PSTN)、因特网(Internet)等网络连接到医护中心的远端服务器上，实现诊疗数据的远程实时监控。

国外许多研究机构、公司都投入大量人力物力来进行研究。20世纪70年代，美国宇航局率先将远程监护技术用于对太空飞行中宇航员进行生理参数监测，并将这种监护技术应用于对边远地区患者提供医疗服务。其他国家目前也在争相开展远程医疗系统的研究。例如，欧共体将远程医疗列入先进医学信息技术(Advanced Informatics in Medicine，AIM)工程，进行了包括急救、脑电监测、血压监测等方面的远程医疗尝试。图 7－22 为美国 NASA 阿莫斯实验室和斯坦福大学合作开发的 Life Guard 可穿戴健康系统。该系统主要用于监测处于运动中宇航员的生理参数，它由穿戴式生命特征监测器(Crew Physiologic Observation Device，CPOD)和基站组成。穿戴在身体上的 CPOD 能连续记录心电、呼吸率、心率、血氧饱和度、体温等生理参数。这些参数可以通过内置的蓝牙通信模块无线传输至基站，实现健康状况的无线监测。

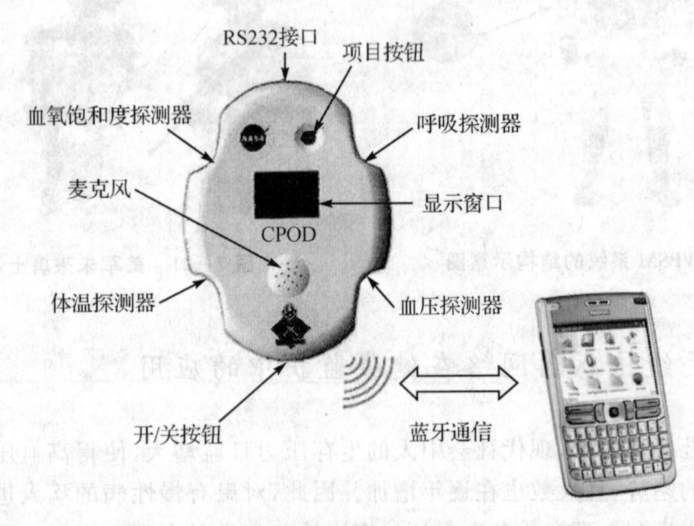

图 7－22　美国的 Life Guard 可穿戴健康系统

我国近几年在远程医疗方面也有较大发展。20 世纪 90 年代后，我国大力发展了通信和信息互联网的基础设施建设，为远程医疗创造了条件。较早开展的应用包括远程会诊和心脏监测两方面，主要包括珠海中立电子公司生产的院外心脏病集群监护系统和清华大学研制的家庭心电、血压监护网系统。图 7－23 给出了远程健康监护系统的示意图。被监护者在身上布置或植入一些传感器节点，以采集生理健康数据和活动背景信息。这些传感器节点通常将数据送给一个网关节点，从而根据协议的不同形成基于 802.15.4 或者蓝牙的身体无线传感器网络。网关节点将接收到的数据经数据压缩或者融合后通过 Internet 或者 GPRS 等网络发送给远程的健康监护数据中心。处理中心在发现被监护者健康情况出现异常时向医生或急救中心报告，从而可实现对被监护者的连续 24 小时监护或即时监护。

总之，随着信息技术的不断发展，远程医学的形式将更加多样化，无线、移动和传感技术融合而成的微型化无线智能传感器网络必将为远程医学的发展带来新的突破，远程医疗将逐步进入常规的医疗保健体系并发挥越来越大的作用。大力发展面向家庭和社区的远程监护技术

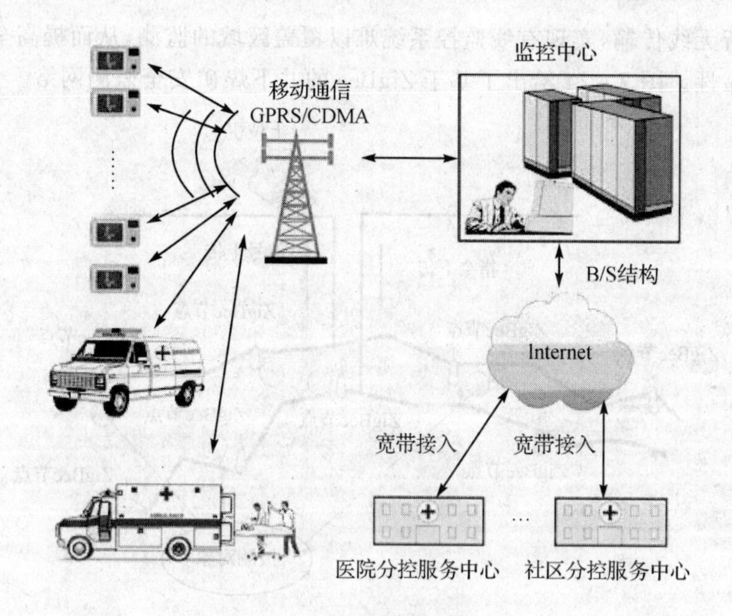

图7-23 远程健康监护系统

可缓解老龄化社会所带来的老龄人口医疗保健问题。

7.5.3 无线传感监测网络在煤矿安全监测中的应用

煤矿有线监控系统是煤矿安全生产的重要保障。但是由于煤炭开采主要以井下为主，巷道长达数十千米，矿井生产工序多，作业地点分散，人员流动性大，且工作环境恶劣。矿井生产的这些特点对建立一个功能较为完善的集调度移动通信、机车的无线定位和导航、人员定位与追踪、无线可视多媒体监视、矿井环境无线安全监测的全矿井无线信息系统有着迫切的要求。与其他国家相比，国内煤矿监测监控技术应用较晚，20世纪80年代初才从国外引进了一批安全监测系统，装备了部分煤矿。目前，这批系统采用的技术已落后于国外同期技术水平，如系统通信接口落后、传输速率低、巡检时间长、传感器技术落后等。因此，结合煤矿的井下实际工作环境，在有线监测的基础上，将无线传感器网络技术应用于煤矿安全监测具有重要的实际价值。

根据煤矿的地形，可将煤矿分为开采区和巷道区，巷道区又可分为主巷道和支巷道。在各个主巷道区域，地形比较开阔，方便布线，可架设有线光纤骨干网，采用有线监控测式。对于地形相对狭窄的支巷道，特别是在形状不规则的开采面，可建立无线传感器网络。通过各个传感器节点采集其周围的温度、风速、瓦斯、甲烷、一氧化碳、煤尘、矿尘等参数目标信息，地面控制中心根据收集到的参数目标信息对煤矿进行实时监控。为此，利用ZigBee无线传输技术，建立基于ZigBee的无线传感器网络，通过对井下传感器采集的对矿井安全生产有重要影响的矿井环境参数进行无线传输,实现有线监控系统难以覆盖区域的监测,从而提高全矿井安全监测的实时性与可靠性。图 7-24 给出了基于 ZigBee 的井下煤矿安全监测网络。

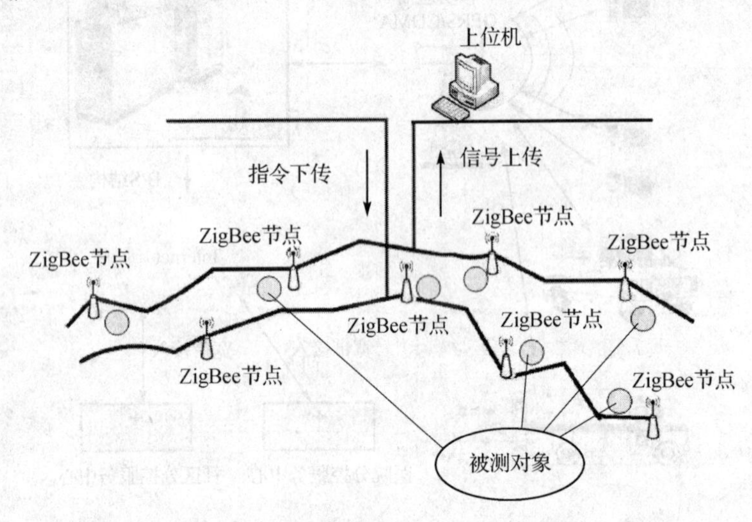

图 7-24 基于 ZigBee 的井下煤矿安全监测网络

ZigBee 是一种采用成熟无线通信技术的全球统一标准的开放的无线传感器网络。它以 IEEE 802.15.4 协议为基础,使用全球免费频段进行通信,具有低功耗和低成本的优势,通信距离的理论值为 10~75 m。因此每个相邻的传感器节点之间的距离大约在 75 m 以便于实现数据传输。一般矿井的深度或其长度在 10 km 以上,需要布设的 ZigBee 节点达 100 个以上,由这些节点执行组网、感知、采样和初步的数据处理任务。首先,地面上的控制中心(如,PC 机)负责收集矿井下面的各种信息。之后,根据现场情况,沿坑道每隔一定距离(根据 ZigBee 技术可选择 50~100m)在坑道顶部设置一个 Zigbee 节点,同时在其他需要网络连接的地方,也安置一个 Zigbee 节点。为避免井下环境对无线信号的干扰,所有 Zigbee 节点都使用抗干扰的直序扩频通信方式,且每个节点都有接收信号强弱指示功能。这样,所布置的 Zigbee 节点自动组成一个 Zigbee 通信网络。在布置 Zigbee 节点的位置时,注意使每个节点至少可与两个以上的节点进行通信,避免单线联系以保证 Zigbee 网络通信的可靠性。而且,矿井工作人员可携带 ZigBee 节点作为移动节点,这些移动节点将自己的信息发送至固定的 ZigBee 节点上,再借助固定的 ZigBee 节点将诸如身份 ID 等信息传送到地面的控制中心。这样,地面控制中心就可以知道井下设备和工作人员的情况。为确保通信的可靠性及减轻无线网络数据流量,在每个坑道内除可通过无线方式与控制中心相连接外,还可在适当位置布置电缆以与坑道的其他通信设备进行有线通信,从而保证与控制中心通信的可靠性。

7.6 无线传感器网络的发展趋势

无线传感器网络已经成为国际上诸多机构研究的热点，随着小规模无线传感器网络的广泛投入使用，大规模动态的无线传感器网络将更具重要的科研价值和广泛的应用前景。但无线传感器网络的大规模应用还不成熟，尚存在很大的研发空间，对无线传感器网络的设计与实现提出了新的挑战，主要表现为低能耗、低成本、微型节点、安全性、自动配置节点、通信有效性等。根据研究现状和技术挑战，无线传感器网络的发展趋势主要体现在以下几方面。

1. 传感器节点性能的提高

由于传感器网络的节点数量非常大，通常会达到成千上万个，要使传感器网络达到实用化，必须降低传感器节点的成本，并利用MEMS、微型无线通信技术，传感器节点的微型化，使大量节点能够按照一定的规则构建网络。当其中某些节点出现错误时，网络能够迅速自动配置这些节点，提高传感器网络的通信有效性和工作效率。

2. 灵活、自适应、安全的网络协议体系

无线传感器网络协议、算法的设计和实现与具体的应用场景有着紧密的关联。由于面向不同应用背景的无线传感器网络所使用的路由机制、数据传输模式、实时性要求以及组网机制等都有着很大的差异，因而网络性能也有很大不同。目前的路由协议研究焦点主要集中在提高协议的性能上，对协议的安全性考虑很少。设计并实现安全的路由协议将成为传感器网络安全机制研究的重中之重。IPv6协议已经逐渐取代IPv4协议，成为网络通信的主流协议，在未来的研究中可以考虑实现无线传感器网络与IPv6协议的融合。

3. 跨层设计

无线传感器网络具有分层的体系结构，但各层的设计相互独立，且具有一定的局限性，因而各层的优化设计并不能保证整个网络的最优设计。为此，跨层设计的概念被提出，以实现逻辑上并不相邻的协议层之间的设计互动与性能平衡。

4. ZigBee标准规范

ZigBee是一种新兴的无线网络通信规范，主要用于近距离无线连接。ZigBee的基础是IEEE无线个域网工作组所制定的IEEE 802.15.4技术标准。IEEE 802.15.4仅处理低级MAC层和物理层协议，而ZigBee联盟对其网络层协议和API进行了标准化，还开发了安全层，以保证这种便携设备不会意外泄漏其标识，利用这种网络进行的远距离传输不会被其他节点获得。

5. 网络融合

无线传感器网络与互联网、移动通信网等现有网络的融合将带来更多更新的应用领域。这种融合不仅使无线传感器网络的性能得到提升,还可增加系统的应用灵活性和适用范围,满足一些特殊场合的应用。

6. 异构化

随着无线传感器网络的发展,网络内部的异构性逐渐突出。传感器节点的异构性不仅与所用传感器的不同种类有关,更体现在节点的能源状况、通信能力、通信愿望和数据处理能力等方面。在异构无线传感器网络中,不同的传感器节点可能因具有不同的通信能力而影响传感数据的正常可靠通信。因此,在选择路由时,必须考虑潜在通路中各个节点的不同通信能力及通信链路质量等因素。

思考题与习题

1. 简述无线传感器网络的发展历程、特点及发展趋势。
2. 比较无线传感器网路与传统传感器网络的不同。
3. 结合无线传感器网络的体系结构框图,分析不同层单元的功能。
4. 说明无线传感器网络设计的要点与步骤。
5. 说明无线传感器网络存在的安全问题及对策。
6. 简述多传感器数据融合的系统结构形式及不同结构形式的特点。
7. 多传感器信息融合的常用算法有哪些?各自有哪些特点?
8. 多传感器信息融合的新技术有哪些?各自有哪些特点?
9. 试述 ZigBee 传输协议的特点及与其他无线传输协议的比较。
10. 举例列出无线传感器网络技术在实际生活中的其他典型应用。

第8章 现代传感技术的应用

8.1 概 述

传感技术是当今世界迅猛发展的高新技术之一，它与计算机技术、通信技术共同构成本世纪信息界的3大支柱产业，受到世界各发达国家的高度重视。近年来，随着微机械加工技术、计算机技术、信号处理技术、生物医学传感技术及纳米技术的发展，综合各种先进技术的现代传感技术进入一个快速发展阶段。采用新原理、新材料、新设计方法、新工艺，以及适应特殊环境的传感器不断出现，其应用遍及军事、科研、工业、农业、交通、环保、航空、航天等多个领域，是科学测试、监测诊断、工业自动化等行业必需的基础知识。

8.2 传感技术在油田测试系统中的应用

在当今国际经济高速发展的形势下，能源日益成为制约一个国家可持续发展和处理国际事务的主要因素，因此油气井勘探与开发技术的研究具有重大的实际意义。除了开采石油和保持资源的可持续利用以外，监测底部钻柱的动态特性，以及获取待测地层的压力、温度、流量等参数也都是至关重要的。而随钻测井(Measurement While Drilling，MWD)技术可在钻头钻开地层的同时，取得各种重要的信息。从长远来看，随钻测井必将成为井下动态参数实时测量的主要形式。在钻井过程中，压力、温度、钻压、扭矩、振动、内外泥浆压力、地层特性等井下参数的测量对随钻测量、地层特性分析、油气储藏量评估具有重要意义。井下的压力、温度和流量是油气井勘探与开发的重要参数，本节以这些参数为例对现代传感技术在油气井测试中的应用进行论述。由于井下测量的特殊环境，井下测试仪器必须满足高温、高压、强冲击振动、腐蚀性介质、尺寸受限及低功耗等要求。

8.2.1 井下压力的测量

随着新材料、新工艺的不断出现，目前已研制出多晶硅压力传感器、单晶硅SOI(Silicon On Insulator)压力传感器、SiC压力传感器、硅-蓝宝石压力传感器、石英压力传感器、溅射合金薄膜压力传感器、陶瓷厚膜压力传感器和光纤压力传感器等多种高温压力传感器结构。下面对油气井测试中应用较多的几种压力传感器结构进行了阐述。

石英晶体是最早发现的压电材料，具有很好的压电特性和较高的工作温度，可用于制作谐

图 8-1 美国派若斯公司的石英压力传感器

振式压力传感器。因其具有很高的 Q 值，石英压力传感器的工作频率较高。根据石英晶体的正、逆压电效应和压力频移特性，通过测量石英压力传感器的谐振频率可获得井下被测压力。图 8-1 为美国派若斯公司推出的数字式石英压力传感器。该传感器在同一个石英晶体上制作有一个石英谐振压力传感器和一个石英谐振温度传感器，采用石英温度传感器的输出对压力信号进行补偿，使传感器能在 −54～107 ℃的宽温度范围内无须预热即可使用，精度可达 0.01% FS，稳定性优于 0.01%每年。传感器内部包含有必要的砝码自平衡和冲击保护装置，可使传感器工作在高加速度、冲击和振动负荷下。

溅射薄膜压力传感器也是一种应变式压力传感器。它是一种金属（合金）-SiO_2-金属（合金）结构，先在作为衬底的金属或合金薄膜上溅射（淀积）一层 SiO_2。然后，利用磁控溅射技术，在 SiO_2 上溅射一定厚度的合金薄膜，通过光刻，将该层合金薄膜组成应变电桥。最后，将其淀积在 Au 电极，形成传感器芯片结构。目前溅射薄膜压力传感器的最高工作温度可达 200 ℃。图 8-2 为加拿大 SAILSORS 公司推出的 A8 系列溅射薄膜压力传感器，其量程为 0～100 MPa，精度最高可大于或等于 0.1% FS。但由于金属的电阻率小，所以其压阻系数很低，溅射薄膜压力传感器的灵敏度很小，且功耗较大。

多晶硅压力传感器以 SiO_2 介质隔离代替 PN 结隔离，减小了器件在高温下的漏电，从而提高了传感器的工作温度。多晶硅的应变因子较大，因而传感器的灵敏度高。目前，多晶硅薄膜工艺成熟，传感器的制作工艺为半导体集成电路平面工艺结合微机械加工技术，因此，传感器芯片易于批量制作，成本低廉。

蓝宝石压力传感器是 20 世纪 80 年代早期提出的一种应变式压力传感器结构。通过在作为弹性体的蓝宝石（$\alpha-Al_2O_3$）上异质外延生长单晶硅膜，采用半导体平面工艺制作硅应变电桥，该压力传感器的最高工作温度可达到 200 ℃，具有很高的化学稳定性并且耐腐蚀性强，但其成本较高，工艺复杂，价格昂贵。图 8-3 给出了 OMEGA 公司的 PX4200-5 压力传感器，其量程约为 0～42 MPa，精度为±0.25% FS。

图 8-2 A8 系列溅射薄膜压力传感器

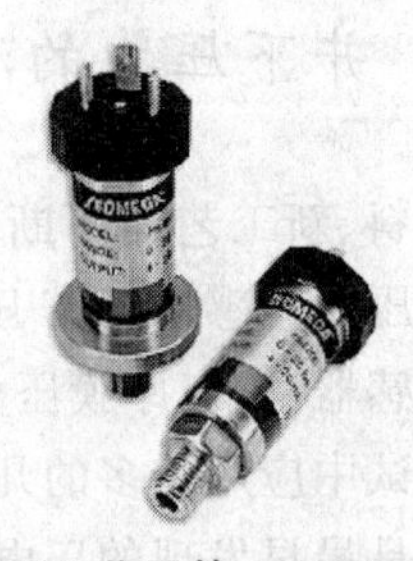

图 8-3 OMEGA 公司的 PX4200-5 压力传感器

8.2.2　分布式光纤温度测量

现阶段,常规的电子式温度监测主要采用电阻温度计、PN 结温度计和热电耦温度计。这些测量方法在井下应用时存在以下不足：温度传感器的热平衡时间长,传感器的移动会影响井下原始温度场的分布,无法在高温、高压环境下对井下温度场分布进行长时间监测。井下光纤传感器由于不需要井下电子线路,具有易于安装、体积小、抗干扰能力强等优点,且其分布式测量能力可测量被测量的空间分布,并给出剖面信息,非常适合井下参数的监测。近年来,光纤传感器在油田监测领域的研究取得了很大进步,部分已经商用。世界各大石油生产公司、测井服务公司以及各种光纤传感器研发机构和企业,包括美国斯伦贝谢公司、英国 BP 公司、英国壳牌公司、美国 CiDRA 公司、英国 Sensa 公司等都在致力于油田测试用光纤传感器的研究与开发。

图 8－4 给出了分布式光纤温度传感器的测量原理,其测量基础是温度对光散射系数的影响。通过检测外界温度分布于光纤上的扰动信息来获取温度的信息,实现分布式温度测量,即光时域后向散射 OTDR(Optic Time Domain Reflector)技术。光在光纤中传输时与光纤中的分子、杂质等相互作用而发生散射。当注入光功率较小时,将产生瑞利散射光和自发喇曼散射光。当注入光功率超过一定阈值时,将产生受激喇曼散射光和受激布利渊散射光。在散射光谱中,如果有一部分光能转化为热能,将会发出一个比原波长大的斯托克斯光;相反,如果有一部分热能转化为光能,将发出一个比原波长小的反斯托克斯光。由于处于激发态的分子个数决定着反斯托克斯光散射性能,在温度升高时,更多的分子处于高能状态,因此测量的反斯托克斯光强度与温度有关,而斯托克斯光对温度的依赖性则很小。这表明,光纤中的光信号被温度信号调制,通过检测与温度有关的反斯托克斯光强度可得到温度信息。由于反斯托克斯光强度不仅要经过温度信号的调制,还受到光纤本身的衰减系数、光源振荡、光纤微弯等因素影响,而斯托克斯光只受光纤本身因素的影响。因此,通过检测喇曼散射光中的反斯托克斯光与斯托克斯光强度的比值,可得到关于外界温度的信息。

美国 CiDRA 公司对布拉格光纤光栅传感器进行的井下温度或井下压力测量的研究处于国际前沿水平。目前,CiDRA 公司研制出的光纤压力传感器的性能指标主要包括：工作量程为 0～103 MPa;精度为±41.3 kPa;分辨率达 2.06 kPa;长期稳定性为±34.5 kPa/yr(连续保持 150 ℃);工作温度范围为 25～175 ℃。温度传感器的指标主要包括：测量范围为 0～175 ℃;精度为±1 ℃;分辨率达 0.1 ℃;长期稳定性为±1 ℃/yr(150 ℃下连续使用)。此外,2002 年 8 月挪威 Norsk Hydro ASA 公司在北海挪威海域 Osebergst(东)油田 E11C 井第一次安装了工业用 Weatherford 公司制造的多光纤压力温度计、一条分布式温度传感(DTS)光纤和一个地面操纵的智能井流量控制仪,构成多光纤传感器智能井,以测量单层产液量,提高井下永久性监测的质量,全面掌握油层状态。目前,温度压力交叉敏感特性是光纤温度、压力传

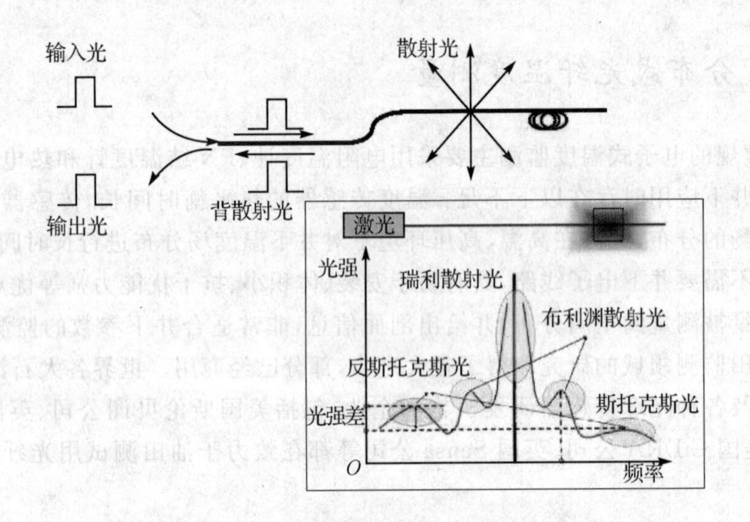

图 8-4 分布式光纤温度传感器的测量原理

感器的最主要缺点之一,如何消除或者利用这种交叉敏感特性是当前该领域的研究热点。

8.2.3 光纤多相流流量测量

在石油领域,地面输油管道和生产井都需要进行流量测量。井下流量计可对流体的流量及各相流体所占的比例进行准确测量,从而能够实现产层配产、识别并确定产能异常部位,确定采油指数,以及减少地面测试工作量等。

目前广泛使用的流量计是涡轮流量计,技术相对成熟,但由于机械结构等原因,其测量精度受限,存在测量动态范围不宽的不足,以及最小流量和最大流量的限制。而光纤光栅具有测量精度高、动态范围大、线性度好等优点,其制成的流量传感器,无任何旋转部件,可以克服涡轮流量测量方式的不足。图 8-5 给出了 Bragg 光纤光栅流量测量的原理示意图。

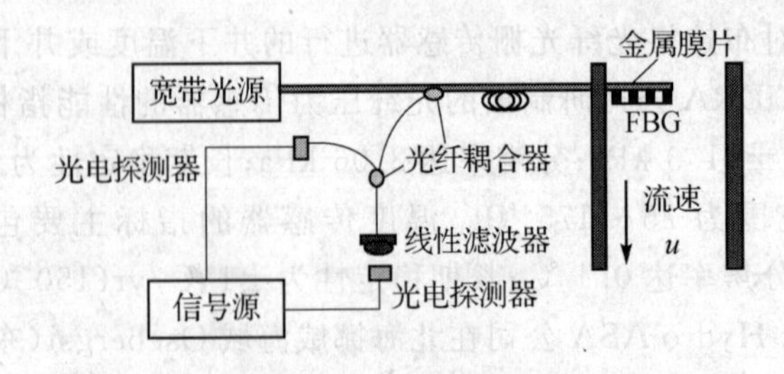

图 8-5 Bragg 光纤光栅流量测量的原理示意图

井下多相流的实时测量数据对于生产优化具有重要意义，特别是对于高成本的深层水开发利用及复杂的多个横向井。光纤测量多相流有两种方法：一种是用美国斯伦贝谢公司的持气率光纤传感仪。该仪器能直接测量多相流中的持气率，其4个光纤探头均匀地分布在井筒的横剖面中，在气液混合物中，通过探头反射的光信号来确定与气体流量相关的持气率和泡沫数量等参数。目前该仪器已在世界各地成功地进行了测井实验。它提供的资料能直接测定和量化多相混合物中的气体和液体，能准确诊断井眼问题，并有助于生产调整。第二种方法是通过测量声速来确定两相混合流的相组分。由于混合流体的声速与各单相流体的声速和密度是相关的，而这个相关性普遍存在于两相气/液和液/液混合流体系统中，同时也适用于多相混合流系统。根据混合流体的声速确定各相流体的体积分数，就是测量流过流量计的各单相体积分数（即相持率测量）。某一流体相持率是否等于该相流动体积分数，取决于该相相对于其他相是否存在严重的滑脱现象。对于不存在严重滑脱的油水两相混合流系统，可使用均匀流动模型进行分析，而对于存在严重滑脱现象的流动状态，则需应用更完善的滑脱模型以准确确定各相的流量。

美国CiDRA公司研制了井下光纤多相流传感器。为测试该光纤多相流传感器在生产井中测量油、水、气三相的性能，CiDRA在测试井中进行了实验。在测试井中混合物混合了油、水和气体，包括黏度为32 API的油、7%矿化度的水和矿厂天然气（甲烷），测试温度为100 ℃，压力小于2.75 MPa。在0～100%含水率范围内，仪器测量误差小于±5%。该流量计能够确定原油和盐水混合物中的持水率，在持水率全量程中其误差为±5%以内，可满足生产要求。

8.3 传感技术在现代汽车中的应用

8.3.1 汽车传感器的应用

现代汽车正朝着智能化、自动化和信息化的机电一体化产品方向发展，以达到“人-汽车-环境”的完美协调。汽车传感器作为汽车电子控制系统的信息源，是汽车电子控制系统的关键部件，也是汽车电子技术领域研究的核心内容之一，其包括压力、液位、流量、位置、高度、距离、速度、转速、转矩、加速度、温度、图像等多种传感器。评价一个现代高级轿车的电子化控制系统水平的关键在于采用传感器的数量和水平。目前，一辆普通家用轿车上大约安装几十到近百只传感器，而豪华轿车上的传感器数量可多达二百余只。对于我国汽车工业而言，根据计世资讯（CCW Research）的研究报告《2006—2007年中国汽车半导体市场发展趋势研究报告》研究表明，2006年中国汽车传感器的市场销售额达到29.84亿元，同比增长率为42.8%。未来中国汽车传感器市场将步入快速成长期，预计2010年市场销售额将超过100亿元，其同比增长率将达到35.2%。

图 8-6 给出了传感器在汽车电子中的典型应用。

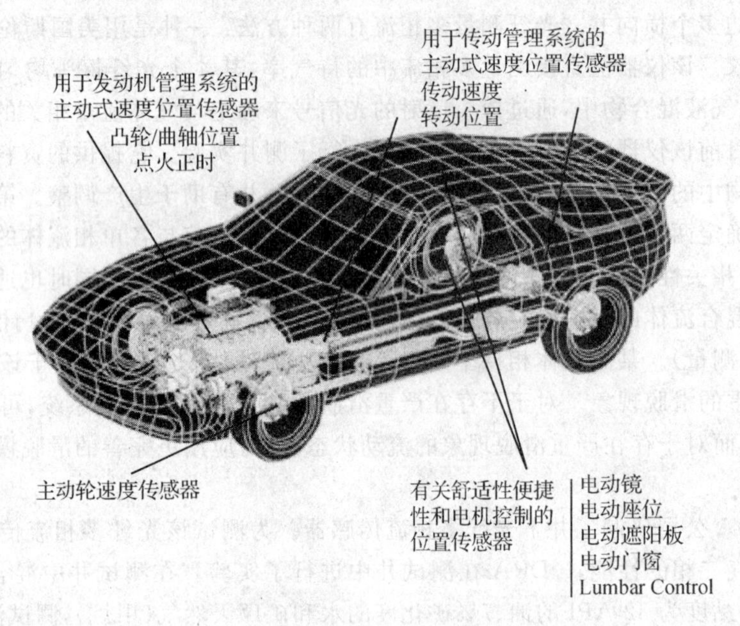

图 8-6 汽车电子系统中传感器的典型应用

在汽车上,汽车传感器主要用于发动机控制系统、底盘控制系统、车身控制系统和导航系统中。

发动机控制系统用传感器是整个汽车传感器的核心,包括温度传感器、压力传感器、位置和转速传感器、流量传感器、气体浓度传感器和爆震传感器等。它们向发动机的电子控制单元 ECU(Electronic Control Unit)提供发动机的工作状况信息,供 ECU 对发动机工作状况进行精确控制,以提高发动机的动力性、降低油耗、减少废气排放和进行故障检测。

底盘控制用传感器是用于变速器控制系统、悬架控制系统、动力转向系统、制动防抱死系统等底盘控制系统中的传感器。它们尽管分布在不同的系统中,但工作原理与发动机中相应的传感器相同。而且,随着汽车电子控制系统集成化程度的提高和 CAN 总线技术的广泛应用,同一传感器不仅可以为发动机控制系统提供信号,也可为底盘控制系统提供信号。

车身控制用传感器主要用于提高汽车的安全性、可靠性和舒适性等,主要包括用于安全气囊系统中的加速度传感器、门锁控制中的车速传感器、亮度自动控制中的光传感器、倒车控制中的超声波传感器或激光传感器、保持车距的距离传感器、消除驾驶员盲区的图像传感器,以及用于自动空调系统的温度传感器、湿度传感器、风量传感器和日照传感器等。

图 8-7 给出了各种汽车电子系统中传感器的应用。

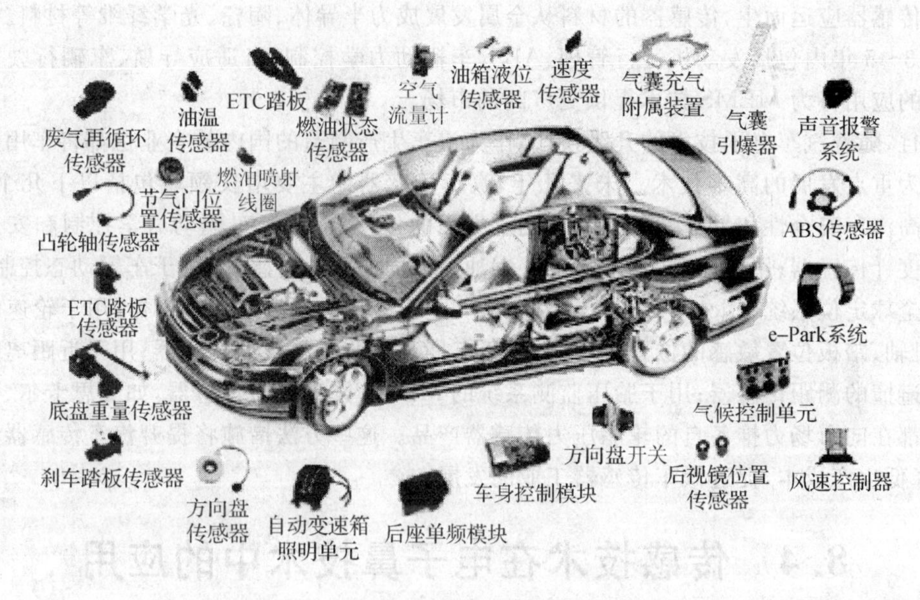

图 8-7　各种汽车电子系统中传感器的应用

8.3.2　现代汽车传感器的发展前景

汽车用传感器技术未来的发展不仅是传感器自身的开发，更重要的是对传感器的互换性、耐久性、可靠性的开发。因此，汽车传感器产品技术正朝着微型化、多功能化、智能化、网络化和更高可靠性的方向高速发展，并将逐步取代传统的机械式、应变片式、滑动电位器等传感技术，汽车传感器在安全、节能、环保以及智能化方面将取得重大突破。

基于微机电系统（Micro-Electro-Mechanical Systems，MEMS）技术的微型传感器在降低汽车电子系统成本及提高其性能方面具有优势，已经开始逐步取代基于传统机电技术的传感器。全球汽车电子化及汽车计算机控制系统的应用推动了汽车 MEMS 传感器的发展。在汽车上的所有系统中，几乎都能找到 MEMS 的用武之地。例如，BMW740i 汽车上就有 70 多只 MEMS 传感器，德国海拉集团在欧洲售后市场提供 250 种汽车传感器，很多传感器可用 MEMS 替代 Philips Electronics 公司和 Continental Treves 公司在 10 年内已销售 10 亿只用于汽车防抱死制动系统（Anti-LockBrake System，ABS）的传感器芯片。国内许多科研单位，如中科院、清华大学、北京大学、北京航空航天大学、西安交通大学等也在从事 MEMS 传感器的研究，并取得一定成果。而且以 MEMS 技术为基础的微型化、多功能化、集成化和智能化的传感器将逐步成为汽车传感器的主流。同时，汽车传感器微型化、多功能化、集成化和智能化的发展趋势对采用新工艺和开发新材料提出了更高要求。磁敏、气敏、力敏、热敏、光电、激光等多种传感器应运而生,传感器的材料从金属发展成为半导体、陶瓷、光学纤维等材料。因此,在未来3～5年内包括发动机运行管理、ABS、车辆动力学控制、自适应导航、车辆行驶安全系统在内的应用将为MEMS技术提供更广阔的市场。

而且,随着汽车电子技术的升级换代,作为汽车生产制造的国内外企业也都将车用传感器技术列为重点发展的高难技术。未来几年,汽车传感器的主要增长领域包括以下几个方面:用于提高汽车安全性和舒适性的生物体测量方面的传感器;用于车辆动力学控制和安全气囊的加速度计传感器;用于传动、刹车、冷却、燃油等方面的压力传感器;用于车辆动态控制、翻车报警和全球定位系统(Global Position System,GPS)后备的偏航速率传感器;用于轮速以及凸轮轴、机轴、踏板位置敏感的位置传感器;用于车厢环境监测的湿度传感器;用于近距离障碍物检测和避撞的测距传感器;用于胎压监测系统的MEMS微型压力传感器,如飞思卡尔、英飞凌等公司都在向市场力推各自的轮胎压力传感器产品。这些方法措施将提升汽车传感器的技术含量,降低生产成本,促进汽车传感器工业的发展。

8.4 传感技术在电子鼻技术中的应用

8.4.1 电子鼻技术的研究现状

电子鼻是涉及气体传感器、多信息数据融合和优化、计算机技术和应用数学等的一门综合性技术。它的思想来源于仿生学,主要包括化学敏感元件阵列、信号处理系统和模式识别系统等。根据检测气体的种类,利用气敏元件对气体响应的敏感与选择特性,电子鼻将多个独立气体传感器组合构成阵列,并利用气体与气敏传感器阵列作用后产生的电信号作为气体成分的响应信息,通过信号预处理与分类识别算法进行被测气体或气味的识别。

1990年在德国柏林举行了第一届电子鼻国际学术会议,这是第一次致力于电子鼻的专题会议。早期的电子鼻为结构复杂、体积笨重的实验室系统,通常由复杂的实验箱(包括气泵、纯净空气、阀门等)、气体传感阵列、信号调理电路、数据采集卡和台式计算机组成,一般只能在较为严格的实验室条件下完成气体的采集与识别。1994年,英国Warwick大学的Gardner和Southampton大学的Bartlett使用了电子鼻这一术语,并给出了定义:电子鼻是一种由具有部分选择性的化学传感器阵列和适当的模式识别系统组成,能识别简单或复杂气味的仪器。经过20多年的发展,国内外对电子鼻的研究取得了很大的研究进展。随着电子技术的快速发展,电子鼻系统在军用和民用领域都得到了越来越广泛的应用,如食品工业、化学工业、环境监测、安全检查、医学诊断、航空航天、军事国防等。其中,航空航天、军事国防等领域对微型低功耗的气敏传感器及基于微传感器阵列的嗅觉系统的需求更为迫切。材料、物理及化学科学的进步使电子鼻的检测手段、检测物质的状态和种类逐渐向多元化发展。尤其是微机电技术、嵌入式技术和网络通信技术的迅速发展更为便携式电子鼻系统的研究提供了新的技术手段，推动电子鼻系统向集成化、小型化、网络化和低功耗的方向发展。目前，国外许多大学和科研单位均有对电子鼻技术的研究，而且出现了商品化的电子鼻产品，如英国 Aiomascan 公司的数字气味分析系统、法国 Alpha Mossa 公司的 Fox 2000 系统和英国 Neotronics Scientific Ltd 公司的 NOSE 系统，表 8-1 列出了几种典型商品化的电子鼻系统。

表 8-1　几种典型商品化的电子鼻系统

名　称	传感器阵列类型	传感器数量	应用对象	生产厂商
便携式气味监测仪	金属氧化物半导体	6	一般可燃性气体	美国
智能鼻 Fox 2000	金属氧化物半导体	12	一般可燃性气体	法国 Alpha Mossa 公司
模块式传感器系统 MOSES11	导电聚合物、金属氧化物半导体、石英晶振	24	橄榄油、有机气体、塑料、咖啡	德国 Tubingen 大学
气味警犬 BH114	导电聚合物、金属氧化物半导体	16	一般可燃性气体	英国 Leeds 大学
气味分析系统 Aromascan	导电聚合物	32	食品、化妆品、包装材料	英国路易发展公司

与国外研究相比，国内在电子鼻应用研究方面尚处于起步发展阶段，近几年逐渐成为研究热点，主要在食品与农产品检测、呼吸诊断领域得到了广泛应用，并取得了一些研究进展。国内对电子鼻技术的研究主要侧重于信号处理、特征提取、模式识别算法以及气体传感器敏感膜制备上。国内在传感模块集成化、系统结构便携化的研究方面进展比较缓慢，适用于现场实时检测及网络化远程监控的应用报道很少，尤其在电子鼻商品化发展上与国外相差甚远。因此，开发具有我国自主知识产权，且适合我国国情的便携式电子鼻系统具有重要的实际意义和应用价值。

8.4.2　电子鼻技术的应用

近年来，随着科技的进步和工业现代化的发展，电子鼻技术在食品、安全、化工等很多领域得到了广泛应用，并受到重视。根据俄罗斯纽带网的报道，美国加利福尼亚大学的科学家们在美国 Nanomix 公司专家们的协助下，日前研制成功了一种能够自动鉴定气体成分的电子鼻，如图 8-8 所示。这种电子鼻中安装了由 Nanomix 公司开发的传感芯片(面积只有2 mm^2)。芯片上集成的传感器由大量碳纳米管组成，能够捕捉到化验对象中的各种气体分子。传感器获得的有关被测气体的信息将传递给计算机进行分析，可得出气体的具体成分，以及可帮助医学家们确定空气中的细菌种类或是危险的污染源。目前 Nanomix 公司已制造出一种能够测量二氧化碳气体浓度的电子鼻。

图 8-9 给出了美国桑迪亚实验室的史蒂夫·卡萨尔诺沃在展示声波电子鼻的胶片。这种感应器小到可以置入一枚豆荚中(图 8-9 中左下),而一个橘子横截面的 1/4 可容纳 30 枚(图 8-9 中右下)。该仪器的心脏实际为一种砷化镓晶体,它是一种半导体,具有导电的特性。当电流通过时,晶体表面发生微弱声波,如同向水塘里扔石头会击起水波一样。感应器的表面覆盖有一层这样的晶体和一个吸收层,即当物质的原子附着在它上面时,它便发生声波。该声波被放大,并被转化为电脉冲,如同一种电子振荡,从而可反映出被测物质的情况。这种技术可被广泛应用,例如,可被用于装配在机器人的身上,通过机器人可测定有毒环境中的毒性水平(如核设施、生化污染区或宇宙空间)。

图 8-8 美国科学家研制的电子鼻

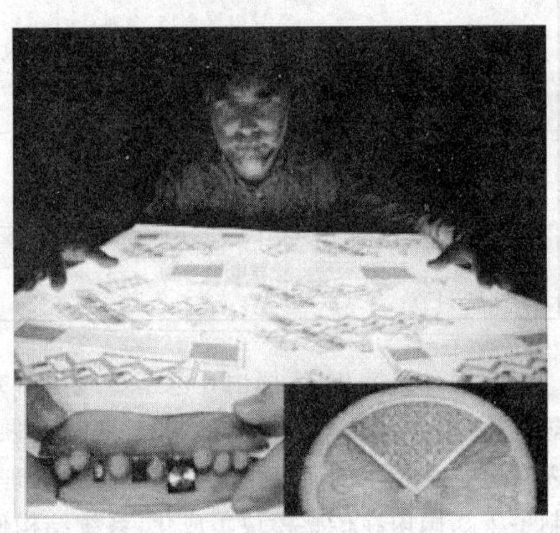

图 8-9 美国桑迪亚实验室的声波电子鼻

电子鼻技术不仅广泛应用于农产品储藏库检测、远程医疗诊断、生产线远程监控、恶劣环境的实时监测等,在航空航天领域也得到了广泛应用。根据来自美国宇航局的信息,美国宇航局下属喷气推进实验室研制了如鞋盒大小的电子鼻,该电子鼻可安装到乘员舱内甚至还可应用于宇航员重返月球等其他载人空间探索项目中,如图 8-10 所示。该电子鼻内含有一个特殊传感器,这个传感器由 32 种聚合体薄膜材料制成,可有效监测空间站内的环境异常,如意外泄漏到空气中的氨、汞、甲醇和甲醛等有害化学气体。由于聚合体薄膜遇到不同的化学物质会改变其电导率,因此通过监测其电导率的变化就可以判断所遇到的化学物质,从而使电子鼻不仅能够实时监测,发出警报,还能迅速进行有害物质分析,确定其化学成分,并计算出空气中有害物质的含量。由于国际空间站、美国航天飞机以及俄罗斯“和平”号空间站上都曾发生过空气污染事故,这样应用该技术之后可解决以往监测设备在空气指标出现异常时仅能发出警报的不足,可以确定污染物的成分及来源等。

图 8-10　国际空间站

总之,电子鼻是世界科技界几十年来研究的结晶,并已取得了突出的成绩,但电子鼻的研究仍需在以下方面展开深入研究。

① 气体传感器的选择性、稳定性和重复性的改进,减少传感器受测量环境因素的影响,完善对环境变化的自校正及补偿功能。

② 响应数据易受环境温湿度、电磁信号、机械振动及周围气流等影响,研究可降噪、消除干扰及参数漂移补偿的数据预处理方法和具有容错性能的模式识别算法。

③ 加快传感器与信号调理电路的高度集成化发展,实现电子鼻芯片通过标准总线与微处理器的一体化。

④ 电子鼻技术的网络化应用及特殊环境下的实时在线监控。

8.5　无线传感器网络在智能家居中的应用

8.5.1　智能家居的研究现状

智能家居系统又称为智能家庭局域网,是适应现代化家庭生活而形成的多样化的网络结构。智能家居(Smart Home)的概念是由美国、加拿大、欧洲、澳大利亚以及东南亚等经济比较发达的国家最先提出的。其目标是将家庭中各种与信息相关的通信设备、家用电器和家庭保安装置通过家庭总线系统(Home Bus System,HBS)连接到一个家庭智能化系统上进行集中的或异地的监视、控制和家庭事务性管理,同时保持这些家庭设施与住宅环境的和谐与协调一致。智能家居的基本功能包括网络接入系统、防盗报警系统、消防报警系统、电视对讲门禁系统、煤气泄露探测系统、远程抄表(水表、电表、煤气表)系统、紧急求助系统、远程医疗诊断及护理系统、室内电器自动控制管理及开发系统、集中供冷热系统、住宅网上购物系统、语音与传真服务系统、网上教育系统、股票操作系统、视频点播系统、付费电视系统、有线电视系统等。

智能家居在国外已获得长足发展,自世界上第一幢智能建筑于1984年在美国康捏迪格州出现后,美国、加拿大、欧洲、澳大利亚和东南亚等经济比较发达的国家和地区先后提出了各种智能家居方案。目前,智能家居系统已从开始时的以PC为控制中心逐渐转向以嵌入式家庭网关为核心的嵌入式系统领域,在美国已有近40 000户家庭安装家庭智能化系统,新加坡已有近30个社区近5 000户的家庭采用了家庭智能化系统。三星也开始在中、韩两国同时推出其智能家居系统,通过机顶盒和网络,将家居自动化控制、信息家电、安防设备以及娱乐和信息中心这4部分集成一个全面的、面向宽带互联网的家居控制网络。2006年,日本NTT公司与上海交通大学合作进行数字家庭中传感器开关接入的研发,希望在智能家居领域有所突破,尽快在日本和中国打开市场。

在国内开发智能家居的公司中,在家庭内部组网中多采用有线方式(如X-10),基于无线通信的也多是自己设计简单的协议,并没有采用比较成熟的适用于智能家居的协议。国内典型的智能家具系统有:科龙集团研制的智能网络家居系统、海信的智能家居控制系统、清华同方的e-Home数字家园等。他们的产品具有不同的标准,为产品的相互兼容带来问题。2005年6月,由联想牵头的“闪联”和以海尔为首的“e家佳”同时被信息产业部确定为行业推荐性标准,从而拉开了数字家庭竞争的序幕。

8.5.2 智能家居无线传感器网络的应用

图8-11为美国Honeywell公司推出的HRIS-1000系列单户型智能家居系统。该系列单户型智能家居系统支持16个有线防范区域和8个无线防范区域,可连接红外(幕帘)探测器、门窗磁、煤气探测器、火灾探测器、振动探测器以及玻璃破碎探测器等多种探测器用于事件提醒和节能监测,并配备紧急按钮和无线遥控器,方便住户一键调整离家/回家模式和紧急求助。一旦有事件发生,业主将立即收到系统通过电话向手机发出的语音提醒或者E-mail,从而可知家中的情况,如发生入室盗窃、火灾、煤气泄漏或其他紧急状况等。智能家居系统中射频无线技术和WiFi技术的应用不但降低了80%以上的布线成本,更将家里所有的电器组成为智能家居无线网络。

图8-12为基于ZigBee技术的智能家居系统。该智能家居系统由一个主节点和多个子节点构成。其中,各子节点分别负责不同的监测设备,进行家电控制、三表集抄、室内环境监测、报警提示等主要功能,主节点通过ZigBee技术实现无线传感网络,对家庭子网节点进行管理,并与家居服务器通信,以实现服务器和子节点的信息交互。嵌入式家居服务器通过家庭网关实现家庭网络与外部网络的连接,远程终端的客户可通过Internet浏览器实时浏览家庭中

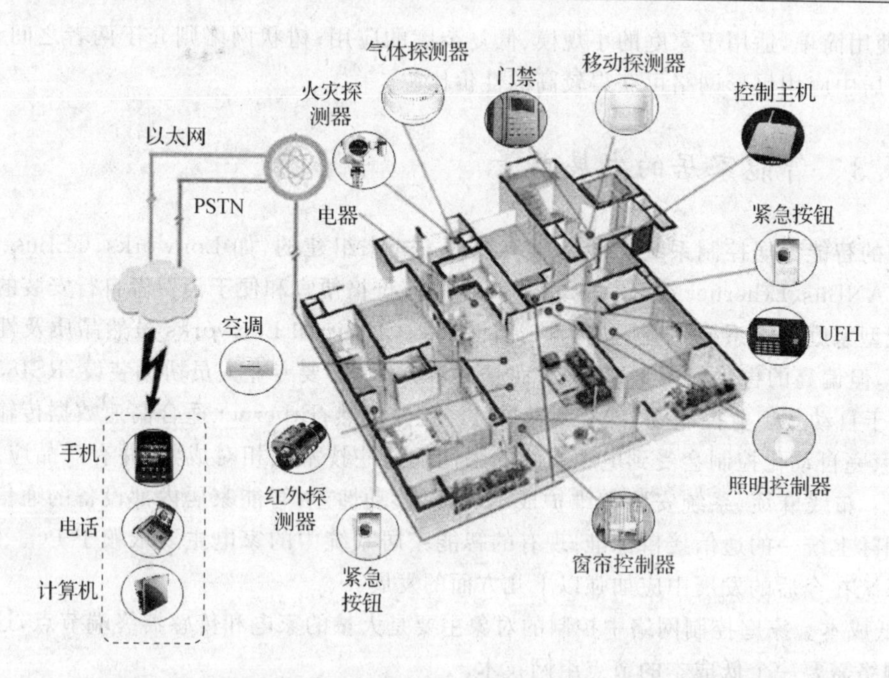

图8-11　Honeywell公司的HRIS-1000系列单户型智能家居系统

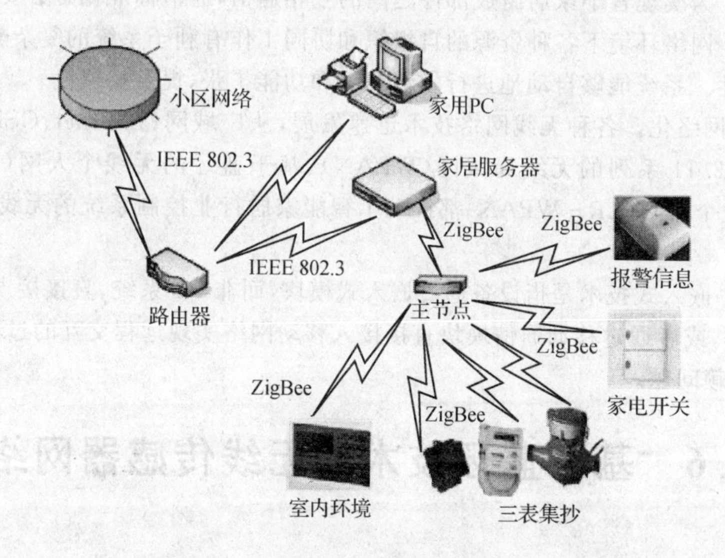

图8-12　基于ZigBee的智能家居系统

的HTML页面,进行指令控制和状态监测,具有对家庭中的各种设备远程控制、远程查询、集中管理等功能。特别地,ZigBee网络主要有星形、树状和网状网络3种拓扑结构。其中,网状网络容错能力高,自适应能力强,传输距离长,但其复杂度也最高;星形网络具有简洁和低功耗等特点,使用简单,适用于家庭的小规模、低复杂度的应用;树状网络则介于两者之间。因此,在智能家居中应用星形网络可获得较高的性价比。

8.5.3 智能家居的发展前景

传统的智能家居控制系统一般是以有线的方式来组建的,如 Lonworks、CEBus、X-10、RS485、CANBus、Ethernet 等。其中,X-10 因具有价格便宜和便于消费者自行安装的优势而成为智能型家庭网络系统中应用最为广泛的技术;CEBus 和 Lonworks 虽然品质及性能都比 X-10 好,但偏高的售价使得难以普及;而且 Lonworks 需要专业人员协助装设;RS485、CANBus 多用于自动化工业控制场合,技术发展已经比较成熟;Ethernet 适合高速数据传输网络标准,用于家庭自动化控制会受到电缆布线的限制。这些技术已相对成熟,并有产品应用,但仍存在不足:布线麻烦、系统安装和维护成本高,可移动性差;智能家居内部设备的通信和控制尚没有国际上统一的通信接口标准;现有的智能家居系统中的家电主要依赖于 PC。因此,智能家居系统在今后的发展中应加强以下几方面的发展:

① 低成本。家庭控制网络中控制的对象主要是大量的家电和传感器终端节点,这种较大规模的网络需要一个低成本的节点组网技术。

② 标准化。为实现各个家居组成部件之间的互相通信,通信标准化是必要的。

③ 自组织。网络环境下各种资源的自组织和协同工作有利于系统的复杂配置和管理。

④ 可扩展性。系统能够自动地进行软件升级和功能扩张,提供扩展性。

⑤ 无线化、网络化。各种无线网络技术迅速发展,从广域网(Internet、GSM\GPRS\3G)到基于 IEEE 802.11 系列的无线局域网(WLAN)、基于蓝牙的无线个人网(WPAN)、基于 ZigBee 低速无线个人网(LR-WPAN)都推动了智能家居行业控制系统的无线化和接口标准化发展。

⑥ 嵌入式。嵌入式技术是指设备通过嵌入式模块,而非 PC 系统,直接接入 Internet 实现信息交互的过程,或者通过移动通信模块直接接入移动网络实现远程交互的过程,可避免系统对传统 PC 的依赖问题。

8.6 基于蓝牙技术的无线传感器网络

8.6.1 蓝牙传感器网络

蓝牙(BlueTooth)是一种短距离无线通信技术标准,是 Adhoc 网络的一个典型实例,其最高数据传输速度为 1 Mb/s(有效传输速度为 721 kb/s),最大传输距离为 10 cm～10 m,通过增加发射功率可达到 100 m。通过蓝牙技术,可实现便携式设备之间的无线连接、电子设备之间的自动通信。

网络蓝牙设备相对简单,可通过互连形成小型或大型蓝牙 Adhoc 网络。小型应用,如典型的蓝牙无线个域网 WPAN,它的最基本结构组成是匹克网(piconet),也称为微微网。每个 piconet 最多由 8 个蓝牙设备组成,其中,一个设备作为控制站,其他的为从属地位。两个 piconet 可通过一个用做网关的通用蓝牙设备连接。两个或更多 piconet 组成的网络称为散射网(scatter net)。散射网内互连的 piconet 构成更大的网络,如移动区域网的骨干。

表 8-2 列出了几种无线局域网通信方式的特点。

表 8-2　几种无线局域网通信方式的比较

通信方式	ZigBee	IEEE 802.11x	IrDA	HomeRF	UWB	BlueTooth
工作频段	2.4 GHz、868 MHz、915 MHz	2.4 GHz	红外线	2.4 GHz	3.1～10.6 GHz	2.4～2.48 GHz
传输速率	10～250 kb/s	54 Mb/s	16 Mb/s	1～2 Mb/s	≥480 Mb/s	1 Mb/s
传输距离	10～75 m	100～300 m	1 m	50 m	<10 m	10～100 m
成　本	低	高	低	低	低	中等

由表 8-2 可知,由蓝牙技术组成的传感器网络具有如下一些优势:

① 中短通信距离。蓝牙的通信距离为 10～100 m。这个传输距离属于中短距离无线通信,但优于红外线的通信距离,比较适合于无线传感器网络系统。

② 便携性。蓝牙模块的设计尺寸一般小于 RF 装置,便于携带,非常适合于在对设备体积有严格要求的无线传感器网络系统。

③ 低功耗。蓝牙模块的功耗非常小,一般仅有 10 mW,可使用微型电池进行长时间供电,适应于无线传感器网络系统的低功耗要求。

④ 自组织。主从式的自组织微微网可方便地在测控现场进行无线网络连接的建立和取消。

⑤ 安全性。蓝牙标准在基带上提供了对传输数据的加密机制,并在链路管理器上提供了鉴权机制,从而能够保证 Sink 网关与管理终端之间数据通信的安全性。

⑥ 抗干扰性。蓝牙射频信号工作在 IMS 免费频段,可降低和其他无线空中接口信号的碰撞机率,减小外界无线信号对蓝牙信号的干扰,而且,低发射功率的蓝牙射频信号对同一个传感器网络系统中其他无线信号的干扰很小。

图 8-13 中为 LG 电子公司将 Broadcom(博通)公司的蓝牙无线通信技术应用于嵌入式消费类多媒体电子产品中,提供无线立体声耳机和手机等其他设备以无线方式连接到电视机,为用户提供先进的音频流媒体和数字媒体共享功能。

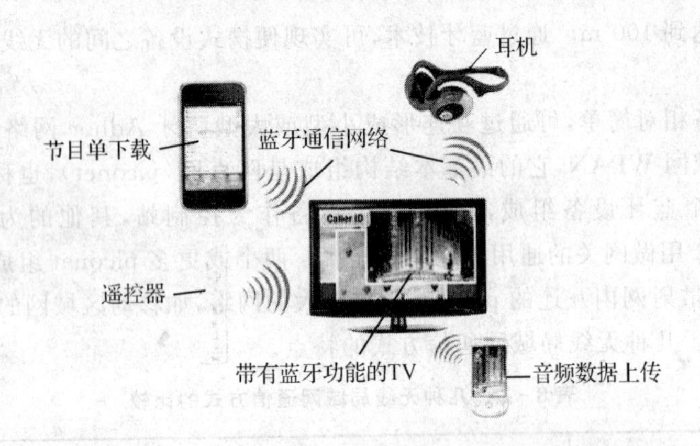

图 8-13 蓝牙技术在消费类多媒体电子产品中的应用

8.6.2 蓝牙技术在医疗生理参数监测中的应用

生命健康监护是目前无线传感器网络技术应用的一个研究热点。在生命健康监护中重要的是对人体的医疗生理参数进行监测。传统的生命健康监护仪，体积通常较大，而且价格昂贵，因此，这类仪器主要应用于医院的病房，尤其是重症病人的监护。近年来，随着蓝牙技术的快速发展，这项技术已经相对成熟，各种类型的产品也开始大规模应用，安全的问题也有了相应的研究和解决方法。许多医院的便携式查房系统都带有蓝牙功能，医生和护士可使用掌上电脑(Personal Digital Assistant，PDA)直接无线获取患者的信息。图 8-14 给出了一种基于蓝牙技术的医疗生理参数监测系统的结构示意图。

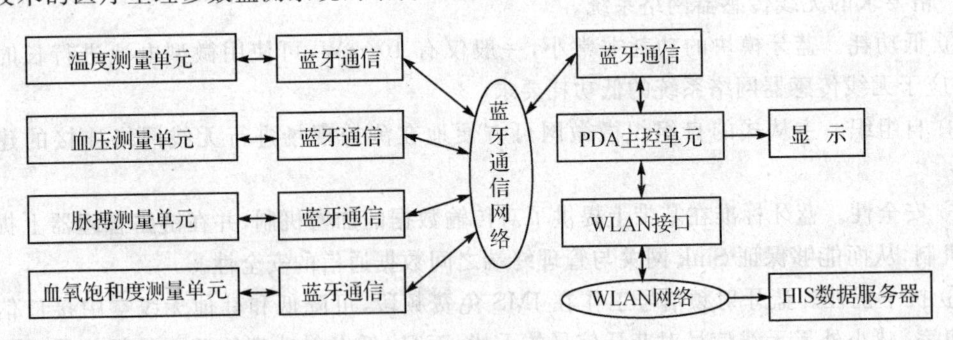

图 8-14 基于蓝牙技术的医疗生理参数监测系统结构示意图

整个医疗生理参数监测系统主要由生理参数采集、蓝牙无线通信和无线局域网 3 部分组成。利用传感器分别对人体的体温、血压、脉搏和血氧饱和度等生理参数进行测量，然后将采集的数据送入各自的微处理器。每种传感器与各自的微处理器可组成传感器节点。这样多个传感器节点可构成一个小型的传感器微微网。微处理器是核心的智能器件，负责对传感器传来的数据进行处理，并通过蓝牙模块将测量结果无线传输至上位机。上位机由 PDA 构成，具有通信控制、数据显示、数据保存、用户管理等功能。上位机节点利用时分复用技术与各传感器节点进行通信，传感器节点之间不能通信。PDA 上软件的蓝牙控制部分的程序能够自动扫描周围的蓝牙设备，自动建立连接以读取蓝牙串口数据，并可通过无线局域网 WLAN 将数据上传至医院信息系统（Hospital Information System，HIS）服务器。这样，利用传感器网络，医生可随时了解被监护病人的病情，以进行及时处理。

8.7　无线传感器网络在环境监测中的应用

与我们生活环境有关的环境法规正在向多对象多物质方面扩展，有关环境各个方面的限制和将来所要达到的目标正变得更加严格。例如，在大气方面，现在执行的法规有环境空气中的有害物质、作为固定排放源的工厂烟道气、移动发生源汽车和船舶等的排气；在居民居住环境方面，控制对象有建筑光环境污染、噪声污染、家具环境污染等；在水质方面，控制对象有河流及湖泊等供水水源、海域、工厂排水、生活污水等；以及自然环境和住宅灾害的防火防灾的应急响应等。因此，在 21 世纪环境保护领域的各类传感信息网络是未来的重点发展方向，即根据不同的应用场合，设计或选用不同的传感器实施实时现场在线监控，通过标准化的无线网络传输信息，实现环境及其相关信息的网络化分布式监测。

8.7.1　建筑光环境的无线分布式网络监测

建筑光学是研究天然光和人工光在建筑中的合理利用，是建筑物理的组成部分。自建国初期建立以来，我国的建筑光学具有很大的进步。目前国内对不同应用场合光环境的设计方案和评价策略都有了一定研究，但是针对为设计和评价提供数据基础的光环境分布式的监测网络的研究相对较为缺乏，这将使建筑照明的发展受到一定限制。照明设计一直是以照明的照度、亮度、均匀度、立体感、眩光、显色性指数和物体的颜色参数等物理量为标准来进行照明效果评价的。影响光环境质量的因素很多，各主次要因素之间往往没有明显的区分界线，而且权值会随不同的使用目的发生变化。目前，国内外已提出了一些模糊综合评判方法，均衡各种影响因素，并通过模糊统计方法灵活改变权值。总之，实现节能、合理满足各种使用要求的高性能照明是光环境设计的重要内容。图 8-15 为博物馆光环境的无线分布式监测网络系统。

无线监测网络依据建筑光环境所需监测的覆盖范围可采用星形或簇状拓扑网络结构，由一个网络协调器作为中心节点同任何一个节点进行通信。网络中的无线传感器节点利用高精度照度、亮度、色度、紫外辐射照度等光度色度辐射度传感器可对所在位置处的光环境敏感参数进行测量，并具有无线通信功能。通过 ZigBee 技术实现不同传感器节点之间和传感器节点

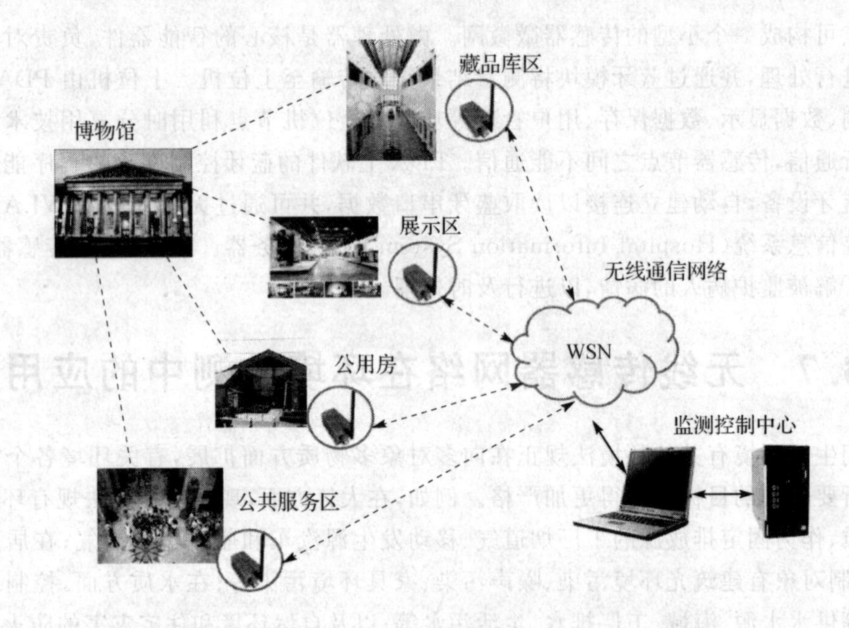

图 8-15 博物馆光环境的无线分布式监测网络系统

与现场中心节点之间的无线通信。最后，通过互联网将检测数据上传至监控中心的上位机。监控中心的技术人员通过人机界面对传感器网络进行配置和管理、发布监测任务、收集监测数据，以及将相应信号发送到执行机构对照明器具进行控制，形成闭环照明控制系统。

8.7.2 流域水环境的无线分布式网络监测

水资源是人类社会生存和发展必不可少的重要战略资源，水资源短缺已影响到人类社会生存和发展的各个领域，人为因素造成的环境污染又进一步加剧了水资源短缺。随着我国经济社会的进一步发展，水资源供需矛盾将会更加尖锐。流域水资源状况是区域生态环境的主要控制因素，同时又是区域经济可持续发展的关键因素之一。面对当今水资源日益短缺的严峻形势，迫切需要开展流域水资源环境以及生态效应等方面的综合评价研究，特别是构建区域水资源环境监测系统的工作就显得尤为重要。流域水资源环境监测系统是处理、管理和分析流域内有关水及其生态环境的各种数据的计算机技术系统，主要负责分析、研究各种水体要素与自然生态环境，人类社会经济环境间相互制约、相互作用、相互耦合的关系，为相关决策的制定提供科学依据。

例如，在淮河治理的诸多问题中，各问题的针对性和紧迫性不尽相同，淮河流域水情无线监测系统已经初具规模，水质无线监测系统正在建设。如何利用下一代互联网技术，最大限度地减少投资，最大程度地整合现有的平台和系统，建立稳定可靠的流域全方位的环境监测系统，已成为我国当前面临的一个严峻问题。中国科技大学的黄刘生等人采用 CERNET2 网作为服务载体，借助 IPv6 技术和无线传感器网络技术等，将水情监测、生态水质污染监测和精准农业监测业务集成为一体，建立淮河流域全方位的监测框架，并针对其污染最为严重的河段和水资源最为紧张的区域分别建立了相应的监测示范系统。系统可在 CERNET2 的任何位置被远程访问、操作和监控。例如在图 8－16 所示的水资源环境污染监测系统中，将点监测和面监测两种方式相结合，融合无线传感器网络、IPv6 网络、移动水质监测等技术，实现对河道相关的水资源污染指标和污染来源的监控。该系统具有河道形态和分布固定、地域广阔的特点。不同监测区域之间的距离不适于用无线传感器节点进行直接通信。因此，在每个监测区域通过将传感器网络基站和原有监测站点相融合的方式，将新建的独立传感器监测网络和已经建成的水质监测站以及水质监测移动实验室等进行整合，以实现水质自动监测。利用无线传感器网络的面监测优势和传统监测手段的点监测方式，通过点面结合实现淮河流域水质状况的全面监控。该相关技术可推广应用于森林火灾监测、地震灾害监测以及国防军事等诸多方面。

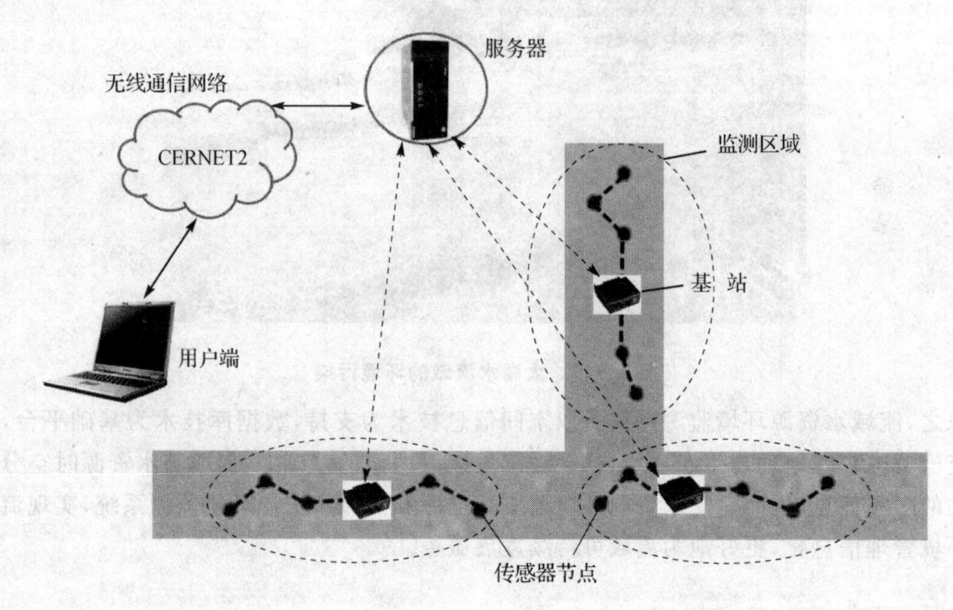

图 8－16　水资源环境污染的监测系统示意图

水资源污染在我国其他地区也同样出现，如太湖。太湖是我国第 3 大淡水湖，湖面有 2 000 多平方公里，以太湖为中心的太湖流域，包括江苏南部，浙江北部，上海市和安徽省一小部分，总面积达 3 600 平方公里，其中涉及上海、无锡、常州、嘉兴等大城市，但随着城市的经济发展，城市化进程加快，城市的大气污染、水污染、固体废物污染日益严重。受工业、生活、种植业、养殖业、水土流失、航运旅游、降雨降尘等外源和长期积存于湖底的淤泥等内源的二次污染，以及污水处理能力严重不足等原因，太湖水流域生态系统遭受了严重的破坏，严重降低了太湖的使用功能，并且暴发有太湖蓝藻，如图 8-17 所示。为解决太湖水环境的污染问题，国内许多学者利用遥感技术对太湖的叶绿素、悬浮物等参数的测定进行了大量研究，基于蓝藻的光谱响应特征对蓝藻信息进行动态监测。而且，中国科学院电子学研究所和无锡（滨湖）国家传感信息中心合作，在太湖领域内布放传感器和浮标，建立定时、在线、自动、快速的水环境监测无线传感网络，形成湖水质量监测与蓝藻暴发预警、入湖河道水质监测以及污染源监测的传感网络系统，从而实现太湖水的环境监测。利用传感器网络的技术优势可实现蓝藻污染的及早发现，为进一步从整体上实现太湖水质的现代化监测体系奠定坚实的基础，推进对太湖水流域污染问题的监测与治理。

图 8-17　太湖水流域的环境污染

总之，流域水资源环境监测系统是以空间信息技术为支持，数据库技术为基础平台，在综合研究流域内自然地理与生态环境、社会经济发展等因素的基础上，提取与水资源时空分布密切相关的多源信息，进而建立水资源环境监测数据库和流域水资源环境监测系统，实现流域水资源环境管理信息化，更好地为流域可持续发展服务。

8.7.3　森林环境防火的无线网络监控

目前，我国部分地方森林火险形势十分严峻，气候条件极为不利，森林火险等级进一步提高，林内可燃物显著增加，森林火灾风险进一步加大，以及火源管理十分困难，森林火灾的危险性进一步增加。例如，我国南方部分省区森林火险气象等级居高不下，森林火灾数量剧增。针对每年如此严峻的森林防火境况，国家领导管理部门也提出了要多运用科学、先进的技术及管理方法，迅速采取最有力的措施，尽可能对森林大火的发生和蔓延进行最大限度的控制，做到早避免、早发现、早控制。为此，将传感器技术、无线网络通信技术和嵌入式技术应用于防御森林大火具有越来越重要的作用。

森林环境防火的实际情况具有如下特点：

① 森林地区地形复杂、面积巨大，各监测点距离较远。

② 在森林地区部署有线网络异常困难，无线监控具有灵活性和低成本的特点。

③ 监控点24小时全天候工作。

④ 传感器节点低功耗，可采用太阳能供电、蓄电池供电结合方式。

⑤ 监控系统地处深山，维护极为不便，传感器节点应具有高可靠性，且能够避雷接地。

图8-18给出了BITWAVE森林防火无线监控系统的示意图。

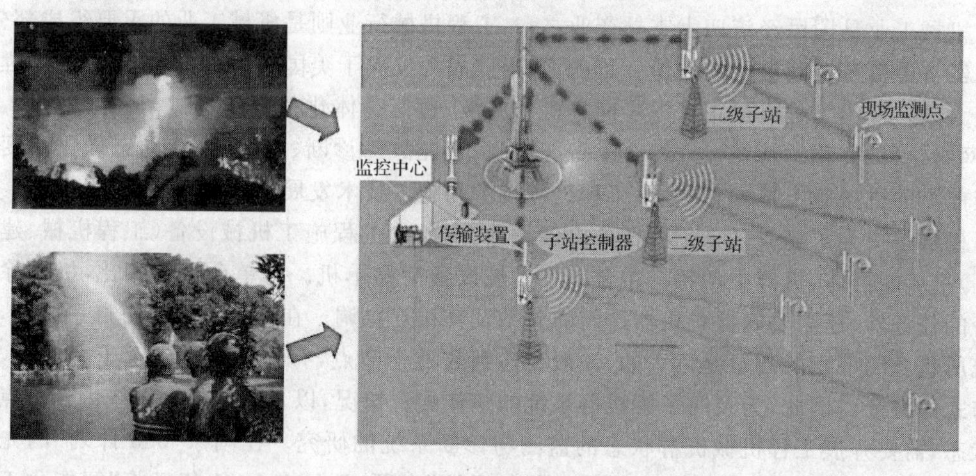

图8-18 BITWAVE森林防火无线监控系统

BITWAVE的森林防火无线监控系统由敏感烟感系统、无线传输系统、摄像机与云台控制系统、电源系统、铁塔和林区监控管理指挥中心系统组成。其中，林区监控管理指挥中心系统是整个系统的核心部分，它包括图像显示与录像系统、火情智能图像识别系统和智能火情监控分析系统。该系统可以在无人值守的情况下通过图像智能处理系统自动发现火情、自动完成报警，同时烟感系统利用敏感传感器将现场各监测点的火情信号传回指挥中心。指挥中心再自动控制就近的摄像头对可疑火情区域进行扫描，由图像智能处理系统完成对该区域的火情进行侦测，一旦发现火情在第一时间进行报警。由于各个需要监控的林区与监控管理中心距离不定，分布也不均匀，因此，在该系统中对于分布密集的远端点采用5.8G点对多点组网模式；对于个别距离较远的远端点，采用2.4G点对多点组网模式；对于一些可视环境不好的监控点，可采用低频率绕射和穿透能力强的传输技术。现场各监测点的设备供电是系统应用的一个主要问题。在选择监控点时，要尽量考虑选择有固定电源的地方，当现场条件不允许时，可采用太阳能供电方式。太阳能供电系统由太阳电池组件构成的太阳电池方阵、太阳能充电控制装置、逆变器、蓄电池组构成。太阳电池方阵在晴朗的白天把太阳光能转换为电能，给负载供电的同时，也给蓄电池组充电；在无光照时，由蓄电池给负载供电。太阳能供电系统最少能保证在阴雨天可为每一个监控点的前端所有设备提供 24 小时的电力。

8.8 工程机械机群状态的智能化监测与故障诊断

8.8.1 工程机械的监测与故障诊断技术分析

机械工业是国民经济四大支柱产业之一，工程机械行业则是机械工业的重要组成部分，在国民经济中占有极其重要的地位。目前，我国已成为仅次于美国、日本的世界第 3 大工程机械制造大国。现代工程机械正在逐步向集机、电、液、通信一体化的方向推进，具有自动化、智能化、网络化、机群化的特点。它综合了智能控制、智能故障诊断、网络通信、动态优化调度等当今最前沿的机械施工技术，代表了工程机械技术和施工技术发展的最高水平。

机群是指为了完成某一工程任务由多品种、多数量工程施工机械设备（工程机械、建筑机械等）组成的群体，机群中的每一单台工程机械设备简称单机。与单台机器相比，机群除完成自身的任务外，还需要确保各机器之间的关系及其相互协调。在一个大规模机群系统中，机群系统所包含的节点的数量是巨大的，一般会达到数百个节点，有些甚至达到上千个节点，具有分布式的特征。因此，为及时了解机群系统的整体配置情况，以及掌握机群系统内各节点的工作状态，需要开展工程机械机群状态的监测与诊断系统的研究。在国家“863 计划”的先进制造与自动化技术领域中就设立了“智能机器与系统”专题，而且在 2001 年已将“智能化工程机械”列为其中的重点项目。

国外对工程机械的信息化和智能化进行了大量研究，典型的是卡特彼勒公司利用 GPS、地理信息系统(Geographic Information System，GIS)和全球移动通信系统(Global System for Mobile Communications，GSM)技术研制的采矿铲土运输技术系统(METS)。该系统的结构如图 8-19 所示，主要由计算机辅助铲土运输系统、关键信息管理系统和 CAES Office 系统组成，具有无线数据通信、状态监测、故障诊断、设备控制和工作以及业务管理等功能。

图 8-20 给出了作为欧盟资助的新一代路面施工工程机械的控制和监测系统的压路机 CIRCOM。该压路机可分为地面子系统、定位子系统和车载子系统，通过辅助驾驶员完成作业任务，记录下压路机的实际工作状态，并可在施工机械之间及施工机械与控制中心之间建立数据通信联系，实现工程机械机群的协调作业。

近年来，国内的许多科研机构和大学，如浙江大学、华中科技大学、吉林大学、西安交通大学等，对工程机械产品的电子监控、远程控制和故障诊断系统进行了大量的理论和实验研究。

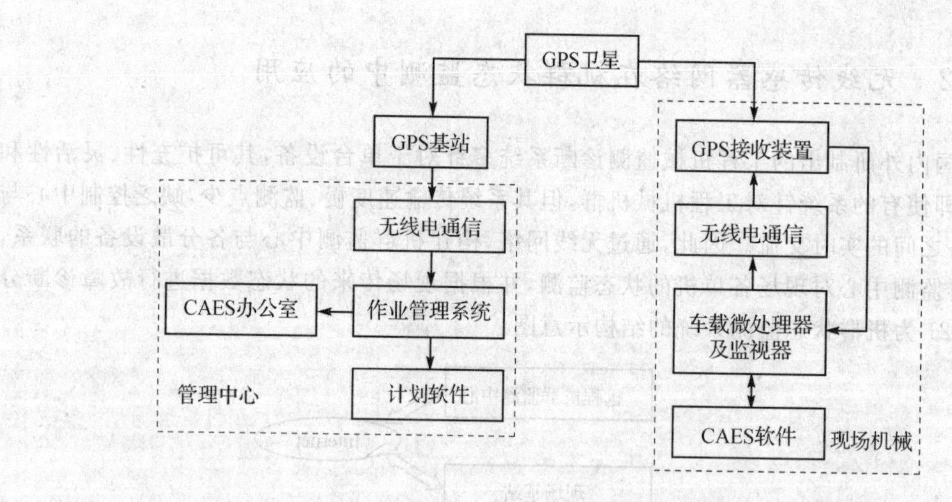

图 8-19　卡特彼勒公司的采矿铲土运输技术系统的结构示意图

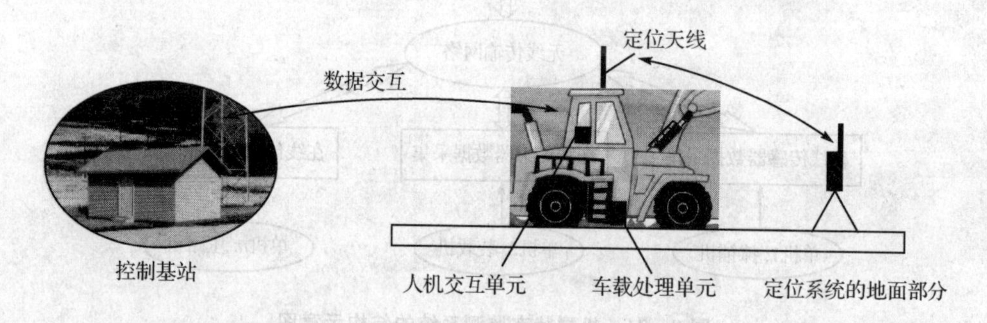

图 8-20　CIRCOM 的结构示意图

典型地，2004 年西安交通大学王世明等设计了一种基于虚拟仪器的远程网络监测与故障诊断系统，利用 Internet 和 DataSocket 技术，实现工程设备的远程网络状态监测及故障诊断。2005 年东南大学詹宏宏等利用传感技术、无线数据传输技术、网络技术和故障诊断技术等，实现机群中各分散单机的远程监测与故障诊断，以及实现实时评估当前机群总体运行情况及各单机的运行状况，并将诊断结果以报告的形式通过网络传输给用户。国内一些主要的工程机械生产和科研单位也参加了“智能化工程机械”的研究开发工作，如徐州工程机械集团有限公司、三一重工股份有限公司、天津工程机械研究院等已完成了道路施工机械中单机的智能化改造。而且，广西柳工机械股份有限公司研制的“智能型工程机械故障诊断和远程服务系统”可借助通信网络，利用专家系统随时监测机械的工作状况，对发生故障的机械进行第一时间的诊断与分析，达到了国际先进水平，填补了国内空白。

8.8.2 无线传感器网络在机群状态监测中的应用

目前，国内外研制出的工程机械监测诊断系统多针对于单台设备，其可扩充性、灵活性和通用性差，即使有的系统针对工程机械机群，但其系统传输速度慢、监测点少，缺乏控制中心与各分布设备之间的实时交流。因此，通过无线网络，构建机群监测中心与各分散设备的联系，可实现机群监测中心对现场各单机的状态监测，并根据现场传来的状态数据进行故障诊断分析。图 8-21 为机群状态监测系统的结构示意图。

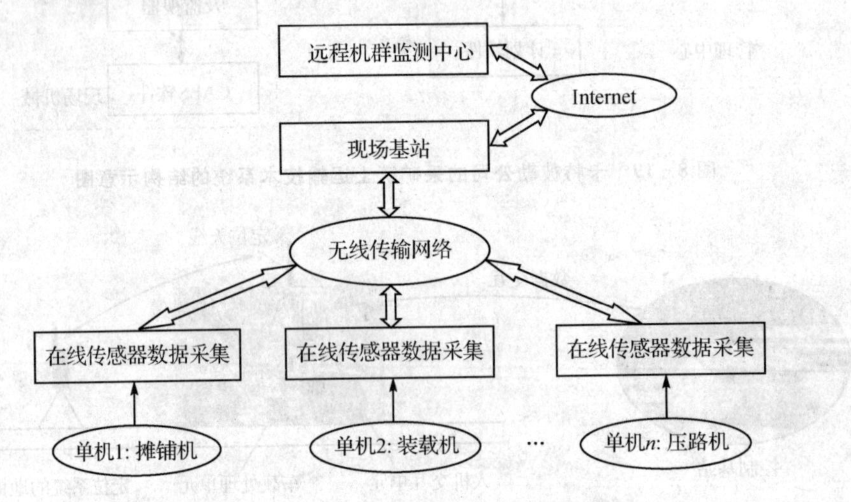

图 8-21 机群状态监测系统的结构示意图

整个机群状态监测系统主要由机群设备、传感器、无线网络、现场基站和远程机群监测中心等构成。其中，机群设备包括摊铺机、压路机、装载机、拌和站等若干工程机械设备。机群监测中心与各单机设备之间在结构和功能上表现为分布式特点。在施工过程中，各单机设备被分散布置。针对工程机械机群远程监测的需要，利用传感器对工程机械的每台单机的主要动态参数，如发动机转速、振动频率、补油压力、柴油机油位等信号进行连续在线监测。通过无线网络和 Internet 网络，建立远程机群监测中心与现场基站和各单机之间的联系，从而可实现现场各单机设备的工作状态监测，以及各单机设备之间的工作协调。现场采集的各传感器数据通过网络可最终上传至远程机群监测中心，并存储于服务器的数据库内。技术人员可随时读取、分析和判断当前各单机设备的工作情况，以及利用基于工程机械知识树和规则库所建立的专家系统进行适时的故障诊断，以保证工程机械机群的正常运转。

总之，将无线传感网络技术应用于工程机械机群的状态监测与故障诊断，需要考虑无线传感网络协议、网络信道容量、机群中单机数量，以及用于故障分析的专家系统模型等问题。虽然国内外对于工程机械单机智能化及其群控研究，已经取得了一些成果，但在这些研究中机群系统均为单一机种组成。由于很多工程机械机群系统是由多机种组成的，不同的机种在施工过程中需要相互协作，彼此之间存在约束。因此，工程机械机群的分布式、无线网络化和多智能远程监测技术是本领域的研究方向，以提高工程机械机群中各单机设备的协作实时性和机群整体的智能化水平。

思考题与习题

1. 简述现代传感技术的特点及典型应用。
2. 简述油气井测试中井下压力的主要测量方法及用到的传感器技术。
3. 简述光纤传感测量的典型应用及工作原理。
4. 以市场上某种型号的汽车为例简述传感器的应用及工作原理。
5. 试述电子鼻技术的发展现状及应用的信号处理方法。
6. 简述生物医学传感技术中的关键技术。
7. 简述微纳米技术在传感器设计及应用中的发展。
8. 举例列出现代传感技术在工业测控领域中的其他典型应用。
9. 简述现代传感技术的发展前景。

参考文献

[1] 中国科学技术协会主编，仪器科学与技术学科进展报告.北京：科学出版社，2009.

[2] 中国科学技术协会主编，仪器科学与技术学科进展报告.北京：科学出版社，2006.

[3] 刘广玉，樊尚春，周浩敏.微机械电子系统及其应用.北京：北京航空航天大学出版社，2003.

[4] 樊尚春，刘广玉.新型传感器技术与应用.北京：中国电力出版社，2005.

[5] 李科杰，等.现代传感技术.北京：电子工业出版社，2005.

[6] [美]S·铁木辛柯，S·沃诺斯基.板壳理论.北京：科学出版社，1997.

[7] Kiyoshi Takahashi. Sensor Materials for the Future：Intelligent Materials. Sensors and Actuators. 1988，15.

[8] Luo R C. Sensor Technologies and microsensor issues for mechatronics systems (Invited Paper). IEEE/ASME Trans. on Mechatronics. 1996，1(1)：39-49.

[9] Proceeding of the 11th International Conference on Solid—State Sensors and Actuators. Munich，Germany，June 10-14，2001.

[10] Budynas R G. Advanced Strength and Applied Stress Analysis. 2nd ed. McGraw-Hill Book Company. 1998.

[11] Mario Di Giovanni. Flat and Corrugated Diaphragm Design Handbook. CRC Press，1982.

[12] Huang C. Some experiments on the vibration of a hemispherical shell. J. App. Mech.，1966，33(4)：817-824.

[13] Grandke T，KO W H. Sensors，Vol. 1，Chap. 12. Smart sensors，1989.

[14] 刘广玉.几种新型传感器——设计与应用.北京：国防工业出版社，1988.

[15] 樊尚春.传感器技术及应用.北京：北京航空航天大学出版社，2004.

[16] 金篆芷，王明时.现代传感技术.北京：电子工业出版社，1995.

[17] 张维新，朱秀文，毛赣如.半导体传感器.天津：天津大学出版社，1990.

[18] 余瑞芬.传感器原理.2版.北京：航空工业出版社，1995.

[19] 梅遂生.光电子技术.北京：国防工业出版社，1999.

[20] Beckwith T G，Marangoni R D. Mechanical Measurements. 4th ed. Addison-Wesley Publishing Company，1990.

[21] Doebelin O. Measurement Systems Application and Design：3th ed. McGraw-Hill Book Company，1983.

[22] Grandke T，Ko W H. Sensors：Funda mentals，Vol. 1，Chap. 8. Optic Fibers and Integrated Optics，1989.

[23] Krohn D A. Fiber Optic Sensors：Fundamental and Applications，Instrument Society of America，Research Triangle Park，NC，VSA，1988.

[24] Middelhoek S. Silicon Sensors. Meas. Sci. Technol，1995，6.

[25] Kazusuke Maenaka，et al. Integrated Magnetic Sensors Detecting x，y and z Components of the Magnetic Field. Transducers'87，523-526.

[26] Lee Chi-yuan, Lee Shuo-Jen, Wu Guan-Wei. Fabrication of micro temperature sensor on the flexible substrate. IEEE Review of Advancements in Micro and Nano Technologies, 2007:1050 - 1053.

[27] Lee Sung Pil. Synthesis and characterization of carbon nitride films for micro humidity sensors. Sensors, 2008,8:1508 - 1518.

[28] Mavrudieva D V, J Y, Lebouc A, et al. Magnetic structures for contactless temperature sensor. Sensor Letters, 2007,5 (1):319 - 322.

[29] Smith R G. A review of biosensors and biologically-inspired systems for explosives detection. Analyst, 2008,133,571 - 584.

[30] Vaillant J. Wavefront sensor architectures fully embedded in an image sensor. Applied Optics, 2007, 46 (29): 7110 - 7116.

[31] 王莹莹,樊尚春,邢维巍,蔡晨光.硅谐振式压力微传感器模型与开环特性测试.传感技术学报,2007,20 (2):283 - 286.

[32] 刘仁,史创,王晓浩,唐飞,张大成. 压力传感器在石化行业的应用与国产化探讨. 传感器与微系统, 2008,(1):32 - 36

[33] 许晖,焦留芳,韩西宁.基于两级神经网络的传感器在线故障诊断技术研究.传感技术学报,2008,21 (10):5971 - 5974.

[34] Tobias Böhnke, et al. Development of a MDEMS sun sensor for space applications. Sensors and Actuators, 2006, A. 130 - 131:28 - 36.

[35] 梅遂生.光电子技术.北京:国防工业出版社,1999.

[36] 张存林,等.太赫兹感测与成像.北京:国防工业出版社,2008.

[37] Waltman S B, Kaiser W J. An electron tunneling sensor. Sensors and Actuators, 1989, 19(3): 201 -210.

[38] Liu Cheng-Hsien, Kenny Thomas W. A high-precision, wide-bandwidth micromachined tunneling accelerometer. J. of Microelectro Mechanical Systems,2001.

[39] Kanda T, Morita T, et al. A flat type touch probe sensor using PZT thin film vibrator. Sensor and Actuators, 2000, 83:65 - 67.

[40] Wu Der Ho, Chien Wen Tung, et al. Resonant frequency analysis of fixed-free single-walled carbon nanotube based mass sensor. Sensor and Actuators, 2006, A. 126:117 - 121.

[41] (美)Halit Eren.无线传感器及元器件:网络、设计与应用.厄恩著,纪晓东,赵北雁,彭木根,译.北京:机械工业出版社,2008.

[42] 余向阳.无线传感器网络研究综述.单片机与嵌入式系统应用,2008,8:8 - 12.

[43] 温雨凝,王瑾,李晖,等.无线传感器网络安全机制研究的现状与展望.现代电信科技,2008,7:52 - 55.

[44] 焦正,吴明红,王德庆.分布式传感器网络研究进展.传感器世界,2004,10:6 - 10.

[45] 吕漫丽,孙灵芳.多传感器信息融合技术.自动化技术与应用,2008,27(2):79 - 82.

[46] 于海斌,曾鹏,尚志军,等.分布式无线传感器网络管理机制研究.仪器仪表学报,2005,26(11):1203 - 1210.

[47] 王春飞,石江宏.美军单兵生命体征监测系统中的无线传感网络.医疗卫生装备,2007,28(11):34 -

35,39.

[48] 张为,姚素英,张生才,等.高温压力传感器现状与展望.仪表技术与传感器,2002,4:6-8.

[49] 付建伟,肖立志,张元中.油气井永久性光纤传感器的应用及其进展.地球物理学进展,2004,19(3):515-523.

[50] 陶海青.汽车传感器技术与应用趋势.中国电子商情,2009,6:41-43.

[51] 张钰唯,叶炜.光环境的无线分布式监测网络系统.照明工程学报,2009,20(3):68-71.

[52] 王世明.工程机械液压系统故障监测诊断技术现状和发展趋势.振动与冲击,2008,27(增刊):59-64.

[53] 邹卫华.ZigBee技术在智能家居中的应用.哈尔滨:哈尔滨理工大学,2008.

[54] 刘翥寰.智能化工程机械机群状态监测与故障诊断系统研究.天津:天津大学,2005.

[55] 张苗.网络化电子鼻技术研究及实现.西安:西北工业大学,2008.